高速隐身目标雷达探测技术

吴　巍　涂国勇　禄晓飞　王国宏　著

国防工业出版社
·北京·

内 容 简 介

本书主要以地基雷达反临近空间高超声速目标为应用背景,首先,分析了临近空间高超声速目标的特性以及目标高速、高机动对 RCS 衰减、脉冲压缩、相参/非相参积累的影响。然后,讨论了高超声速机动目标雷达聚焦检测技术、曲线轨迹帧间非相参积累检测技术,以及这些技术衍生出来的理论和方法,通过相参–非相参混合积累提高高速机动隐身检测的连续性。接着,讨论了通过滤波跟踪过程中的速度补偿消除距离–多普勒耦合误差的方法,实现高精度跟踪。最后介绍了利用 RCS 对高超声速飞行器进行分类识别的技术。

本书读者主要是雷达工程、探测制导与控制技术、信息与通信工程等专业高年级本科生和研究生,还可以为雷达、兵器、航空/航天类研究所的相关技术人员提供参考。

图书在版编目（CIP）数据

高速隐身目标雷达探测技术/吴巍等著. —北京：
国防工业出版社，2023.3
ISBN 978-7-118-12935-9

Ⅰ.①高⋯ Ⅱ.①吴⋯ Ⅲ.①目标跟踪–雷达探测
Ⅳ.①TN953

中国国家版本馆 CIP 数据核字（2023）第 054042 号

※

国防工业出版社出版发行
（北京市海淀区紫竹院南路 23 号　邮政编码 100048）
天津嘉恒印务有限公司印刷
新华书店经售

＊

开本 710×1000　1/16　插页 2　印张 18½　字数 330 千字
2023 年 3 月第 1 版第 1 次印刷　印数 1—1500 册　定价 118.00 元

（本书如有印装错误，我社负责调换）

国防书店：（010）88540777　　　书店传真：（010）88540776
发行业务：（010）88540717　　　发行传真：（010）88540762

前　言

临近空间高超声速飞行器包括航天飞船返回舱、空天飞机、导弹等，无论是合作目标的测控还是非合作目标的探测识别，这些飞行器都给雷达带来极大的挑战。高超声速再入大气层过程中的等离子体鞘套使得雷达信号受到干扰，例如信号相位出现误差、信号强度发生衰减，都会给探测带来严重影响，造成检测和跟踪的不连续，甚至出现雷达黑障。另外，高速和高机动带来的距离 – 多普勒耦合误差也会给高精度跟踪带来挑战。现有雷达面临此类目标"看不见、跟不上、辨不明"的适应性问题。

本书以地基雷达探测临近空间高超声速飞行器为主要应用背景，结合作者近年来在这方面的理论研究成果展开讨论。首先介绍临近空间高超声速飞行器概念、现状，讨论临近空间高超声速飞行器对雷达探测的影响以及雷达探测面临的挑战。然后对临近空间高超声速飞行器飞行轨迹进行模拟分析，对高超声速飞行器再入过程中等离子体鞘套以及尾流进行模拟分析，对高超声速目标对雷达检测跟踪带来的影响进行分析；接着介绍现有高超声速目标脉冲压缩、相参积累方面的主要理论基础；重点介绍了作者提出的基于多项式 Radon – 多项式傅里叶（Fourier）变换的高超声速目标聚焦积累方法、基于变径圆弧螺旋线 Radon 变换的帧间积累方法，以及这些方法衍生出来的理论和方法，讨论了涉及距离模糊、距离 – 多普勒耦合误差等情况下的检测前跟踪（TBD）积累和补偿的处理方法。本书的特色是利用长时间相参 – 非相参混合积累解决等离子体鞘套下的高速微弱目标检测问题、利用变换域的补偿解决高超声速目标带来的积累"散焦"问题、通过数据层的速度补偿解决由于目标高速引起的信号层耦合误差问题、提高高速目标的检测概率和跟踪连续性、提高跟踪精度。

全书共分 9 章，第 1 章为绪论，主要介绍临近空间高超声速飞行器的概念及其对雷达检测提出的挑战，分析了在临近空间高超声速飞行器雷达探测相关领域的国内外研究现状。第 2 章主要介绍临近空间高超声速飞行器轨迹特性分析和模拟方法。第 3 章主要讨论等离子体鞘套对目标雷达散射截面积（RCS）影响分析与模拟。第 4 章主要讨论高速目标雷达信号处理理论基础，包括对脉压失配问题的讨论，以及讨论现有的 Keystone 变换、Radon-Fourier 变换、分数阶傅里叶变换对高速目标积累的方法。第 5 章主要讨论临近空间高超声速滑跃式机动目标检测技术，重点介绍作者提出的多项式 Radon – 多项式 Fourier 变换方法。第6章主要讨论临近空间高超声速目标非相参积累检测技术，重点介绍作者提出的变径圆弧螺旋线 Radon 变换非相参积累方法。第7章主要讨论远距离高速隐身机动目标跟踪技术，重点介绍利用滤波跟踪过程中速度估计去补偿距离–多普勒耦合的方法。第8章介绍了一种高速目标雷达探测跟踪仿真系统，介绍了系统的组成和工作原理。第9章介绍了利用 RCS 特征对高超声速飞行器进行分类和识别的技术。

鉴于作者的工作经验和知识水平的限制，书中难免存在缺点和错误，恳切欢迎读者批评指正。

海军工程大学兵器工程学院
2023 年 1 月

目 录

第1章 绪论 ·· 1
- 1.1 引言 ··· 1
- 1.2 临近空间高超声速飞行器特点 ·· 1
- 1.3 临近空间高超声速飞行器对雷达检测提出了新的挑战 ················ 2
- 1.4 国内外研究现状及发展动态分析 ··· 4
  - 1.4.1 高速机动目标长时间相参积累方法研究情况 ······················ 4
  - 1.4.2 微弱目标非相参TBD处理研究情况 ·································· 5
  - 1.4.3 临近空间高超声速机动目标跟踪研究情况 ························· 7
  - 1.4.4 高速目标尾迹检测研究现状 ·· 8
- 1.5 本书的主要内容及章节安排 ··· 11

第2章 临近空间高超声速飞行器轨迹特性分析 ······························· 12
- 2.1 临近空间高超声速飞行器弹道特性 ··· 12
  - 2.1.1 钱学森弹道 ··· 12
  - 2.1.2 Sanger弹道 ·· 13
  - 2.1.3 钱学森弹道与Sanger弹道区别 ·· 13
  - 2.1.4 典型弹道建模 ·· 14
- 2.2 临近空间高超声速飞行器轨迹模拟 ··· 15
  - 2.2.1 基本假设 ·· 15
  - 2.2.2 轨迹生成流程 ·· 16
  - 2.2.3 仿真验证 ·· 17
- 本章小结 ··· 21

第3章 等离子体鞘套对目标RCS影响分析与模拟 ··························· 22
- 3.1 引言 ··· 22
- 3.2 高超声速目标再入过程RCS特征分析 ······································· 23
- 3.3 临近空间高超声速目标RCS衰减分析与模拟 ····························· 25
  - 3.3.1 基本原理 ·· 26
  - 3.3.2 临近空间高超声速目标的等离子体衰减模型 ······················ 27
  - 3.3.3 临近空间等离子体对目标RCS衰减的仿真分析 ··················· 32

3.4 临近空间目标 RCS 衰减对雷达探测的影响 ……………………… 45
　3.4.1 临近空间目标 RCS 衰减对雷达探测距离的影响分析 ……… 45
　3.4.2 临近空间目标 RCS 衰减的应对措施分析 ………………… 52
　3.4.3 RCS 衰减对目标检测的影响分析 …………………………… 55
3.5 临近空间高超声速目标亚密湍流尾迹 RCS 模拟 ………………… 57
　3.5.1 临近空间高超声速目标尾迹概述 …………………………… 57
　3.5.2 亚密湍流尾迹 RCS 模拟的基本原理 ……………………… 58
　3.5.3 仿真分析 ……………………………………………………… 61
本章小结 ……………………………………………………………………… 62

第 4 章　高速目标雷达信号处理理论基础 …………………………… 63
4.1 雷达高速高机动对雷达脉冲压缩的影响分析 ……………………… 63
　4.1.1 脉冲压缩技术原理 …………………………………………… 63
　4.1.2 线性调频信号脉冲压缩基本原理 …………………………… 64
　4.1.3 目标运动对脉冲压缩的影响 ………………………………… 65
　4.1.4 仿真结果 ……………………………………………………… 68
　4.1.5 等离子体带来的相位误差引起脉压失配分析 ……………… 71
4.2 分数阶傅里叶变换方法 ……………………………………………… 73
　4.2.1 分数阶傅里叶变换简介 ……………………………………… 73
　4.2.2 离散分数阶傅里叶变换 ……………………………………… 75
　4.2.3 基于分数阶傅里叶变换的目标检测和参数估计 …………… 75
　4.2.4 仿真结果与分析 ……………………………………………… 78
4.3 基于 Radon-Fourier 变换的积累方法 ……………………………… 79
　4.3.1 Radon-Fourier 变换原理 …………………………………… 79
　4.3.2 RFT 与 MTD 方法的比较 ………………………………… 81
　4.3.3 仿真结果与分析 ……………………………………………… 83
4.4 基于 Keystone 变换的积累方法 …………………………………… 86
　4.4.1 Keystone 变换 ………………………………………………… 86
　4.4.2 Keystone 变换的实现 ……………………………………… 88
　4.4.3 仿真结果与分析 ……………………………………………… 90
本章小结 ……………………………………………………………………… 95

第 5 章　高超声速机动目标雷达聚焦检测技术 ……………………… 96
5.1 高超声速强机动运动对相参积累的影响分析 ……………………… 96
　5.1.1 高速强机动会带来距离走动和多普勒扩展分析 …………… 96

  5.1.2 径向速度和径向加速度对积累检测的影响分析 …………… 101
  5.1.3 距离走动和多普勒扩展的补偿方式分析 ………………… 104
 5.2 临近空间高超声速目标的信号模型 ……………………………… 104
 5.3 多项式Hough傅里叶变换的高速隐身机动目标积累检测方法 …… 106
  5.3.1 基本思想 ……………………………………………………… 106
  5.3.2 多项式Hough傅里叶变换方法实现流程 ………………… 108
  5.3.3 仿真实验 ……………………………………………………… 109
 5.4 多项式拉东-多项式傅里叶变换的高速隐身机动目标积累
  检测方法 …………………………………………………………… 112
  5.4.1 连续多项式拉东-多项式傅里叶变换 …………………… 112
  5.4.2 多项式拉东-多项式傅里叶变换方法实现流程 ………… 114
  5.4.3 PRPFT方法对应的恒虚警（CFAR）检测 ……………… 115
  5.4.4 相参积累方法PRPFT、RFT和MTD比较 ……………… 116
  5.4.5 仿真实验 ……………………………………………………… 120
 5.5 基于最优路径的高超声速目标尾流聚焦技术 ………………… 132
  5.5.1 最优路径点迹搜索基本思路 ……………………………… 132
  5.5.2 质量中心法凝聚点迹 ……………………………………… 137
  5.5.3 检测算法的仿真与分析 …………………………………… 138
 本章小结 ………………………………………………………………… 154

第6章 高速机动目标曲线轨迹帧间积累检测技术 ……………… 155
 6.1 多模型椭圆Hough变换积累检测方法 ………………………… 155
  6.1.1 总体思路 ……………………………………………………… 155
  6.1.2 多模型椭圆Hough变换积累检测实现步骤 …………… 156
  6.1.3 仿真分析 ……………………………………………………… 159
 6.2 多假设抛物线Hough变换的高速滑跃式目标积累检测方法 …… 163
  6.2.1 总体思路 ……………………………………………………… 163
  6.2.2 多假设抛物线Hough变换的高速滑跃式目标积累检测实施
     步骤 ……………………………………………………………… 164
  6.2.3 仿真实验 ……………………………………………………… 168
 6.3 多项式Hough变换的高超声速目标TBD检测方法 ……………… 173
  6.3.1 总体思路 ……………………………………………………… 173
  6.3.2 多项式Hough变换的高超声速目标TBD检测实施步骤 ……… 174
  6.3.3 仿真实验 ……………………………………………………… 177
 6.4 多项式Radon变换的高超声速目标TBD积累检测方法 ………… 181

6.4.1　总体思路 …… 181
　　6.4.2　多项式 Radon 变换的高超声速目标 TBD 积累检测实施步骤 …… 183
　　6.4.3　仿真分析 …… 187
6.5　变径圆弧螺旋线 Radon 变换的高超声速机动目标检测方法 …… 189
　　6.5.1　总体思路 …… 189
　　6.5.2　变径圆弧螺旋线 Radon 变换的高超声速机动目标检测流程 …… 191
　　6.5.3　仿真实验 …… 192
6.6　多假设模糊匹配 Radon 变换的高重频雷达高速目标检测方法 …… 196
　　6.6.1　多假设模糊匹配 Radon 变换理论模型 …… 196
　　6.6.2　多假设模糊匹配 Radon 变换的高重频雷达高速目标检测实施步骤 …… 198
　　6.6.3　仿真实验 …… 201
6.7　多通道补偿聚焦与 TBD 混合积累检测方法 …… 204
　　6.7.1　总体思路 …… 204
　　6.7.2　多通道补偿聚焦与 TBD 混合积累检测方法实施步骤 …… 205
　　6.7.3　仿真分析 …… 209
本章小结 …… 214

第7章　高速机动微弱目标连续跟踪及误差补偿技术 …… 215

7.1　低可观测高超声速目标连续跟踪技术 …… 215
　　7.1.1　总体思路 …… 215
　　7.1.2　多维数字化波门帧间递进关联的逻辑 TBD 检测前跟踪方法 …… 215
　　7.1.3　仿真实验 …… 218
7.2　临近空间目标高超声速和强机动带来的测量误差处理问题 …… 219
　　7.2.1　基于 Singer 模型跟踪模型 …… 221
　　7.2.2　基于速度-距离耦合误差补偿的高超声速机动目标跟踪方法 …… 221
　　7.2.3　仿真实验 …… 222
7.3　基于升-阻-重三力作用的滑翔跳跃式机动跟踪模型 …… 223
　　7.3.1　总体思路 …… 223
　　7.3.2　基于升-阻-重的机动跟踪模型 …… 224
本章小结 …… 226

第8章 高速目标雷达探测跟踪仿真系统 227
8.1 系统组成 227
8.2 LabVIEW系统框架软件 228
8.2.1 系统控制台 228
8.2.2 雷达信号模拟台 228
8.2.3 脉压压缩和相参积累处理台 229
8.2.4 扫描帧间积累处理台 230
8.2.5 目标滤波跟踪台 230
8.2.6 三维态势显示台 231
8.3 软件操作流程 232
本章小结 232

第9章 高超声速飞行器分类识别技术 233
9.1 隐马尔可夫模型分类器 234
9.1.1 识别流程与步骤 234
9.1.2 测量数据验证 235
9.2 朴素贝叶斯分类器 236
9.2.1 识别算法 236
9.2.2 测量数据验证 239
9.3 判别式分类器 240
9.3.1 识别算法 240
9.3.2 测量数据验证 242
9.4 支持向量机分类器 244
9.4.1 识别算法 244
9.4.2 测量数据验证 251
本章小结 252

附录 253

参考文献 278

第1章 绪　　论

1.1 引　　言

　　临近空间高超声速飞行器一般包括飞船返回舱、空天飞机、高空高速无人机、导弹等。临近空间高速飞行器再入大气层过程中，高速飞行产生的等离子体鞘套对雷达探测造成较大影响，有时甚至出现雷达"黑障"。对于合作目标，例如飞船返回舱等，在雷达"黑障"时可以采用光电传感器等其他手段来弥补。但如果面对的是非合作目标，那么这种雷达"黑障"是不可接受的。因此，要设法尽量避免此类情况出现，或者设法将雷达"黑障"的时间压缩为最短。本书将以临近空间高超声速飞行器地基雷达探测为主要背景，重点针对高超声速目标滑翔式（或滑跃式）飞行时等离子体鞘套引起的雷达散射截面积（RCS）衰减问题，利用长时间相参和非相参的混合积累来提高目标的检测概率；重点解决高速、高机动引起的跨距离门、跨多普勒速度门、跨波束情况下的能量聚焦积累与检测问题；针对距离－多普勒耦合误差问题，利用数据层的处理结果补偿信号层中产生的动态误差问题，保证跟踪的连续性。同时，简要介绍了仿真验证系统的组成和基本原理。最后介绍了基于 RCS 实测数据进行目标识别与分类的方法。

　　本章主要介绍临近空间高超声速飞行器特点及其对雷达探测提出的挑战，分析相关雷达探测技术的国内外发展现状，简述本书章节安排。

1.2　临近空间高超声速飞行器特点

　　临近空间高超声速飞行器是指在临近空间（距离地面 20～100km 的区域）飞行速度超过 $5Ma$ 的导弹、空天飞机、飞船返回舱等，它是 21 世纪航空航天领域的制高点之一，体现了一个国家的科技实力和经济实力，世界很多国家均认识到临近空间飞行器的重要性，正大力研发临近空间高速、高机动的空天飞行器和进行相关试验。临近空间高超声速打击武器一旦定型和装备于部队，将大大加快战争节奏，显著缩短战争进程，极大突破战场时空限制，形成新的作战威慑力。

临近空间高超声速飞行器的飞行高度介于飞机和卫星之间，具有如下特点。

（1）高超声速运动。

现有的空气动力飞行器一般飞行速度小于 $3Ma$，且升限一般不超过 30km。高超声速武器与之相比，飞行速度约为 $5\sim20Ma$，甚至更高，飞行高度在 20～100km 之间，射程可达 15000km，可在 2h 内对全球任一目标进行快速精确打击，大大拓展了战场的空间。由于目标的高超声速运动，再加之地基雷达受地平线的限制，地基雷达只能在距离边境线约 580km（高度 20km）～1300km（高度 100km）间发现临近空间目标，急剧压缩的预警时间对防御系统反应能力提出了严酷要求。

（2）强机动性。

高超声速飞行器通具有高机动性（10～20g），尤其是横向机动性很强，并可通过螺旋、正弦、跳跃、大拐角等诸多不规则方式实现飞行航迹机动规避和变轨。临近空间高超声速飞行器的强机动能力提高了攻击时敏目标的突然性和有效性，也增加了防御方预警探测系统发现的难度，如再采用隐身技术，将极大降低被拦截概率。

（3）等离子体鞘套影响。

临近空间飞行器在大气层内以 5 倍以上声速做高超声速飞行时，飞行器与大气强烈作用并对空气产生压缩，从而有可能在高超声速武器周围形成一个电离气体层（即等离子体鞘套）。等离子体鞘套的频率几乎覆盖了 300MHz～300GHz 范围内的所有微波频段。这些等离子体会对电磁波产生折射、反射和吸收，使得目标的 RCS 起伏，在 RCS 缩减阶段有较强的隐身性。

（4）强的攻击效能。

与现有空气动力飞行器采用的涡轮（涡扇）等喷气发动机相比，高超声速武器没有高转速的涡轮（涡扇）机构，与弹道导弹推进火箭相比，高超声速武器只携带燃料，不携带氧化剂，大大减轻了弹体重量，可装载更多战斗部件，提高战略打击毁伤能力。

临近空间高超声速武器的上述特点，使其可用于战区侦察、预警、通信以及全球快速打击等。

1.3 临近空间高超声速飞行器对雷达检测提出了新的挑战

雷达是现代预警探测系统中最重要的信息获取手段，临近空间高超声速武器对雷达检测提出了新的挑战，主要有：

(1) 临近空间目标高速、高机动运动将使雷达相参积累检测面临新的挑战。

雷达为了满足超远程目标探测并获得高距离分辨率及距离探测精度的需求，通常采用大时宽带宽积信号。但由于目标高超声速运动，可在瞬间穿越雷达探测单元，出现"跨距离门"问题，从而限制了雷达信号的相参积累时间；临近空间目标的高机动可导致飞行器的多普勒频率、多普勒变化率，以及多普勒二阶变化率都比以往的测控系统要严酷很多，运动目标速度的变化也使目标回波分布于多个多普勒单元。产生"跨速度门"现象，即使是匀速目标也会因为与雷达视线的夹角发生变化而造成目标跨多普勒单元。现有的各种基于距离–多普勒解耦的常规处理方法由于可积累脉冲数有限而常常难以奏效，如 Keystone 变换和 Radon – Fourier 变换，考虑的问题局限于"跨距离门"走动。分数阶傅里叶（Fourier）变换以及 S 变换等时频变换方法考虑的问题局限于"跨多普勒速度门"走动。因此，对于临近空间高超声速高机动目标存在"跨距离门""跨多普勒速度门"的情况下，如何从多域、多维进行联合补偿实现有效积累检测，将是雷达检测临近空间高超声速高机动目标检测中一个极具挑战的科学问题。

(2) 临近空间目标高超声速高机动运动对现有雷达帧间（或脉冲间）非相参积累理论和方法造成严重影响。

由于临近空间目标的高速运动、未知机动及等离子体鞘套等影响，常常使得相参积累的目标回波长时间积累时失去相参性。同时，目标高超声速运动可在瞬间穿越雷达空间波束，导致"跨波束"问题，也限制了目标的相参积累时间。因此，在相参积累的基础上再进行帧间非相参积累是非常必要的。但现有的长时间非相参积累方法，如 Hough 变换、Radon 变换等检测前跟踪（TBD）方法主要适用于对直线（或近似直线）运动轨迹目标进行检测，而检测高速、高机动目标时性能可能受到较大影响。此外，临近空间目标距离地基雷达较远、速度快，雷达测量会出现距离量测模糊，但目标的高超声速、机动、隐身又限制了中国余数定理的应用。因此，临近空间目标存在在高速、隐身、未知大范围机动和测量模糊的情况下如何进行 TBD 非相参处理的难题。

(3) 高超声速、强机动背景下的机动微弱目标跟踪是有待解决的关键技术。

首先，临近空间目标受等离子体鞘套影响使回波信号信噪比降低，且目标机动性强、机动样式多，因而面临低信噪比情况下的机动目标跟踪问题，而高速目标跟踪连续性的高要求对目标连续高精度跟踪提出了较好要求。

其次，对于大时宽带宽积信号雷达，由于高超声速引起的距离-多普勒耦合效应也会在回波信号脉冲压缩环节中产生较大的距离测量误差，从而严重影响雷达对目标的跟踪精度。

(4) 高超声速目标拦截的时敏性给快速稳定识别提出较高要求。

对临近空间高超声速目标开展拦截需要对目标进行分类和识别，区分出弹头、分离舱段、伴随诱饵、碎片等。而临近空间高超声速目标飞行速度非常快，这对目标识别的连续性和稳定性提出了较高要求，如何设计简洁、物理意义清晰的识别方法是一个需要研究的问题。

综上所述，临近空间高超声速机动目标探测识别与现有目标相比具有显著的差异性，是一个具有前瞻性和挑战性的课题，带来了许多亟待解决的关键科学问题。因此，为了提升对临近空间高超声速机动目标的探测能力，丰富现有雷达目标检测跟踪及识别理论，需要对相关科学问题进行研究。

1.4 国内外研究现状及发展动态分析

1.4.1 高速机动目标长时间相参积累方法研究情况

临近空间高超声速运动会产生再入等离子体鞘套，由于等离子体鞘套的影响，目标的雷达散射截面积（RCS）会降低，雷达探测将面临严峻的挑战。对于低可见目标的检测，脉冲积累是提高雷达发现概率的有效方法之一。脉冲积累可分为相参积累和非相参积累。相参积累通过补偿不同脉冲之间的相位起伏而获得比非相参积累更好的性能，现代雷达大部分是相参系统。动目标检测（MTD）相参积累是一种常用的相参积累和动目标检测方法，在现代相参雷达中得到了广泛的应用，通常通过快速傅里叶变换（FFT）能有效地实现 MTD。一般的预警雷达可以使用 MTD 方法检测传统的目标，如飞机、舰船、导弹，但是临近空间高超声速机动目标的径向速度可以达到 $10Ma$ 以上，径向加速度达到 $10g$ 以上，在目标回波脉冲之间可能出现严重的"跨距离门"走动和"跨多普勒速度门"走动，传统的 MTD 相参积累处理后信号能量将散焦，偏离其真实位置。一方面，由于临近空间目标速度快，即使在很短的积累时间内"跨距离门"走动也可能很严重；另一方面，强机动所引起的多普勒频移、多普勒频移的变化率比传统的雷达探测系统要严酷得多，并会进一步影响雷达相参积累性能。

近年来，国内外学者针对这一热点问题，对高速目标长时间积累面临的"跨距离门"走动和"跨多普勒门"徙动问题进行了研究，得出了一些经典的方法。例如，Keystone 变换（KT）[1,2]利用楔形变换的原理，在时域或频域对脉冲间信号进行楔形变换来校正速度引起的距离走动。此外，利用广义 Keystone 变换[3]修正径向加速度运动目标的距离弯曲。但 Keystone 变换方法在进行距离走动补偿时，受最大不模糊速度的限制，而临近空间高超声速机动目标的超高速将产生巨大的多普勒频移，对于某些典型的预警探测雷达参数，有可能跨越最大不模糊速度 20 倍以上，严重的多普勒速度模糊会严重降低补偿性能，因此，Keystone 变换对高超声速目标的补偿效果并不理想。Radon-Fourier 变换（RFT）[4-6]是一个很有趣的算法，它结合了 MTD、Hough 变换[7,8]和 Radon 变换的特点，可以通过联合搜索运动目标的距离和速度有效地克服距离走动和相位调制之间的耦合。然而，对径向距离非线性运动目标，RFT 相参积累性能会受到多普勒扩展的影响。广义 Radon-Fourier 变换方法最大贡献是给出了距离补偿和多普勒补偿的一般框架，但是由于它适合所有的运动情况，因此，其参数空间搜索复杂度高，对于高信噪比条件下的能量聚焦问题有较大优势，但在低信噪比条件下，过多的独立参数搜索将需要更高的恒虚警检测门限，因此，低信噪比条件下的广义 Radon-Fourier 变换的实现方式还有待进一步研究。另外，还有一些研究者提出和研究了补偿多普勒走动的弱目标相参积累方法，现有的方法包括 De-Chirp[9]、Chirp Fourier 变换[10]、分数阶 Fourier 变换[11-13]、多项式 Fourier 法[14]等。然而，这些方法补偿的范围仅限于单个距离单元内的信号。另一种经典方法是在文献[15-17]中提出的基于 S 变换的时频分析方法，这种方法的一个重要贡献是，它给出了在任意时频域积分的一般框架，该方法利用时频域的路径搜索积累信号能量，可以实现任意机动的能量积累。这种方法最大的优点是不受运动模型的限制。在这一点上，它比几乎所有基于运动补偿的相参积累方法都要好。但在低信噪比情况下，单个信号回波幅度可能小于噪声幅度，会导致时频域搜索得到的最优路径可能不准确，从而导致错误积累，累积性能将大打折扣。基于运动补偿的方法，如果模型匹配良好，就能够容忍较低的信噪比。

总之，现有长时间相参积累方法对于临近空间高超声速机动飞行器目标的复杂高阶运动补偿研究还较初步，有待进一步研究完善。对于临近空间高超声速高机动目标在存在跨距离门、跨多普勒速度门情况下，如何进行低复杂度的多域多维长时间相参积累算法等方面还远未成熟。因此，高超声速机动目标长时间相参积累方法将是雷达检测临近空间高超声速高机动飞行器目标检测中一个具有挑战的科学问题。

1.4.2 微弱目标非相参 TBD 处理研究情况

当前雷达信号长时间非相参积累技术的研究主要集中在 TBD 方法上，TBD

是一种弱小目标检测跟踪方法，主要包括：三维匹配滤波器方法[18]、多级假设检验方法[19]、投影变换方法[20]、基于动态规划的 TBD 算法[19-22]、基于粒子滤波的 TBD 算法[23,24]、基于随机集理论[25-27]，Hough 变换 TBD 算法[28-38]等。其中，美国学者 Carlson 等人最早提出的 Hough 变换的 TBD 算法最为经典和易于理解，近年来，比较新的高速目标相参积累 Radon-Fourier 方法也是参考了其 Hough 变换的思想，传统 Hough 变换用于雷达目标检测时主要是针对传统的目标，如飞机、导弹、舰船等，大多是在直角坐标系下进行积累。但是对于临近空间高超声速目标距离远，方位误差引起的位置误差非常大，使得目标在直角坐标系下的轨迹与真实轨迹差别较大，无法有效检测。针对这一问题，文献［41］针对雷达测距模糊条件下临近空间高超声速目标的检测问题，提出了基于分时多重频多假设的分级降维 HT-TBD 算法。该算法首先将模糊量测进行拓展，然后将三维点迹一次降维映射到距离-时间、方位角-时间、俯仰-时间平面进行三级二维 Hough 变换，并在每级采用 Hough 变换，逐级进行筛选，检测目标的同时解模糊。文献［42］提出了一种基于 Hough 变换和多条件约束的检测前跟踪算法。首先采用时间-径向距离量测数据进行 Hough 变换，用参数积累约束条件避免无效积累，得到目标可能航迹，之后对所有可能航迹进行速度约束和航向约束，进一步剔除虚假航迹和航迹内杂波点，最后对同一目标航迹进行合并，实现目标的检测。文献［43］针对临近空间高超声速目标检测前跟踪问题，提出了一种基于随机 Hough 变换的检测前跟踪算法。通过对临近空间高超声速目标量测数据集进行误差分析，采用时间-径向距离平面进行随机 Hough 变换，将量测转换到参数空间，并通过计算分析得到参数空间中进行参数合并时允许误差的选取标准，对目标量测进行积累。文献［44］针对临近空间高超声速目标的检测问题，提出了一种修正的随机 Hough 变换检测前跟踪算法，首先为尽可能克服远距离条件下角度误差带来的较大位置偏差，通过解耦的方式将量测点迹映射至精度较高的径向距离-时间平面进行检测。然后，为更合理地合并参数空间特征点并提升积累效果，构建检测统计量并与自适应门限进行比较，将特征点合并问题转换成两个正态总体均值差的自适应假设检验问题，并利用点迹积累方式进行积累检测，最后，为进一步降低虚假航迹数，引入运动约束和航迹合并措施，得到最终按时序关联的检测航迹。

上述几篇文献发现了远距离条件下临近空间目标 Hough 变换 TBD 应选择极坐标，即选择距离-时间平面进行 TBD，避免了远距离条件下角度误差带来的大的位置偏差导致的目标点迹曲折问题，能够满足 Hough 变换的直线轨迹要求，实现了能量的正确积累。但是该方法只适用于径向直线运动的目标，当目标在 R-t 平面机动时积累性能将下降，另外，由于在 R-t 平面内进行 Hough 变换检测时是将所有方位、俯仰上的点都投影到 R-t 平面，这样处理会带来一定的能量损失。

针对临近空间高超声速机动目标 TBD 处理的研究还不多，现有的临近空间高超声速机动目标 TBD 方法把目标轨迹当作直线建模，且 R-t 平面投影 Hough 变换检测会带来能量损失，还不能满足临近空间高超声速机动目标跨波束长时间积累的需求。

1.4.3 临近空间高超声速机动目标跟踪研究情况

临近空间高超声速机动目标跟踪的关键在于目标机动模型的构建[45-55]。常见的目标机动模型主要有 Singer 模型[56]、CS 模型[57]、Jerk 模型[58]、CT 模型[59]，以及不同模型相交互的 IMM[60-62] 等。

目前，已有一些关于关于临近空间机动目标跟踪的研究报道，大多为国内学者的研究报道。早期的研究中，临近空间目标的运动通常被假定为某个平面内简单的转弯运动[63,64]和蛇形机动运动[65]。文献 [66-68] 以高超声速飞行器 X43、X51A 等为研究对象，将临近空间目标的运动轨迹进一步构建为上升、平滑和下降三个部分。文献 [69] 提出了一种低信噪比条件下基于 Hough 变换的临近空间目标航迹起始方法。文献 [70-73] 结合弹道导弹的飞行轨迹和空气动力学的相关知识，提出了一种针对速滑跃式运动形式的 Sine 目标机动模型，与 Singer/Jerk 等机动目标跟踪方法相比，该模型对周期滑跃运动具有较高的定位跟踪精度，但需事先设定目标机动频率。为了能适应不同的目标机动，文献 [74-80] 将多模跟踪的思想引入临近空间目标跟踪。然而，这些方法只考虑了目标的机动运动，却并未考虑由于等离子体鞘套影响使检测概率下降时的机动微弱目标跟踪问题。

线性调频信号是当前雷达采用的最常见的一种信号形式，具有大的时宽带宽积，但却存在距离-速度的耦合现象[81]，进而引起运动目标的测距偏移问题，针对这一情况，文献 [82] 在雷达测量不模糊情况下给出了一种偏差补偿和目标跟踪方法，但在雷达测量模糊的情况下仍会产生较大的补偿误差。

总之，临近空间高超声速机动目标跟踪尚存在以下不足：①对临近空间目标高超声速机动运动导致的机动微弱目标跟踪问题，目前仍是机动目标跟踪领域的一个难题；②LFM 雷达在目标跨模糊区情况下的测量偏差补偿问题，相关的研究报道还不多见。综合上所述，高超声速、强机动带来的跨距离门-跨多普勒速度门-跨波束情况下的能量聚焦与积累检测问题是当前雷达探测临近空间目标面临的突出难题。

1.4.4 高速目标尾迹检测研究现状

1. 等离子体机理研究现状

高超声速目标的高速运动与大气层摩擦产生的尾迹是一种成分极其复杂的等离子体尾迹，所以等离子体的作用机理的研究现状对研究此类目标尾迹具有十分重要的借鉴意义。

高超声速目标再入时与大气层剧烈摩擦产生的高温使空气电离，发生一系列复杂的化学物理变化形成了等离子体尾流。国外对于再入目标的研究可追溯到 20 世纪 60 年代，当时由于技术的限制，对于此方面的研究还只停留在导弹的末端的光学和雷达特性上，到了 90 年代 Tony 等人从攻角、湍流脉动、化学非平衡的方面开始研究并提出了等离子体对电磁波传播特性的影响。到了 21 世纪，再入目标的研究开始了新的大规模的突破，一些周边的等离子体对抗通信、隐身与反隐身也开始兴起。国内方面对与再入目标研究的起步相比于国外较迟，20 世纪 80 年代出版的再入通信中断文集介绍了我国早期研究再入等离子体作用机理方面取得的成果。到了 21 世纪，我国在这一方面领域的研究有所突破，常雨[83]等人运用 FDTD 方法计算再入等离子体包覆目标的雷达散射特性，朱方[84]以神舟九号的 C 波段雷达实测数据为依据分析得出再入过程中 RCS 存在突增段、隐身段、平稳段，这些使得我国在再入领域的研究有了新的层次。与此同时，国外的一些学术学者也对再入等离子体与雷达电磁波的散射作用机理进行了针对性的研究，均有所突破，不过由于保密的原因，在公开的期刊上发表的该领域的研究成果并不多。因此对于高超声速目标的尾迹雷达检测方法，我们可以借鉴流星余迹和飞机尾流的探测方法进行研究。

2. 流星余迹散射特性

所谓流星余迹就是指在 80～120km 的高空中，流星体以 10～70km/s 的速度坠落时与大气层摩擦燃烧所形成的电离气体柱，它与高超声速目标尾流的形成极其相似，所以对研究高超声速目标尾流的雷达回波特性有很好借鉴意义。流星余迹在空间的分布长度能达到数千至上万米，宽度也可达几米。根据尾流内的电子数密度，可以将余迹分为欠密类余迹和过密类余迹两种。欠密类余迹和过密类余迹在信号幅度的变化上也会有较大的不同，主要体现在变化的时间上，一般过密类的尾迹模型变化速度较慢。

欠密型的流星余迹模型，由于电子数较少，所以在入射波照射的时候可以顺利地在余迹中传播而不发生反射。在这种情况下，由于流星余迹中所含有的电子数较少，所以相对而言可以将电子当作每个独立点。而对于过密型的余迹散射模型，由于它的电子数含量较多，入射电波不能顺利传播，会进行反射，所以把它当作入射电波在一个扩展圆柱表面进行反射。一般来说，此类散射模型可以非常彻底地反射入射电波，其过程也相对复杂。

从雷达实际探测流星余迹的情况来看，流星尾迹表现出来的大长度、大范围、长时间持续的特性如图 1.1 所示，这类流星的尾迹称为距离扩展流星尾迹[85]，也就是说，对于这类尾迹目标的检测分析不能简单地当作一个点目标来研究，需要把它当成由多个扩展目标单元构成的目标尾迹。

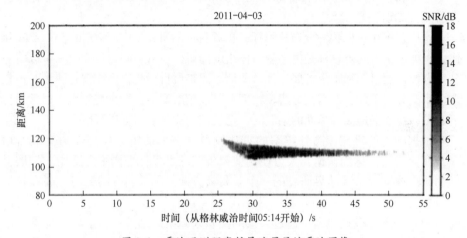

图 1.1　雷达观测距离扩展流星尾迹雷达图像

3. 飞机尾流雷达检测技术

飞机尾流是飞机上升和飞行过程中必需的动力产物，飞机尾流主要分为尾部喷流和翼尖尾流两种。一般来说，尾流看成是一个持续时间长达数十秒，产生于飞机的涡旋发动机后方的长达几千米甚至上万米的一种柱状目标，它和周围的空气相比是一种雷达散射特性极强的湍流。

对飞机尾流的雷达检测早在 20 世纪 80 年代就已经开始了，西方国家进行了多次模拟测试实验对飞机尾流的电磁散射特性和多普勒特性[86]进行分析。从目前的探测情况来看，现在的雷达对飞机尾流的探测能力已经能够在晴空时探测飞机尾流，并能够在雨雾或者空气潮湿的天气中有效工作。但是总体来说，国外的研究都还是多侧重于航空安全领域方面的，主要是在尾流的 RCS 等方面的探测，一般都是近程尾流的探测，至于具体的飞机尾流的空域和频域特性，以及一些远程的飞机尾流特性的探测手段，公开的研究文献报道还比较少。

尾流目标在空间上分布的距离较长，可以达到几千米甚至上万米，所以对于一般的低分辨雷达来说,这一类目标可以当作典型的扩展目标来研究分析,它的长度可以使它占据较多的扩展单元数。但是总体而言,这类扩展目标的雷达回波强度较弱,一般把它当作典型的微弱扩展目标。

上面借鉴的流星尾迹和飞机尾流的探测方法都提到将这类高超声速尾迹当作典型的扩展目标来研究。

4. 扩展目标检测方法的研究现状

下面将简单介绍扩展目标的检测方法和与论文研究高超声速目标尾迹检测方法相关的研究现状。

扩展目标也可以称为分布式目标,扩展目标的研究集中于20世纪60~70年代,根据定义,此类目标是由多散射体组成的目标。从空间的角度分,可以将它分为方位扩展目标和距离扩展目标。所谓距离扩展目标是目标在雷达测距时占据多个距离分辨单元,在雷达分辨率角度上可以拓展到多普勒频率领域。通常情况下也可以在探测地面和海面的杂波时,把它们当成扩展目标进行研究分析。

根据国外的研究,高分辨率的雷达较低分辨率的雷达探测能力有显著增强,高分辨力雷达的快速、大量使用使得传统的点目标探测不再适用,扩展目标的研究探测成了雷达界研究的一个重要新方向。国外研究的方向主要在自适应目标检测上,他们在不同的杂波情况下(包含均匀、非均匀杂波)对提出的检测算法进行模拟验证,通过大量的实验来归纳总结这些自适应目标算法的实用性和可靠性,主要的代表人物有 K. Gerlach、G. Alfano、H. R. Park 等。自适应检测[87]的研究是近些年来的主要研究方向,且存在着与极化信息处理结合的一种趋势。

对于国内方面,扩展目标的研究方向也大都在目标的检测领域,例如,李永祯[87]等提出了强散射点径向累积检测方法。对于高超声速目标尾流的雷达检测问题,前面也提到可以将其作为一种典型的扩展目标来进行研究建模仿真分析,在扩展目标研究的领域,现有的研究成果相对较为全面,并且从趋势上来说,现在的研究方向都是在原有检测算法的基础上进行巩固和创新,通过不断地完善提高检测性能,从而适应复杂条件下的目标检测。

扩展目标的检测方法可以利用虚警门限来滤除杂波并且筛选出较强信号点,再将这些信号点迹的能量进行有效积累,最终可以将散射点多而复杂的扩展目标转变成由几个强散射中心能量积累而成的常规目标,甚至可以变换成点目标来进行检测。

当然,扩展目标的检测技术也存在着一定问题,它的理论分析和比较研究方面仍然不够系统化,许多复杂领域都还没有系统地涉及,在高超声速目标尾流领域的研究涉及较少。

1.5　本书的主要内容及章节安排

针对上述问题，本书对临近空间高超声速目标雷达探测技术展开讨论，包括主要对临近空间高超声速目标特性以及对雷达探测的影响分析，对现有常用的高速目标信号处理理论基础进行分析，对作者提出和研究的变换域相参积累补偿、曲线轨迹非相参积累、距离－多普勒耦合误差处理等方面进行讨论，对有关仿真系统进行简要介绍。本书共分为8章，各章节的主要内容安排如下：

第1章为绪论，主要介绍临近空间高超声速飞行器的特点及其对雷达探测提出的挑战，分析国内外相关领域雷达相参积累、TBD处理、机动目标跟踪、尾流检测等方面的现状。

第2章主要讨论临近空间高超声速飞行器轨迹特性，并给出了一种高超声速飞行器滑跃式飞行轨迹模拟方法。

第3章主要介绍等离子体鞘套对目标RCS的影响，重点讨论飞行器本体RCS衰减以及飞行器尾流RCS的模拟方法，为后续目标检测提供依据。

第4章主要介绍高速目标雷达信号处理基础理论，并对现有典型的方法进行分析研究。

第5章主要讨论空时频多项式变换域的高超声速机动目标雷达聚焦检测技术，重点介绍作者提出的Radon－Fourier变换的方法，简要介绍等离子体尾流聚焦方法。

第6章主要介绍高速机动目标曲线轨迹帧间积累检测技术，作者提出空时Radon变换、Hough变换、抛物线Hough变换、椭圆Hough变换、变径圆弧螺旋线Radon变换等方法，以及研究利用TBD处理结果反馈补偿相参积累的一体化方法。

第7章主要介绍高速机动微弱目标连续跟踪及误差补偿技术，主要介绍多维数字化波门帧间递进关联的逻辑TBD检测方法以及基于速度补偿的临近空间高超声速目标高精度跟踪方法。

第8章主要介绍高速目标雷达探测跟踪仿真系统，主要介绍有关仿真系统的组成和基本工作原理。

第9章结合实际应用讨论了高超声速飞行器分类识别技术。

附录给出了相关方法的Matlab源代码供读者参考。

第 2 章　临近空间高超声速飞行器轨迹特性分析

临近空间高超声速飞行器弹道一般可以分为钱学森弹道和 Sanger 弹道，本章将简要介绍这两种弹道的基本概念和特点，给出临近空间高超声速目标在助推、滑翔和转弯等典型阶段的运动方程，并提供一种临近空间高超声速目标飞行轨迹模拟方法，为后续的雷达探测提供场景参考。

2.1　临近空间高超声速飞行器弹道特性

"Sanger 弹道"与"钱学森弹道"是高超声速武器飞行的惯用弹道，一般来讲，Sanger 弹道可称为冲压滑跃式弹道，而钱学森弹道可称为助推滑翔式弹道。

2.1.1　钱学森弹道

钱学森弹道的机理是指让导弹在"临近空间"内进行助推滑翔，随之进入稠密大气层中进行滑翔。导弹会在这个高度会持续滑翔，而不会和普通的导弹一样直接降落，这是因为在"临近空间"的大气比较稀薄，空气密度小，所以在高速目标由类真空状态进入高密度的介质时，会产生一定程度的反向压力，所以，我们又把"钱学森弹道"赋予一个新的名字，叫作助推滑翔式弹道，钱学森弹道与地平面示意图如图 2.1 所示。通过改变弹头进入"临近空间"的速度、姿态和时机，或者改变弹头的外形结构等，从而改变导弹的升阻比，进而实现跳跃式滑翔，这个飞行滑翔的过程可以理解为"用石头打水漂"。

飞行器前部弹道为运载火箭式的，打到 300km 高度以后再进入大气层，利用气动力控制面进入增速滑翔状态，好比航天飞机的返航状态，不过一个是速度增加过程，一个速度减慢过程。滑翔阶段一般采用无动力形式，再入大气层的速度比同级能量的弹道导弹相对要慢，但是相对能量利用的经济性较好，尤其是弹道飘忽不定，雷达很难准确预测，且便于实现导弹全程制导，现在对于该种弹道飞行器的防空跟踪处于目前主流防空体系的空白处。

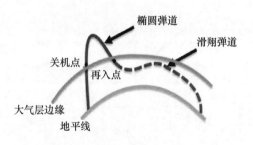

图 2.1 钱学森弹道与地平面示意图

2.1.2 Sanger 弹道

Sanger 弹道又可以称为跳跃弹道，因为它的轨迹形式像蛙跳，飞行器在临近空间受到向上的升力和向下的重力，从而使得在高速飞行中产生上下起伏的样子。这种弹道形式可反复进行，形成"跳跃"式弹道，火箭发动机不是很适用于"跳跃"式弹道，但超燃冲压发动机特别适合"跳跃"式弹道，在大气层内发动机工作，以弹道形式冲出大气层，以增速滑翔形式进入大气层，发动机在大气层内工作，充分积累能量后，再次跃升、下滑，重复 N 次，直至到达目的地后完成最后一次下滑进而进攻目标。一个十分典型的飞行轨迹为飞行器从 30km 的高度开始，以初始弹道倾角跳跃飞行，在飞行达到轨道的最低点时，超燃冲压发动机点火对飞行器进行助推加速，一直行至 40km 以下的某个高度后，发动机会自动关闭，然后进行自由滑翔，滑行阶段的末尾主要依靠空气动力使得飞行器抬头改变飞行角度，随之超燃冲压发动机再次点火启动助推，加速爬升，如此循环来保持飞行器持续飞行工作，最后到达预定的位置高度直接降落。

2.1.3 钱学森弹道与 Sanger 弹道区别

Sanger 弹道需要冲压发动机在飞行过程中增加动力，而钱学森弹道主要采用助推+滑翔的实现方式。相比而言，虽然在轨迹上钱学森弹道更加简洁，Sanger 弹道更加丰富，但前者是更加复杂的，更加难以理解的。原因是"钱学森弹道"要借助弹道理论来解答，其中牵扯了研究重点为高层稀薄大气的流体力学问题，所以显得过程十分复杂。而"Sanger 弹道"主要在大气的较低层进行，而这时的研究主题主要是助推力问题，所以只要升阻比达到一定的标准，有一个足够大的升力，就会产生下一个跳跃周期。钱学森弹道与 Sanger 弹道对比示意图如图 2.2 所示。

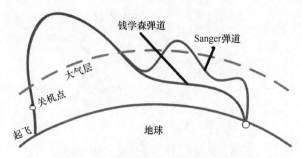

图 2.2 钱学森弹道与 Sanger 弹道对比示意图

2.1.4 典型弹道建模

由于临近空间高超声速飞行器跳跃滑翔的本质是空气动力,下面不考虑发动机推力,对跳跃、滑翔进行建模和分析。

1. 跳跃弹道

高超声速目标再入大气层后,随着高度降低,气压增大,向上的升力也会随之增加,当达到弹道最低点时,升力已远远大于重力,飞行器会在升力作用下向上"跳跃",形成一段跳跃式弹道。其受力分析如图2.3所示,图中,图中 L 代表升力,D 代表阻力。

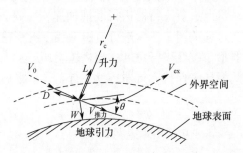

图 2.3 高超声速目标跳跃式弹道

其受力分析可以用如下方程来表示:

$$C_L \frac{\rho V^2}{2} A - mg\cos\theta = \frac{mV^2}{r_c} \tag{2.1}$$

$$-C_D \frac{\rho V^2}{2} A + mg\sin\theta = m\frac{dV}{dt} \tag{2.2}$$

式中:V 为飞行速度;C_L 为气动升力系数;C_D 为气动阻力系数;A 为飞行器空气迎面接触的面积,单位为平方米;ρ 为大气密度;m 为质量;g 为重力加速度。

2. 滑翔弹道

高超声速目标跳出大气层后，随着高度增加，气压减少，向上的升力也会逐渐减少，当达到最高点时，重力大于升力，飞行器会在重力作用下向下滑翔，形成一段滑翔式弹道。其受力分析如图2.4所示。

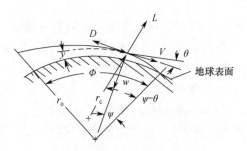

图2.4 高超声速目标滑翔弹道

$$L - mg\cos\theta = \frac{mV^2}{r_c} \tag{2.3}$$

$$-D + mg\sin\theta = m\frac{dV}{dt} \tag{2.4}$$

式中：V为飞行速度；L为升力；D为阻力；m为质量；g为重力加速度。

2.2 临近空间高超声速飞行器轨迹模拟

临近空间高超声速飞行器飞行轨迹的模拟对研究、设计雷达探测跟踪临近空间高超声速目标方法具有重要的影响。依据前述的典型弹道建模，根据临近空间目标高超声速再入飞行时受到的空气动力学原理，通过输入目标初始速度、初始位置、初始质量、阻力系数、升阻比、飞行器空气迎面接触面积、数据率等参数，可模拟临近空间高超声速飞行器再入滑翔飞行轨迹，并能分析该轨迹各个时刻点对应的斜距、速度、加速度、径向速度、径向加速度变化关系。

2.2.1 基本假设

（1）不考虑地球曲率的影响，在直角坐标系下建立临近空间高超声速飞行器再入飞行轨迹模型（在模拟仿真中可进一步考虑地球曲率，在地心赤道坐标系下进行建模，并对模型进行相应改进）；

（2）飞行器轴向姿态角始终朝向飞行速度方向（在模拟仿真中可以根据

攻角的实际情况进行改进）；

（3）飞行器受到重力（方向垂直向下）、升力（方向与速度方向垂直、向上）、阻力（方向与速度方向相反），暂时不考虑推力。

2.2.2 轨迹生成流程

临近空间高超声速飞行器在再入滑翔过程中受到重力、气动升力和气动阻力，根据受力分析，可以得到各个时刻 x、y、z 方向上的分力，进而进一步得到各个方向对应的加速度，从而可以递推下一时刻目标的状态，以此类推，即可得到目标轨迹。具体步骤如下。

（1）根据上一时刻目标的高度，确定重力加速度 g，确定重力 mg（m 为飞行器质量，g 为重力加速度）。重力加速度 g 采用如下模型：

$$g = g_0 \left(\frac{R_d}{R_d + H}\right)^2 \tag{2.5}$$

式中：$g_0 = 9.8$；$R_d = 6371000\mathrm{m}$，为地球半径；H 为飞行器距离地面的高度。

（2）根据目标高度，计算对应的大气密度 ρ。计算大气密度时采用 1976 年美国标准大气层模型计算不同高度时的大气密度（略）。

（3）根据目标的速度和目标所在处的大气密度，计算气动升力 L 和气动阻力 D。具体计算公式如下：

$$L = \frac{1}{2} C_L \rho A V^2 \tag{2.6}$$

$$D = \frac{1}{2} C_D \rho A V^2 \tag{2.7}$$

式中：C_L 为气动升力系数；C_D 为气动阻力系数；A 为飞行器空气迎面接触的面积，单位为平方米；ρ 为大气密度。

（4）将气动升力和气动阻力沿着 x、y、z 方向分解。将飞行器受到的气动升力在 x、y、z 三个方向进行分解，得到

$$L_x = L\cos(\theta_L)\cos(\varphi_L) \tag{2.8}$$

$$L_y = L\cos(\theta_L)\sin(\varphi_L) \tag{2.9}$$

$$L_z = L\sin(\theta_L) \tag{2.10}$$

将飞行器受到的气动阻力在 x、y、z 三个方向进行分解，得到

$$D_x = D\cos(\theta_D)\cos(\varphi_D) \tag{2.11}$$

$$D_y = D\cos(\theta_D)\sin(\varphi_D) \tag{2.12}$$

$$D_z = D\sin(\theta_D) \tag{2.13}$$

（5）通过求出重力、升力、阻力在 x、y、z 各个方向的合力，进而得到飞

行器在 x、y、z 三个方向上的加速度：

$$a_x(k) = (L_x + D_x)/m \tag{2.14}$$

$$a_y(k) = (L_y + D_y)/m \tag{2.15}$$

$$a_z(k) = (L_z + D_z - mg)/m \tag{2.16}$$

（6）根据 x、y、z 三个方向上的加速度，以匀加速度直线运动近似得到下一时刻飞行器的状态，下一时刻 x 位置 $x(k+1)$ 为

$$x(k+1) = x(k) + v_x(k)t + \frac{1}{2}a_x(k)t \tag{2.17}$$

下一时刻 x 速度 $v_x(k+1)$ 为

$$v_x(k+1) = v_x(k)t + a_x(k) \cdot t \tag{2.18}$$

下一时刻 x 加速度 $a_x(k+1)$ 为

$$a_x(k+1) = a_x(k) \tag{2.19}$$

下一时刻 y 位置 $y(k+1)$ 为

$$y(k+1) = y(k) + v_y(k)t + \frac{1}{2}a_y(k)t \tag{2.20}$$

下一时刻 y 速度 $v_y(k+1)$ 为

$$v_y(k+1) = v_y(k) + a_y(k) \cdot t \tag{2.21}$$

下一时刻 y 加速度 $a_y(k+1)$ 为

$$a_y(k+1) = a_y(k) \tag{2.22}$$

下一时刻 z 位置 $z(k+1)$ 为

$$z(k+1) = z(k) + v_z(k)t + \frac{1}{2}a_z(k)t \tag{2.23}$$

下一时刻 z 速度 $v_z(k+1)$ 为

$$v_z(k+1) = v_z(k) + a_z(k) \cdot t \tag{2.24}$$

下一时刻 z 加速度 $a_z(k+1)$ 为

$$a_z(k+1) = a_z(k) \tag{2.25}$$

式中：t 为时间间隔。

（7）如果目标高度低于门限值，仿真结束；否则回到（1），循环生成下一时刻的状态。

2.2.3 仿真验证

1. 仿真参数

设置目标初始速度、初始位置、雷达位置、仿真步数、数据时间间隔、飞行器空气迎面接触的面积、升阻比、阻力系数，见表 2.1。

表 2.1 飞行器轨迹模拟参数设置

参　数	数　值
初始速度	3400m/s
初始航向角	270°
初始俯仰角	−30°
初始位置	[0 300000m 100000m]
雷达位置	[0 0 0]
仿真步数	5000
数据间隔	0.2s
飞行器空气迎面接触面积	1m^2
升阻比	3
阻力系数	0.48

2. 仿真结果

利用提出的方法能很好地模拟临近空间高超声速飞行器滑翔式弹道，最大速度可达到 10Ma 以上，最大加速度可达 10g 以上。该轨迹模型可用于后续的 RCS 衰减分析、信号处理等研究中。临近空间高超声速飞行器的目标飞行轨迹、目标位置、目标速度、目标径向速度、目标加速度、目标径向加速度分析分别如图 2.5 ~ 图 2.10 所示。

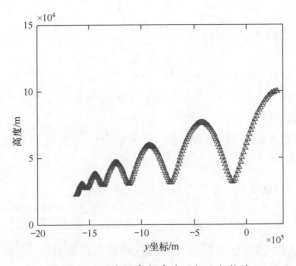

图 2.5 临近空间高超声速目标飞行轨迹

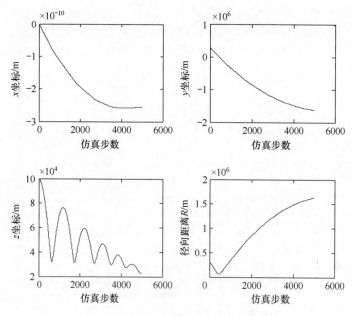

图 2.6 临近空间高超声速目标位置分析

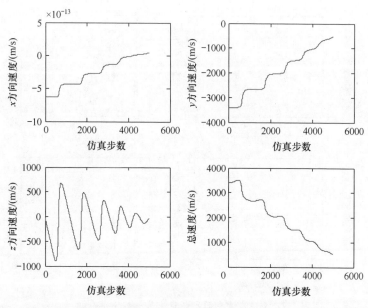

图 2.7 临近空间高超声速目标速度分析

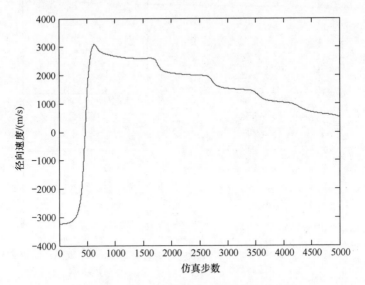

图 2.8 临近空间高超声速目标径向速度分析

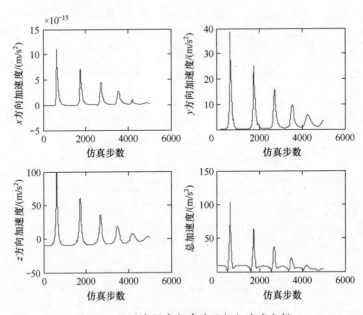

图 2.9 临近空间高超声速目标加速度分析

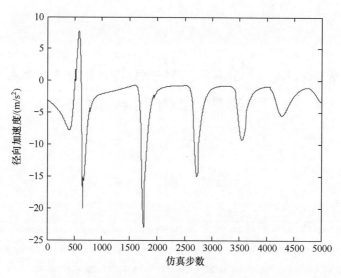

图 2.10 临近空间高超声速目标径向加速度分析

本 章 小 结

本章针对临近空间高超声速飞行器弹道特点进行了简要分析,对钱学森弹道和 Sanger 弹道进行了对比,对跳跃和滑翔典型弹道进行了建模。并对临近空间高超声速飞行器轨迹进行了仿真,实现了临近空间高超声速滑翔式弹道原理的验证,为后续检测跟踪提供了依据。

第3章 等离子体鞘套对目标RCS影响分析与模拟

3.1 引　言

在雷达探测过程中常见的测量指标就是被探测目标的雷达散射截面积（Radar Cross Section，RCS），它是表征雷达目标散射入射电磁波强弱的参数。目标的雷达散射截面积能直观地反映雷达目标对电磁波的散射情况，它与目标的隐身性能也密不可分。

常规目标的RCS公式如下：

$$\sigma = 4\pi \lim_{R \to \infty} R^2 \frac{|E_s|^2}{|E_t|^2} \tag{3.1}$$

式中：E_t 和 E_s 分别为目标处雷达电磁波的强度和雷达接收到的目标散射雷达回波的强度，这是雷达散射截面积最原始的定义。它没有表现出散射截面积与雷达目标性质的参数，例如雷达目标的外形 S、体积 T、材质 A 等因素都有着密切的关系，同时RCS还与雷达本身的一些性能，如载波频率 f、入射角 θ_1、极化 P、散射角 θ_2 也有着关联，可以用一个关系式来表示：

$$\sigma = F(f, \theta_1, \theta_2, P, S, T, A) \tag{3.2}$$

通常情况下，对于一些比较简单外形的物体，雷达目标的截面积是比较容易确定的，存在固定的解析式，但是现实中分析的绝大多数目标都是无法当成这些简单的外形来解析计算的。在研究高超声速目标尾流的雷达散射截面积时，此类目标的飞行姿态，例如攻角、飞行速度也会被考虑到影响的因素当中。高超声速目标的RCS数值大小主要和包覆其周围的鞘套的等离子体参数有关。等离子体的分布形式对雷达探测这类目标影响很大，它主要包含等离子体频率、电子碰撞频率、介电常数等。下面将在不同的影响因素情况下，对再入目标的RCS变化进行分析。

3.2 高超声速目标再入过程 RCS 特征分析

临近空间的高超声速目标再入大气层时会与大气进行剧烈摩擦，摩擦产生的高温会使一些耐热材料被融化，再通过一系列的物理化学反应发生电离，这样会在目标周围形成一层成分极为复杂的等离子体层，即前面提到的"鞘套"。"鞘套"包裹住了飞行器，使得飞行器处于通信中断的状态，也就是"黑障"现象，它的电子峰值密度可达 $(10^{13} \sim 10^{16})/cm^3$，雷达探测时也会类似出现雷达"黑障"。与此同时，高超声速目标的尾部也会形成一段长度可达数千米的等离子体尾流，尾流和体鞘套都会对雷达探测产生重要影响。等离子体鞘套是一团非均匀、碰撞、冷等离子体团，它会和入射电磁波发生作用。图 3.1 给出的是"神舟"九号飞船返回舱再入大气层时 RCS 的变化曲线，图中可以看到高超声速目标再入时在雷达的探测过程中主要分为 3 个阶段，下面将对这三个阶段的高超声速目标雷达探测特性（主要是指 RCS）进行分析[84]。

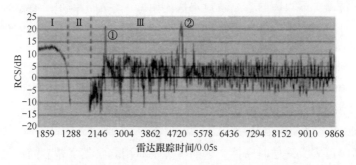

图 3.1 "神舟"九号飞船返回舱再入大气层时 RCS 的变化曲线

1. RCS 突增阶段

目标再入过程中，在高度大约为 50km 左右时，返回舱的 RCS 比它本身大了 10dB 左右，出现了突增现象。产生这一现象的原因主要是高超声速目标的尾流状态由于不断地下降，发生了变化。尾流的状态由高空时的层流状态转变成湍流状态，但是此时的湍流由于电子的密度数不够，认为是亚密状态，所以电磁波可以进入内部发生体散射，从各个方向看，尾流雷达的散射截面积都比较大，在各个方向上雷达的回波都比较强，所以在这个阶段，目标的 RCS 为突增阶段。

2. 隐身阶段

目标的隐身阶段，这个阶段的 RCS 特性对再入段的研究具有十分重要的意义。从图中可以清楚地看到,在这个阶段目标的 RCS 急剧减小,甚至造成雷达目标的丢失,使目标处于隐身阶段。经过分析,可以将这一阶段的隐身特性归纳为 3 个原因。

1) 目标尾流散射方式的转变

上一节目标 RCS 的突增阶段提到,由于目标尾流的电子数密度较小,电磁波可以穿透到内部,所以发生了体散射,导致各个方向上的雷达回波都比较强,但随着目标再入高度的不断减小,由于大气中的电子数密度不断增大,导致目标在大气层摩擦的过程中尾流的电子数也不断增大。当电子数的密度值超过临界值时,入射波就会在目标的等离子体尾迹表面发生散射。所谓面散射就是指电磁波由于尾流内电子数密度过高而不能穿透到内部,所以在尾流的表面发生了电磁波的散射现象,这种散射方式收到的雷达回波强度对电磁波的入射角度有很高的要求,一般是垂直方向上的回波最强,所以导致目标尾流的雷达散射截面积迅速降低。

2) 等离子体的削减作用

电磁波在入射目标时会与等离子体作用发生反射、散射、衰减、吸收等作用。在这过程中,电磁波的能量也肯定会被消耗吸收。电磁波的能量主要是通过对等离子体内的电子做功,将能量转化成电子的动能和其他中性粒子的不规则的能量,这种现象类似于等离子体作为欧姆电阻消耗电能。再入时返回舱因与大气层剧烈摩擦形成的等离子体鞘套,在这一阶段刚好成为包覆在返回舱表面的雷达保护层,衰减和吸收了电磁波,使目标处于隐身阶段。

3) 等离子体的折射效应

返回舱再入大气层时摩擦产生的等离子体鞘套,其实鞘套内的电子数密度分布是非均匀的,它的分布存在不规则性。根据物理知识可以知道,电磁波在不同密度的介质中传播时会发生明显的折射现象,从而导致电磁波的传播轨迹发生变化,不再保持原来的直线,发生弯曲。在雷达回波的接收方向上,发生折射后能进入雷达接收端的回波强度很小,导致目标的 RCS 减小,所以返回舱表面包覆的等离子体鞘套对电磁波的折射作用也是使目标处于隐身状态的一个重要原因之一。

3. RCS 平稳阶段

在目标 RCS 平稳阶段,随着返回舱的再入高度进一步减小,目标表面包覆的等离子体中的电子碰撞频率会增大,而这时的等离子体介电常数随着电子碰撞频率的增大而减小,所以随着电子碰撞频率的增加,等离子的特征频率反而会减小。由于电子的碰撞频率增加,导致电磁场对电子做功很少,也就是说,电子来不及吸收电磁波的更多能量就发生了碰撞,另一方面,电子碰撞频率的增加也会增加电子负荷作用，所以目标会开始摆脱隐身状态，慢慢地显露出来。至于到了更低的高度，目标周围的等离子体区域就消失了，这个时候接收到的雷达回波就是通过目标本身散射的，所以此时的 RCS 值的大小也就不再随着高度的变化而变化，相对趋于平稳。

3.3　临近空间高超声速目标 RCS 衰减分析与模拟

由于临近空间高超声速目标的特殊性，在开展该类目标雷达探测跟踪与武器拦截试验研究方面有很大困难，而临近空间高超声速目标 RCS 模拟又是很多雷达信号处理和数据处理研究的前提，因此分析高超声速目标等离子体鞘套对雷达电磁波的影响，并以此为依据对临近空间高超声速目标 RCS 进行模拟，对临近空间目标探测跟踪的研究具有较重要的意义。

关于等离子体鞘套对雷达探测的影响方面，国内外学者开展了一些研究工作。这些研究可以概括为两个方面，一方面是对等离子体鞘套的试验验证或实测数据分析。为了解决飞船返回舱等高超声速飞行器再入测控问题，美国国家航空航天局（National Aeronautics and Space Administration，NASA）自 20 世纪 60 年代开始，开展了一系列的试验，例如 Project RAM[89]、Trailblazer Program[90-94]等，获得了很多关于飞行器再入大气层时 RCS 变化的实测数据。国内在实测数据验证方面，主要集中在对"神舟"飞船返回舱测控中雷达"黑障"问题的分析研究上，西安卫星测控中心学者对雷达探测返回舱时的雷达"黑障"问题进行了深入研究，通过对 C 波段雷达观测"神舟"飞船返回舱再入过程中产生的等离子体鞘套实测数据分析，证明返回舱再入时隐身段的 RCS 比返回舱本体低 10dB 左右，证实了临近空间等离子体鞘套对雷达探测的严重影响。

另一方面是对再入等离子体鞘套的数值计算研究和仿真分析。文献［95］针对升力体外形临近空间飞行器 RCS 特性开展了研究，主要研究内容包括本体及绕流 RCS 特性，亚密湍流尾迹 RCS 特性和层流尾迹的 RCS 特性等。文献［96］采用并行时域有限差分方法（finite-difference time-domain，FDTD）计算和分析了超高速目标及其绕流场的 RCS。文献［97］采用七组元化学反应模型，数值模拟高超声速飞行器流场，基于流场结果用分段线性电流密度递归卷积 FDTD 方法计算了 P、L 波段飞行器流场的后向 RCS 频率特性及双站散射特性，并分析了入射波频率和双站角对 RCS 的影响。文献［98］研究了平面波入射时等离子体涂覆目标电磁散射特性，求解并分析了平面电磁波从各个角度辐射目标时的电磁波回波特性。文献［99］研究了高超声速弹头周围包覆等离子体对 RCS 的影响，并借助 FEKO 软件，运用物理光学法对等离子体参数影响目标 RCS 的情况进行了实验仿真。空军预警学院[100~102]通过分析电磁波的反射和衰减，得到了不同等离子体频率和不同电子碰撞频率与目标 RCS 衰减关系，为临近空间高超声速目标的跟踪提供了重要参考。

由上可见，关于临近空间高超声速飞行器等离子体对雷达电磁波影响的理论研究主要集中在数值建模仿真以及相互作用的机理与关系上，而很少有文献研究临近空间目标速度、高度与 RCS 衰减的关系。由于临近空间高超声速目标飞行时，其飞行的速度、高度与等离子频率和电子碰撞频率两个参数有很大关联，而等离子频率和电子碰撞频率又与电磁波的衰减系数和反射系数有关，所以可以通过它们之间的相互关系，找出目标 RCS 衰减与雷达频率、目标飞行高度和速度等因素之间的相关特性，从而利用这些关系来模拟临近空间高超声速目标的 RCS，该方法将对雷达检测、跟踪临近空间高超声速目标的理论研究和试验具有很好的参考作用，这就是此问题的研究目的[103]。

3.3.1 基本原理

在美国 NASA 的技术报告中[92]，选取再入体速度、高度参数中典型的 12 个速度值和 12 个高度值（速度约为 5.38~41.24Ma、高度约为 10.94~98.42km），对等离子体鞘套的影响进行理论计算和分析。基本机理是，再入飞行器高速进入大气层时，会与大气摩擦产生气动热，使气体发生电离，生成等离子体鞘套，并根据计算结果得出一系列飞行器高度、速度和等离子体频率、电子碰撞频率之间的关系曲线。该文献指出，为了确定高超声速物体区域内的气流特性，常用的思路是利用这些气体的热力学数据，结合运动方程，利用计算机程序得到守恒方程和迭代解。但是这类程序复杂、耗时，且仅适用于特定物体形状、速度和高度，考虑到高超声速物体的某些流场特性与平衡流的体形无关，用飞行参数——速度和高度来描述更合适。在另一份美国 NASA 的报告中[93]，当再入目标、雷达频率、雷达视线角固定时，等离子体鞘套影响的区域主要取决于目标的高度和速度，利用文献 [92] 中绘制的平衡正常激波流的等离子体频率与碰撞频率随高度和速度的变化关系，估计周围感兴趣的等离子体鞘套层部分的反射系数和衰减系数。空军预警学院的高超声速探测研究团队在上述文献基础上，又进一步地对不同等离子体密度和不同碰撞密度条件下的衰减进行了仿真分析[101]。

在国内外学者的研究基础上，以文献 [92-94] 中等离子体频率和电子碰撞频率与 12 个速度、12 个高度的关系曲线为基础，通过曲面拟合，得到所有高度和速度条件下对应的等离子体密度和电子碰撞密度，进一步通过遍历不同目标高度、速度,通过查表得到对应的等离子体频率和电子碰撞频率,利用等离子体频率和电子碰撞频率计算出雷达电磁波照射时的反射系数和衰减系数,进一步计算出 RCS 的衰减,得到再入体不同速度、不同高度与 RCS 衰减的关系图。模拟流程如图 3.2 所示。

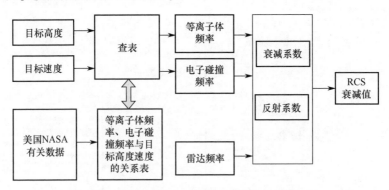

图 3.2 等离子体对雷达电磁波的衰减模拟流程图

3.3.2 临近空间高超声速目标的等离子体衰减模型

1. 临近空间高超声速目标等离子体鞘套包覆模型

再入体后向散射截面积的精确计算是一个非常困难的问题。原则上,计算程序应该从确定等离子鞘套层和周围大气的参数和特性开始,通过测定等离子体中的电子密度和碰撞频率,确定鞘套层的小信号电磁特性,并确定再入体周围复杂介电常数的分布。考虑到这种分布以及物体的形状和材料,必须求解具有适当边界条件的麦克斯韦方程。针对具体实际问题,鞘套性能的确定本身就是一个非常复杂的问题。而且,因为涉及复杂的几何问题,因此,即使这个问题完全解得到了,也得不到麦克斯韦精确解。这种情况下,通常的做法是研究简化的模型,虽然任何一种简化模型都有有效性范围,但是这些模型在一定程度上能够显示出原始问题的主要特征[91]。针对这一问题,文献[91]中提出了一种 RCS 衰减的等离子体吸收模型,该模型完全忽略目标的形状,将注意力集中在等离子体的性质上,因此,依据该模型得出的结论具有拓展性。等离子体鞘套吸收模型如图 3.3 所示。选取图 3.3 模型作为分析等离子体鞘套的工具。

2. 雷达电磁波在等离子体鞘套中的传输特性模型

由上述临近空间目标再入等离子体鞘套吸收模型可知,临近空间目标等离子体鞘套下目标 RCS 主要由两部分组成:①雷达电磁波一部分能量进入等离子体鞘套，在等离子体层内传播、衰减，"打"到目标本体后反射，再经过一个回程的等离子体鞘套层衰减后进入自由空间，再传回到雷达天线；②雷达电磁波另一部分能量在等离子体鞘套外表面上反射，经过自由空间后传回雷达天线。不同的雷达频率和不同的等离子体鞘套参数下，本体反射和等离子体表面反射能量的比例会不同。

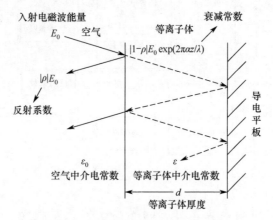

图 3.3　等离子体鞘套吸收模型

1）雷达电磁波等离子体鞘套内传输和衰减

雷达电磁波在等离子体鞘套中的波动方程可表示为

$$E = E_0 \exp(-j2\pi kz/\lambda)$$
$$= E_0 \exp(2\pi \alpha z/\lambda) \exp(-j2\pi \beta z/\lambda) \quad (3.3)$$

式中：z 为传播的距离；λ 为雷达电磁波在自由空间中的波长；$k = \beta - j\alpha = \sqrt{\varepsilon}$，为雷达电磁波在等离子体鞘套中的传播常数；$\alpha$ 为衰减常数；β 为相位常数。

$$\alpha = \left[\frac{1}{2}\sqrt{(1-s)^2 + q^2 s^2} - \frac{1}{2}(1-s)\right]^{\frac{1}{2}} \quad (3.4)$$

$$\beta = \left[\frac{1}{2}\sqrt{(1-s)^2 + q^2 s^2} + \frac{1}{2}(1-s)\right]^{\frac{1}{2}} \quad (3.5)$$

$$s = \frac{p^2}{1+q^2} \quad (3.6)$$

式中：$p = f_p/f$，f_p 为等离子体频率，f 为雷达频率；$q = v/(2\pi f)$，v 为电子碰撞频率。

单位距离衰减量可表示为

$$A = 40\pi \alpha f \lg e/(3 \times 10^{10}) = 1.8 \times 10^{-9} \alpha f$$

式中：A 的单位为 dB/cm。

2）雷达电磁波在等离子体鞘套表面的反射

雷达电磁波在等离子体鞘套中传输的等离子体相对介电常数可以表示为

$$\varepsilon = 1 - \frac{p^2}{1+q^2} - jq\frac{p^2}{1+q^2} \qquad (3.7)$$

当雷达电磁波在临近空间目标等离子体鞘套表面发生反射时，反射系数可表示为

$$\rho = \frac{1-\sqrt{\varepsilon}}{1+\sqrt{\varepsilon}} \qquad (3.8)$$

将式（3.7）代入式（3.8），则可得电磁波功率反射系数：

$$R = |\rho^2| = \frac{(1-\beta)^2 + \alpha^2}{(1+\beta)^2 + \alpha^2} \qquad (3.9)$$

3）临近空间高超声速目标的 RCS 衰减计算

目标的雷达回波总功率是目标本体反射能量与等离子体鞘套表面的反射能量两部分之和。假设等离子体密度分布均匀，则总的雷达回波能量衰减可表示为

$$L = -10\lg(R + (1-R)/10^{0.1AD}) \qquad (3.10)$$

式中：$D=2d$，表示雷达电磁波进入等离子体和本体反射后出等离子体的双程距离；d 代表等离子体厚度。

由式（3.10）可见，RCS 的衰减主要与单位距离衰减量 A、等离子体厚度 d 和反射系数 R 有关。考虑到等离子体厚度在很多情况下比较固定，因此，实际上，我们重点需要分析单位距离衰减量 A 和反射系数 R 与 RCS 的衰减关系。

单位距离衰减量 A 和反射系数 R 主要与等离子体频率和电子碰撞频率有关，考虑到高超声速目标等离子体鞘套中等离子频率和电子碰撞频率与飞行器形状、温度、材料、高度等诸多因素有关，且非常复杂，故采用以等离子体频率和电子碰撞频率的相关实测数据为依据进行仿真分析。即利用不同高度、不同速度等离子体频率和电子碰撞频率的有关数据，拟合高超声速目标的等离子体频率和电子碰撞频率与高度和速度的关系（图 3.4），结合临近空间目标再入等离子体包覆模型和雷达电磁波在再入等离子体中的传输特性来分析临近空间目标高超声速对目标 RCS 的影响。

为了找出目标速度、高度与 RCS 的衰减关系，利用 Getdata 软件提取图 3.4 所示的美国计划相关数据中不同高度、不同速度与等离子体频率、电子碰撞频率的关系曲线，并进行曲面拟合，得到目标速度、高度与等离子体频率关系如图 3.5 所示，目标速度、高度与电子碰撞频率关系如图 3.6 所示。

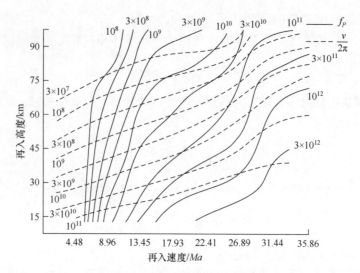

图 3.4　等离子体频率及电子碰撞频率与高度和速度的实测数据关系

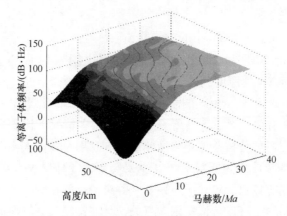

图 3.5　目标速度、高度与等离子体频率关系

3. 方法的通用性讨论

为了说明方法的通用性，讨论以下两个问题：

（1）如果一个尖锥和一个球体以相同的轨迹再入，同一时刻两个再入体的速度、高度一样，两个的 RCS 衰减是否一样呢？如果不一样，方法的通用性体现在哪里？

再入体周围的等离子体流场一般可以分为驻点区、中间区、后部区和尾流区等。研究的背景是从最不利的情况出发，假设目标速度方向对准雷达，且速度方向与再入体轴线方向近似相等，考虑到驻点区是温度最高、压力和电子密度最高的区域，也是对雷达电磁波影响最大的区域，仿真结果也是基于这种最严酷情况下的仿真。其他区域的流场速度由目标速度在该区域表面平行方向分速度决定，目标形状不同，其对应的表面平行分速度也不相同。这些区域的等离子体特性可以参考该方法，只是速度查表时不再是飞行器的实际飞行速度，而是实际飞行速度区域表面平行分速度作为速度来计算。尖锥和球体外形不同，在相同环境下，驻点区域对 RCS 的影响可认为近似相同，而其他区域 RCS 的影响则可以按照速度在对应区域表面平行方向的分速度进行计算，这里不再赘述。

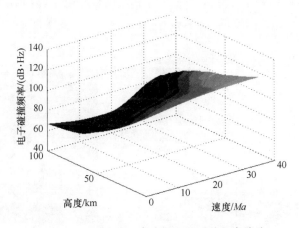

图 3.6　目标速度、高度与电子碰撞频率关系

（2）对于再入尖锥，不同方向 RCS 衰减是否一样？如果不一样，方法的通用性又体现在哪里？

对于不同方向探测目标时，由于不再是垂直入射，因此，雷达电磁波在等离子体区域传输的距离要变长。假如等离子体厚度为 d，若雷达电磁波的入射方向与飞行器散射面法线方向的夹角为 θ（$\theta \leqslant 75°$），则电磁波传输经历的等离子体鞘套厚度 d_θ 变为

$$d_\theta = d/\cos\theta \tag{3.11}$$

将式（3.11）代入式（3.10）就可以得到不同角度的衰减值了。也就是说，在这种情况下，其衰减变为

$$A_\theta = A d_\theta = \frac{A}{\cos\theta} d \tag{3.12}$$

该方法在文献［89］中的实测数据分析中得到了验证，因此，该方法具有通用性。

3.3.3 临近空间等离子体对目标 RCS 衰减的仿真分析

1. 仿真实验

实验1：不同等离子体频率电子碰撞频率与 RCS 衰减关系仿真。

利用临近空间目标再入等离子体包覆模型和雷达电磁波在再入等离子体中的传输特性，分析不同雷达频率情况下等离子体频率电子碰撞频率与 RCS 衰减关系，仿真结果如下。

（1）假设雷达频率 300MHz 时等离子体频率、电子碰撞频率与 RCS 衰减关系如图 3.7 所示，图中的 (a)、(b)、(c)、(d) 表示同一张图在不同视角下的显示。

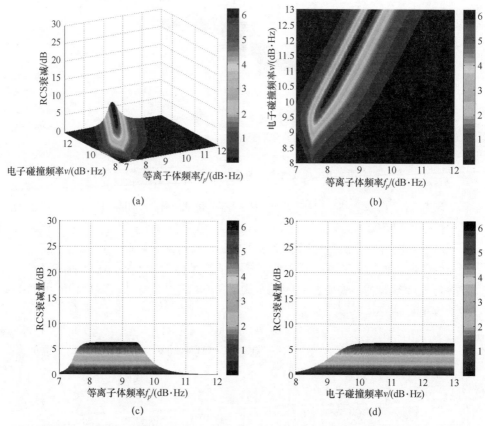

图 3.7 雷达频率 300MHz 时等离子体频率、电子碰撞频率与 RCS 衰减关系

（2）假设雷达频率 600MHz 时等离子体频率、电子碰撞频率与 RCS 衰减

关系如图 3.8 所示，图中的（a）、（b）、（c）、（d）表示同一张图在不同视角下的显示。

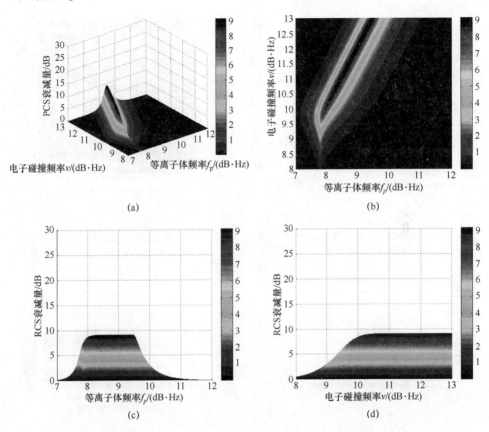

图 3.8　雷达频率 600MHz 时等离子体频率、电子碰撞频率与 RCS 衰减关系

（3）假设雷达频率 1GHz 时等离子体频率、电子碰撞频率与 RCS 衰减关系如图 3.9 所示，图中的（a）、（b）、（c）、（d）表示同一张图在不同视角下的显示。

（4）假设雷达频率 2GHz 时等离子体频率、电子碰撞频率与 RCS 衰减关系如图 3.10 所示，图中的（a）、（b）、（c）、（d）表示同一张图在不同视角下的显示。

（5）假设雷达频率 3GHz 时等离子体频率、电子碰撞频率与 RCS 衰减关系如图 3.11 所示，图中的（a）、（b）、（c）、（d）表示同一张图在不同视角下的显示。

（6）假设雷达频率 5GHz 时等离子体频率、电子碰撞频率与 RCS 衰减关系如图 3.12 所示,图中的 (a)、(b)、(c)、(d) 表示同一张图在不同视角下的显示。

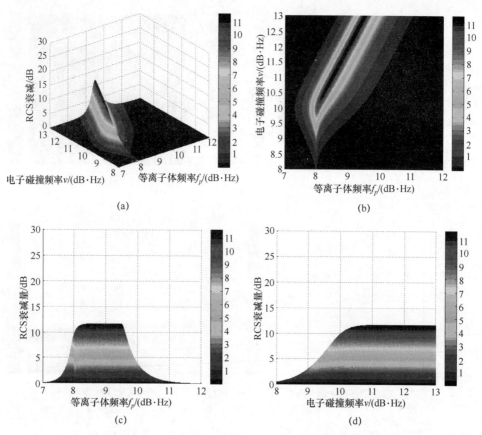

图 3.9　雷达频率 1GHz 时等离子体频率、电子碰撞频率与 RCS 衰减关系

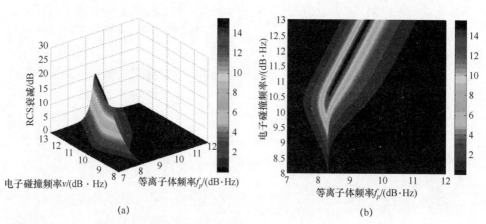

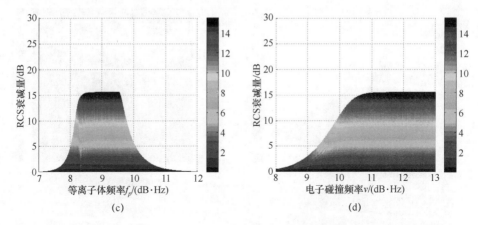

图 3.10 雷达频率 2GHz 时等离子体频率、电子碰撞频率与 RCS 衰减关系

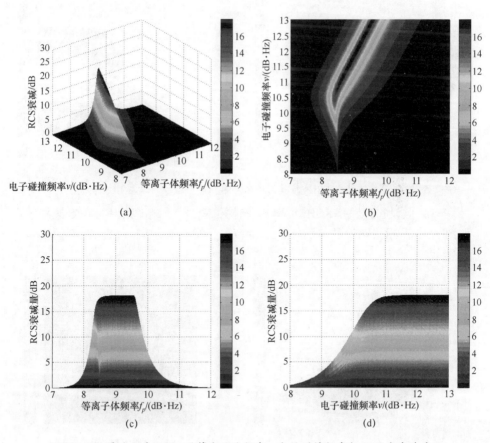

图 3.11 雷达频率 3GHz 时等离子体频率、电子碰撞频率与 RCS 衰减关系

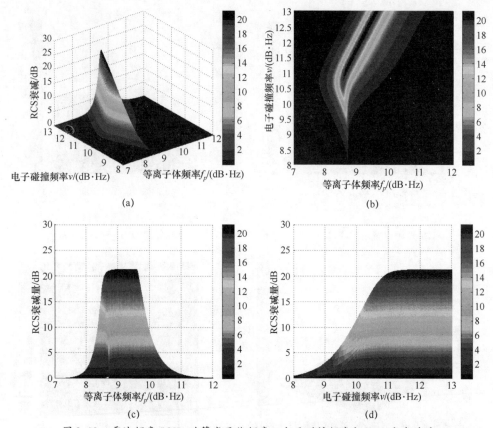

图 3.12 雷达频率 5GHz 时等离子体频率、电子碰撞频率与 RCS 衰减关系

（7）假设雷达频率 8GHz 时等离子体频率、电子碰撞频率与 RCS 衰减关系如图 3.13 所示，图中的（a）、（b）、（c）、（d）表示同一张图在不同视角下的显示。

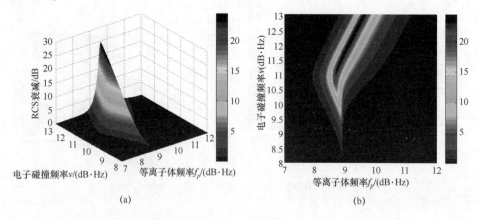

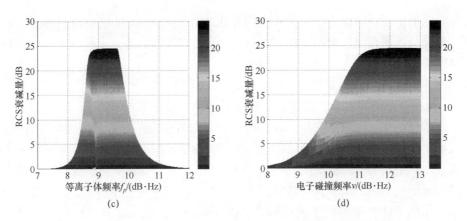

图 3.13　雷达频率 8GHz 时等离子体频率、电子碰撞频率与 RCS 衰减关系

（8）假设雷达频率 10GHz 时等离子体频率、电子碰撞频率与 RCS 衰减关系如图 3.14 所示，图中的（a）、（b）、（c）、（d）表示同一张图在不同视角下的显示。

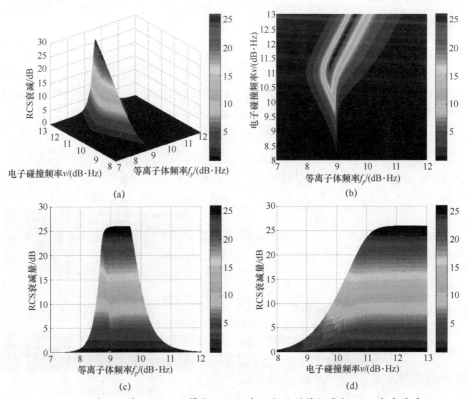

图 3.14　雷达频率 10GHz 时等离子体频率、电子碰撞频率与 RCS 衰减关系

以上仿真图可以看出，雷达频率在 300MHz~10GHz 的范围内，RCS 衰减的最大值随着雷达频率的升高而增加，且只是在一部分等离子体频率、电子碰撞频率确定的连续区域衰减比较严重。雷达频率增加时，衰减区域的形状大体相同，位置有较小的平移，衰减增大。

实验 2：不同目标高度和速度情况下 RCS 衰减关系仿真。

依据图 3.2 的方法流程，首先在一定范围内给定一组目标的速度和高度，依据给定的速度和高度，通过图 3.5 所示的速度、高度和等离子体频率对应关系找出该组高度、速度对应的等离子体频率，通过图 3.6 所示的速度、高度和电子碰撞频率对应关系找出该组高度、速度对应的等离子体频率，然后根据找出的等离子体频率和电子碰撞频率，利用式（3.4）、式（3.5）、式（3.8）、式（3.9）求出电磁波功率反射系数，根据式（3.10）进一步求出雷达回波能量衰减。按上述方法遍历所有的速度、高度，可以得到 P 波段雷达（频率 300MHz）、L 波段雷达（频率 1GHz）、S 波段雷达（频率 3GHz）、C 波段雷达（频率 8GHz）、X 波段雷达（频率 10GHz）、Ku 波段雷达（频率 18GHz）随目标速度、高度变化时的 RCS 衰减变化图，如图 3.15~图 3.20 所示。图 3.15~图 3.20 中，(a)、(b)、(c) 分别表示同一张图在不同视角下的显示。

由仿真结果可得如下结论：

（1）雷达频率为 300MHz~18GHz 这一范围内，雷达频率越高，RCS 最大衰减值越大。例如，雷达频率为 1GHz 时最大衰减达到约 12dB，雷达 10GHz 时最大衰减达到约 25dB。可见，等离子体鞘套对雷达连续探测提出了严峻挑战。

（2）临近空间目标速度较小时，一般低于 6Ma 时激波等离子体没有或不明显；速度在 7~20Ma 时，均有等离子体衰减出现；约为 5.5~10Ma 时，随着速度增加，等离子体衰减增强；10~20Ma 时，衰减值基本稳定。

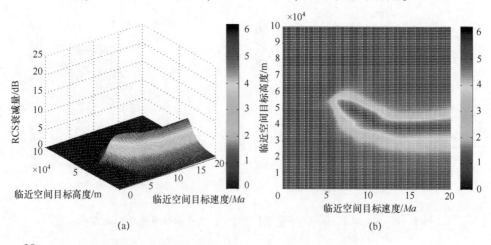

(a)

(b)

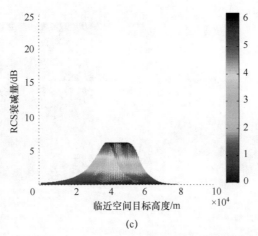

(c)

图 3.15 雷达频率 300MHz 时临近空间目标 RCS 衰减与其高度、速度的关系
(a) x-y-z 视角；(b) x-y 视角；(c) y-z 视角。

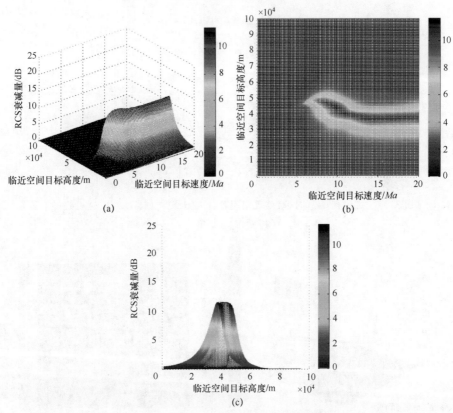

图 3.16 雷达频率 1GHz 时临近空间目标 RCS 衰减与其高度、速度的关系
(a) x-y-z 视角；(b) x-y 视角；(c) y-z 视角。

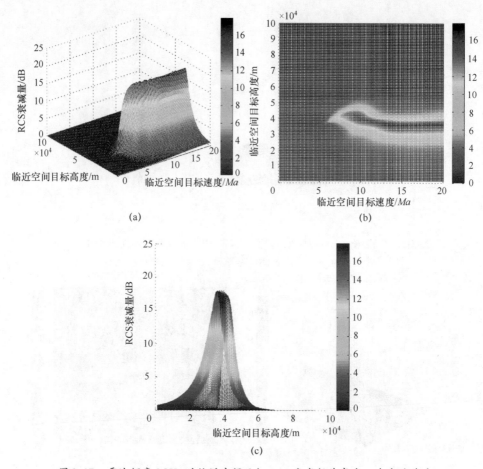

图 3.17 雷达频率 3GHz 时临近空间目标 RCS 衰减与其高度、速度的关系
（a）x-y-z 视角；（b）x-y 视角；（c）y-z 视角。

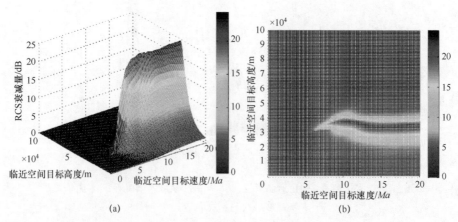

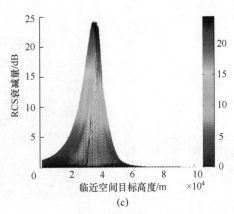

图 3.18 雷达频率 8GHz 时临近空间目标 RCS 衰减与其高度、速度的关系
（a）x-y-z 视角；（b）x-y 视角；（c）y-z 视角。

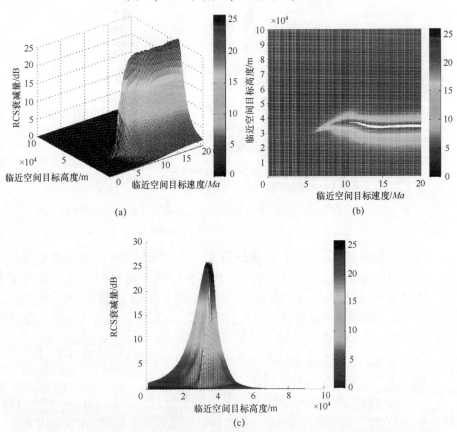

图 3.19 雷达频率 10GHz 时临近空间目标 RCS 衰减与其高度、速度的关系
（a）x-y-z 视角；（b）x-y 视角；（c）y-z 视角。

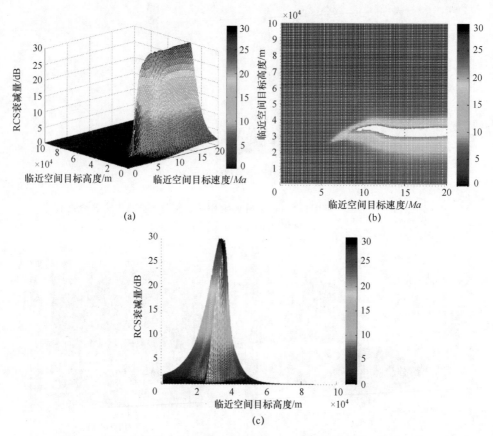

图 3.20 雷达频率 18GHz 时临近空间目标 RCS 衰减与其高度、速度的关系
(a) x-y-z 视角；(b) x-y 视角；(c) y-z 视角。

（3）电磁波频率越大，RCS 衰减越大，但是出现 RCS 的区域变小，出现 RCS 衰减的高度也降低。例如，对于 $10Ma$ 的临近空间目标，用 P 波段探测时，高度约 60km 就会受到等离子体衰减的影响，而 Ku 波段探测时，约 40km 以下才开始会有等离子体衰减。如果高度约 40km 以下时临近空间飞行器的速度已经降为约 $5.5Ma$ 以下，则 RCS 基本不会受到等离子体衰减的影响。

下面进一步结合临近空间高超声速飞行器的 Sanger 弹道轨迹，对再入过程中的 RCS 衰减进行模拟和分析。

假设初始速度为 $10Ma$，再入飞行的航向角为 270°，俯仰角为 −18°，目标初始坐标为（0，900km，60km），式中 900km 代表初始距离，60km 代表初始再入高度，仿真步数为 6000，每步间隔时间为 0.2s，雷达频率分别为 380MHz、5GHz、10GHz 时，按照 Sanger 弹道进行滑跃式飞行，飞行过程中的高度、速度、加速度的变化曲线如图 3.21 所示。不同雷达频率条件下对应的飞行轨迹衰减和对应的 RCS 衰减如图 3.21 ~ 图 3.23 所示。

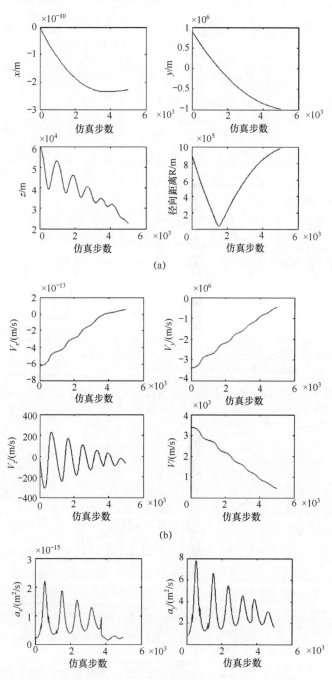

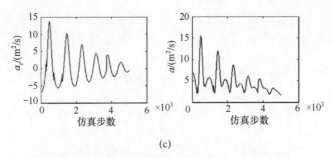

(c)

图 3.21 目标运动过程中高度、速度、加速度的变化

(a) 高度变化；(b) 速度变化；(c) 加速度变化。

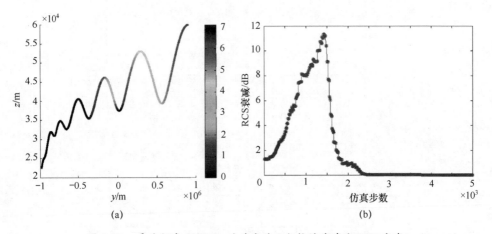

图 3.22 雷达频率 380MHz 时对应的飞行轨迹衰减和 RCS 衰减

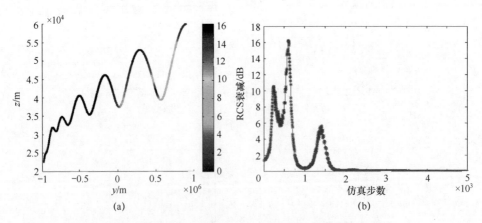

图 3.23 雷达频率 5GHz 时对应的飞行轨迹衰减和 RCS 衰减

(a) 飞行轨迹衰减；(b) RCS 衰减。

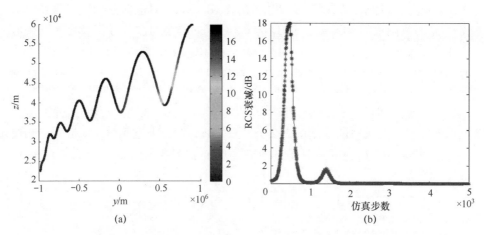

图 3.24 雷达频率 10GHz 时对应的飞行轨迹衰减和 RCS 衰减
(a) 飞行轨迹衰减;(b) RCS 衰减。

由图 3.21~图 3.24 仿真结果可以看出:临近空间目标以 Sanger 弹道飞行时,会发生 RCS 衰减,且衰减随着目标的起伏运动、速度变化进行起伏。当临近空间目标飞行末段速度变小后,RCS 衰减几乎消失。雷达频率越高,衰减的最大值越大,但雷达频率变大后等离子体鞘套对雷达回波反射的 RCS 加大,使得等离子体鞘套和雷达本体共同的 RCS 衰减区域变小。因此,用高频率的雷达探测高超声速目标时,由于高度降低后,目标的速度也下降了,速度低于一定值时 RCS 将不受等离子体鞘套影响。这也说明利用高频率雷达探测临近空间高超声速飞行器将更容易得到连续的航迹,产生"黑障"的时间更短。

实际应用中,可将该 RCS 衰减值连同目标的轨迹输入给雷达信号模拟器,与外场雷达开展临近空间高超声速目标探测跟踪的试验验证。

3.4 临近空间目标 RCS 衰减对雷达探测的影响

3.4.1 临近空间目标 RCS 衰减对雷达探测距离的影响分析

1. 临近空间目标 RCS 衰减对雷达检测概率影响分析

根据雷达原理,不同目标的反射截面积与雷达接收回波信噪比的关系为

$$\frac{\mathrm{SNR}_1}{\mathrm{SNR}_0} = \frac{\sigma_1}{\sigma_0} \tag{3.13}$$

式中：σ_0 为目标 RCS 不衰减的初始值；SNR_0 为 σ_0 对应的单个回波信号信噪比；σ_1 为衰减后的 RCS 值；SNR_1 为 σ_1 对应的单个回波信号信噪比。以典型的 3G 波段雷达为例，参考图 3.17 可知，其 RCS 衰减最大可达 18dB，单个回波信号信噪比的衰减也相应为 18dB。假设目标截面积为 $3m^2$，雷达对目标截面积 $3m^2$ 目标的探测威力为 600km，经过激波等离子体效应使得目标 RCS 衰减后，临近空间目标实际的最小 RCS 约为 $0.0475m^2$，根据恒虚警条件下信噪比与检测概率的关系曲线（图 3.25、图 3.26），目标非起伏时，对应的检测概率 P_d、虚警概率 P_f 和信噪比 SNR（注：表示信号与噪声的直接比值，非 dB 值）的关系为

$$P_d = 1/2 \mathrm{erfc}(\sqrt{\lg(1/P_f)} - \mathrm{sqrt}(SNR + 0.5)) \tag{3.14}$$

或

$$P_d = \mathrm{marcumq}(\sqrt{2SNR}, \sqrt{2\lg(1/P_f)}) \tag{3.15}$$

（注：式（3.14）、式（3.15）近似）

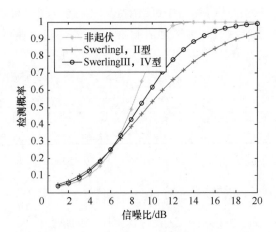

图 3.25　虚警概率为 10^{-3} 时信噪比与检测概率

目标 Swerling Ⅰ 或 Ⅱ 起伏时，对应的检测概率 P_d、虚警概率 P_f 和信噪比 SNR 的关系为

$$P_d = P_f^{1/(1+SNR)} \tag{3.16}$$

目标 Swerling Ⅲ 或 Ⅳ 起伏时，对应的检测概率 P_d、虚警概率 P_f 和信噪比 SNR 的关系为

$$P_d = \left(1 + \frac{2SNR}{(2+SNR)^2} \cdot \lg(1/P_f)\right) \cdot P_f^{1/(1+SNR/2)} \tag{3.17}$$

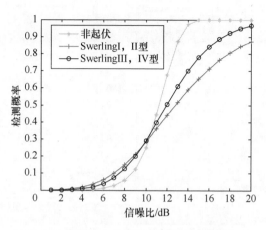

图 3.26　虚警概率为 10^{-6} 时信噪比与检测概率

以常规目标检测的信噪比门限 13dB（对应检测概率为 0.8727）为例，以反射截面积约为 $0.0475m^2$ 来考虑，其对应信噪比约为 -7dB，不考虑信号能量积累的情况下，对单个回波信号来讲雷达的检测概率趋于 0。可见，RCS 衰减严重降低了雷达发现目标的概率。

对临近空间目标不同虚警、不同速度、不同高度情况下临近空间目标检测概率进行仿真分析，仿真结果如下。

（1）假设雷达频率 1GHz、目标 RCS 为非起伏，对虚警概率 10^{-3} 和 10^{-6} 两种情况下不同速度、不同高度与目标检测概率的关系进行仿真，结果如图 3.27 所示。

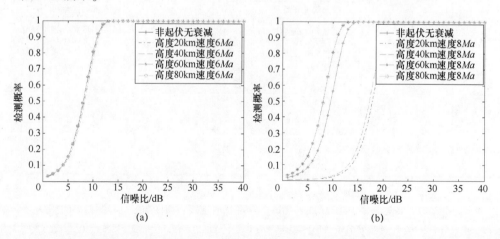

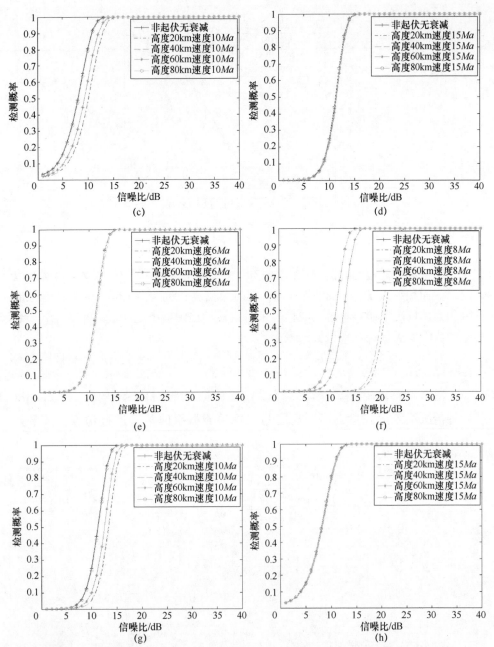

图 3.27 雷达频率 1GHz、目标 RNS 为非起伏时速度、高度与目标检测概率的关系
(a) 虚警概率为 10^{-3}、速度为 $6Ma$；(b) 虚警概率为 10^{-3}、速度为 $8Ma$；(c) 虚警概率为 10^{-3}、速度为 $10Ma$；
(d) 虚警概率为 10^{-3}、速度为 $15Ma$；(e) 虚警概率为 10^{-6}、速度为 $6Ma$；(f) 虚警概率为 10^{-6}、速度为 $8Ma$；
(g) 虚警概率为 10^{-6}、速度为 $10Ma$；(h) 虚警概率为 10^{-6}、速度为 $15Ma$。

（2）假设雷达频率 3GHz、目标 RCS 为非起伏，对虚警概率 10^{-3} 和 10^{-6} 两种情况下不同速度、不同高度与目标检测概率的关系进行仿真，结果如图 3.28 所示。

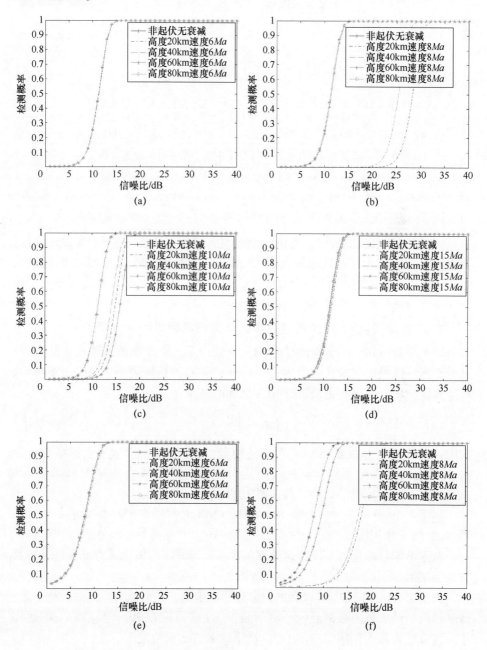

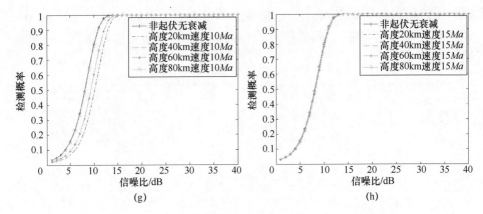

图 3.28　雷达频率 3G 目标非起伏时速度、高度与检测概率的关系

(a) 虚警概率为 10^{-6}、速度为 $6Ma$；(b) 虚警概率为 10^{-6}、速度为 $8Ma$；(c) 虚警概率为 10^{-6}、速度为 $10Ma$；(d) 虚警概率为 10^{-6}、速度为 $15Ma$；(e) 虚警概率为 10^{-3}、速度为 $6Ma$；(f) 虚警概率为 10^{-3}、速度为 $8Ma$；(g) 虚警概率为 10^{-3}、速度为 $10Ma$；(h) 虚警概率为 10^{-3}、速度为 $15Ma$。

由图 3.27、图 3.28 可以看出，临近空间目标，速度在 $8Ma$ 和 $10Ma$ 时对检测概率影响较大，速度过小（例如 $6Ma$ 以下）和过大（$15Ma$ 以上）时，由于目标 RCS 衰减不明显，检测概率影响不大。关于高度上的检测概率，以 $8Ma$ 速度为例，高度越低，检测概率越小。

2. 临近空间目标 RCS 衰减对雷达最大探测距离影响分析

由上分析可知，临近空间目标 RCS 衰减严重，对典型的 S 波段雷达来说，其单个回波信噪比衰减最大可达 $12 \sim 20\text{dB}$，将对雷达探测距离带来严重影响。具体来说，雷达作用距离与目标 RCS 之间的关系是：

$$R = R_0 \left(\frac{\sigma_1}{\sigma_0} \right)^{1/4} \tag{3.18}$$

式中：R_0 表示目标截面积为 σ_0 时雷达的最大探测距离；R 表示目标截面积为 σ_1 时雷达的最大探测距离，假设雷达对正常目标的威力范围为 600km，则 RCS 衰减对威力范围的影响关系如图 3.29 所示。

从图 3.29 分析可知，当其 RCS 降低 12dB 时，探测距离将减小一半，降低 20dB 时，作用距离理论上只有 189.7367km，严重缩短了雷达的探测距离。

对于不同目标速度不同雷达频率条件下不同高度的雷达威力范围进行仿真分析，结果如下。

由图 3.29 ~ 图 3.33 可以看出，雷达频率越高，最大威力范围衰减越严重；高度越低，最大威力衰减越大。对于频率 3G 的雷达在 20km 高度时，雷达作用距离降约为最大作用距离的 1/3，严重影响雷达探测范围。

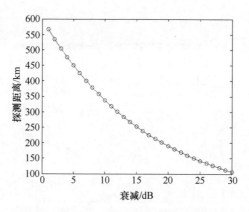

图 3.29　RCS 衰减对雷达威力的影响

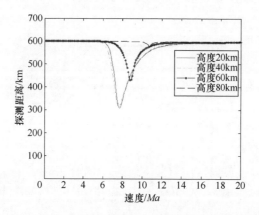

图 3.30　雷达频率 1G 时不同高度、速度与最大作用距离的关系

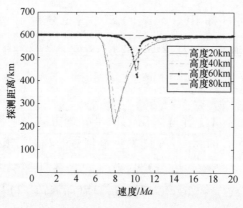

图 3.31　雷达频率 3G 时不同高度、速度与最大作用距离的关系

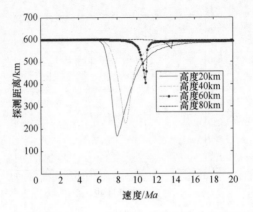

图 3.32 雷达频率 6G 时不同高度、速度与最大作用距离的关系

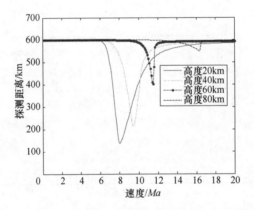

图 3.33 雷达频率 10G 时不同高度、速度与最大作用距离的关系

3.4.2 临近空间目标 RCS 衰减的应对措施分析

雷达接收到回波后,提高信噪比的方式主要有:脉冲压缩、相参积累、非相参积累。

1. 脉冲压缩

脉冲压缩是预警雷达普遍采用的信号处理方式,它利用发射时宽较宽(或时宽带宽积较大)的脉冲,通过对回波信号的匹配滤波实现能量压缩,从而极大提高回波信号的信噪比。例如,对于一个复的线性调频信号:

$$s(t) = A\mathrm{rect}(t/T)\exp[j2\pi(f_0 t + \mu t^2/2)] \quad (3.19)$$

式中:A 为信号幅度;f_0 为信号载频;$\mathrm{rect}(t/T)$ 为矩形包络,其可表示为

$$\text{rect}(t/T) = \begin{cases} 1, & |t/T| \leq 1/2 \\ 0, & \text{其他} \end{cases} \tag{3.20}$$

脉冲压缩后的时域信号为（先不考虑目标运动）

$$s_0(t) = A\sqrt{D}\frac{\sin(\pi B(t-t_{d0}))}{\pi B(t-t_{d0})}e^{j2\pi f_0(t-t_{d0})} \tag{3.21}$$

若脉冲幅度 A 为1，匹配滤波带通内传输系数为1，则输出脉冲幅度$\sqrt{D}$，$D = BT = T/(1/B)$，表示输入脉冲和输出脉冲的宽度比，也称压缩比，t_{d0} 为匹配滤波器产生的附加延时。也就是说，脉冲压缩后噪声的幅度不变（从统计意义上），信号的幅度提高的倍数为信号的时宽带宽积，提高脉冲压缩信号的信噪比可以从提高时宽和带宽两个方面考虑。因此，提高时宽带宽积可以提高单个回波的信噪比，信噪比改善与时宽带宽积增加倍数的关系如图3.34所示。

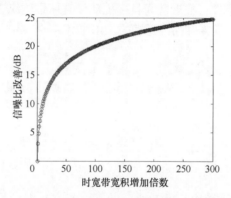

图3.34 信噪比改善与时宽带宽积增加倍数的关系

参照图3.34，理论上信号时宽带宽积提到原来的10倍，对应的信噪比提高10dB。由于实际雷达时宽受到雷达平均功率、占空比等的限制，不可能无限制提高，且时宽和带宽过宽的信号在目标高速运动时会出现主瓣偏移和展宽，不利于雷达检测。因此，在雷达时宽和带宽给定的情况下，还需要从信号的相参积累方面考虑来提高信噪比。

2. 相参积累

一般而言，相参积累时间越长，信噪比越高。为了改善信噪比，需要采用比一般雷达积累时间更长的相参积累时间，以提高信噪比。例如，相参积累时间增加1倍，信噪比可以提高3dB，积累时间倍数与信噪比改善的关系如图3.35所示。

由图3.35可以看出，想要提高信噪比12dB，积累时间应该为原来的16倍。由于S波段临近空间目标RCS衰减最大15dB，因此，相参积累时间需要足够长才能满足要求,而临近空间目标高超声速、强机动限制了雷达信号的相参积累。一方面,临近空间目标高超声速运动会出现"跨距离门"现象,从而限制雷达信号的相参积累时间,另一方面,临近空间目标的强机动导致飞行器的多普勒频率、多普勒变化率,以及多普勒二阶变化率都比以往的地基雷达探测系统面临的问题要严酷得多,产生"跨速度门"现象,进一步影响了雷达信号的相参积累,需要研究回波信号的距离走动和多普勒扩展的补偿积累方法。另一方面,对于预警雷达,大范围的目标搜索限制了相参时间,例如,假设雷达回波时宽为 500μs,搜索空域为 30°,搜索周期为 2s,波束宽度为 3°,雷达占空比在 10% ~ 40% 之间,当占空比为 40% 时最大能积累 160 个脉冲,当占空比为 10% 时最大能积累 40 个脉冲,可见脉冲积累时间并不是很长,为了进一步提高检测性能,需要考虑雷达扫描周期之间的沿着目标轨迹的 TBD 积累检测,而一般 TBD 以目标直线运动为前提条件,临近空间目标机动性破坏了传统 TBD 的这个条件,因此,需要研究临近空间未知曲线运动的 TBD 技术。

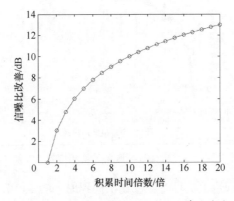

图 3.35　积累时间倍数与信噪比改善的关系

3. 非相参积累

n 个信号非相参积累信噪比改善介于 n 和 $\sqrt{n}$ 之间,参考 Marcum 和 Swerling 的非相参积累损耗公式,即

$$L_{NCI} = 10\lg(\sqrt{n_p}) - 5.5 \text{dB} \tag{3.22}$$

以及 Peebles 给出的改善因子精确到 0.8dB 的经验公式:

$$[I(n_p)]_{dB} = 6.79(1 + 0.235 P_D)\left[1 + \frac{\lg(1/P_{fa})}{46.6}\right]\lg(n_p)\{1 - 0.140\lg(n_p) + 0.018310(\lg n_p)^2\} \tag{3.23}$$

对应的非相参积累数语信噪比改善关系如图 3.36 所示。

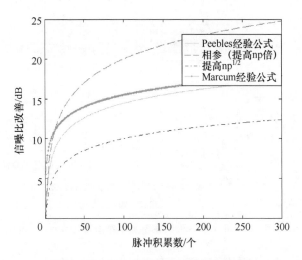

图 3.36　信号积累数与信噪比改善的关系

据图 3.36，按照 7 个时刻 TBD 轨迹积累，能量积累 7 次在理论上提高信噪比 6.885dB，信噪比改善效果比较明显。据此，临近空间目标 RCS 衰减导致无法有效检测目标的问题的解决思路是：先相参积累提高信噪比到一定程度，再在雷达扫描间进行 TBD 非相参积累，通过两级积累提高信噪比，以弥补 RCS 衰减带来的信噪比损耗。例如，假设目标在 600km 的信噪比为 -2dB（13dB 减去衰减的 15dB），先通过增加相参积累时间提高信噪比，由于积累时间受到雷达占空比、波束驻留时间等的限制不可能太长，因此将积累时间增加到原来的 10 倍，信噪比提高 10dB，将信噪比提高至 8dB，然后通过轨迹上 TBD 的非相参积累将信噪比提高 6.885dB，使得临近空间目标回波信噪比达到 14dB 以上，由于当信噪比为 14dB、虚警概率为 10^{-6} 时，非起伏目标检测概率为 0.9714，起伏目标为 0.6476（SwerlingⅠ、SwerlingⅡ 型起伏）和 0.7713（SwerlingⅢ、SwerlingⅣ 型起伏），从而信噪比 14dB 以上可以有效发现目标。

3.4.3　RCS 衰减对目标检测的影响分析

雷达探测和跟踪目标的能力依赖于接收到的回波信号信号功率与干扰功率的比值，假设在虚警概率 P_{fa} 一定的情况下，雷达单次观测的检测概率 P_d 与回波信号的信噪比之间的关系为

$$P_d = P_{fa}^{1/(1+\text{SNR})} \tag{3.24}$$

检测概率与信噪比的关系如图 3.37 所示，当虚警概率一定时，信噪比越高，检测概率越高。

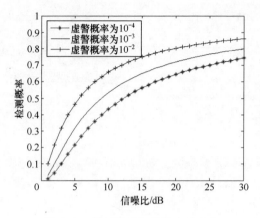

图 3.37 检测概率与信噪比的关系

而信号的功率正比于目标的雷达有效反射面积（RCS）σ_t，而干扰功率则可能是接收机的内部噪声或外部的有源或无源干扰，如高速目标的再入过程中，再入等离子体对雷达电磁波产生吸收和折射作用，极大衰减了目标的 RCS 值，使得探测、跟踪和识别的困难。

RCS 下降后对雷达探测性能的影响如下。

当雷达探测能力受到噪声（内部噪声或干扰）时，由于接收机的信号功率 S_r 可表示为

$$S_r = \frac{P_t G_t A_e}{(4\pi)^2 R^4} \sigma_t \tag{3.25}$$

则当目标的 RCS 由原来 σ_{t_0} 的下降为 σ_t 时，则探测距离与原来探测距离的关系为

$$R = R_0 \left(\frac{\sigma_t}{\sigma_{t_0}} \right)^{1/4} \tag{3.26}$$

当其 RCS 降低 12dB 或近似达 95% 时，探测距离将减小一半。

当雷达在杂波背景下探测目标时，例如低仰角情况时，这时由于 σ_t 减小而引起的性能下降是惊人的。有关系为

$$R = R_0 \left(\frac{\sigma_t}{\sigma_{t_0}} \right) \tag{3.27}$$

可见，目标的 RCS 降低一半，相应的探测距离也会降低一半。以美国为例，20 世纪 70 年代中期研制的 B1－B 战略轰炸机，其 RCS 只有原 B－52 的 3% ~ 5%，从而是雷达对它的探测距离下降 58%。20 世纪 80 年代第三代隐形飞机 F－

117 和 B‐2 它们的 RCS 下降约 20~30dB，使雷达的探测距离下降为原值的 1/6~1/3。

为了弥补目标 RCS 下降造成的探测距离的缩短，以及带来的信噪比降低，探测、跟踪和识别的困难，应采用提高雷达发射功率和天线孔径乘积，优化信号设计和改善信号处理等措施。本书研究的就是通过长时相参积累改善回波信号的信噪比。

3.5 临近空间高超声速目标亚密湍流尾迹 RCS 模拟

3.5.1 临近空间高超声速目标尾迹概述

临近空间高超声速飞行器在其再入过程中，拖出的电离尾迹对雷达电磁波具有一定的散射作用。从流体力学的角度，高超声速尾迹可分为层流尾迹和湍流尾迹，层流尾迹中带电粒子的宏观运动是规则的，受电磁激发后的散射具有很强的方向性，类似于镜面散射，只有当雷达垂直于飞行器本体时，雷达才会收到较多的反射回波，但这一条件一般情况都不满足，因此层流尾迹的雷达后向电磁散射可以忽略不计。尾迹的另一种形态是湍流尾迹，湍流尾迹根据尾流中电子碰撞频率 v 与雷达频率 f_s 的大小关系又可分为过密湍流尾迹和亚密湍流尾迹，当电子碰撞频率 v 大于雷达频率 f_s 时为过密湍流尾迹，反之为亚密湍流尾迹。过密湍流的电子碰撞频率较高，雷达电磁波不能进入的等离子体内部，大部分在等离子体表面被反射，这时的反射效果类似于层流的镜面散射，即只有雷达入射角与本体垂直时才有较多的电磁散射，因此，过密湍流尾迹的雷达电磁散射也可以忽略不计。亚密湍流的电子碰撞频率较低，雷达电磁波可以进入等离子体内部，由于雷达电磁波与尾迹中电子相互作用的方向是随机的，因而对雷达电磁波的散射是全向的，即雷达在各个方向上都能接收到回波，又由于这种散射是体散射，因此其对应的 RCS 往往出现突增现象。

通过输入雷达电磁波频率、目标尾部直径和一些相关系数等参数，可以仿真得到给定雷达频率条件下不同高度、不同速度的临近空间高超声速飞行器的尾流 RCS 分布图、尾迹长度分布图和对应的相关数据，利用这些数据并结合目标运动轨迹就可以模拟临近空间高超声速目标飞行过程中尾迹雷达电磁波突增的现象。该方法可以供雷达探测临近空间高超声速目标的科技人员和研究学者借鉴，也能给其他临近空间高超声速目标相关的研究人员提供参考。

3.5.2　亚密湍流尾迹 RCS 模拟的基本原理

临近空间高超声速目标亚密湍流尾迹 RCS 模拟的基本原理如图 3.38 所示。

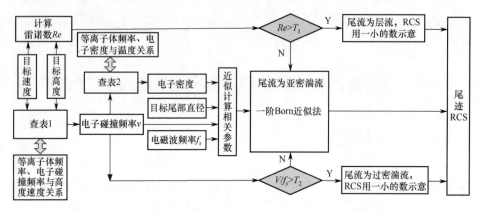

图 3.38　临近空间高超声速目标亚密湍流尾迹 RCS 模拟的基本原理

参照图 3.38，具体流程如下。

（1）根据目标速度、高度计算尾流雷诺数 Re，计算公式为

$$Re = \frac{\rho v l}{\mu} \tag{3.28}$$

式中：v、ρ、μ 分别为流体的流速、密度与黏性系数；l 为特征长度，计算时近似地取与飞行器尾部直径成比例的数。

（2）将雷诺数 Re 与门限 T_1 比较，若小于门限（例如门限 T_1 可取 4000），则认为此时尾流以层流为主，认为其 RCS 特别小，不妨用一小的数（例如 -40dBsm）示意表示，若大于门限则认为是湍流，进入下一步。

（3）利用美国 Traiblazer 试验得到的再入飞行器不同高度、不同速度条件下的等离子体频率、电子碰撞频率曲线（图 3.39）拟合曲面，得到不同高度、不同速度等离子体频率、电子碰撞频率关系表（称之为表1），通过目标高度、速度查表得到对应的电子碰撞频率，用电子碰撞频率与雷达频率比较，如果电子碰撞频率与雷达电磁波频率的比值大于某一门限 T_2，则认为此时的尾流以过密湍流为主，认为其 RCS 也特别小，用另一小的常数（例如 -50dBsm）示意表示，否则进入下一步。

（4）根据图 3.40 所示的电子碰撞频率、电子密度与气体密度比、温度的关系曲线进行曲面拟合，并将气体密度比换算成目标高度，可得到不同高度、不同温度条件下电子碰撞频率、电子密度的关系表（称为表2）。根据目标高度、速度查表 1 得到对应的电子碰撞频率,再根据该电子碰撞频率进一步查表 2,得到对应的电子密度,利用得到的电子碰撞频率、电子密度以及雷达频率、飞行器尾部直径等相关参数,近似计算得到湍流尾迹对电磁波散射的体积、电子密度脉动的均方值等,将这些值代入简化条件下利用一阶 Born 近似导出的散射截面计算公式,可得到对应的 RCS 为

$$\sigma = 8\pi \times 10^{-16} \overline{V} \frac{\overline{\Delta n_{e^-}^2} \cdot l^3}{[1+(4\pi l/\lambda)^2]^2} \tag{3.29}$$

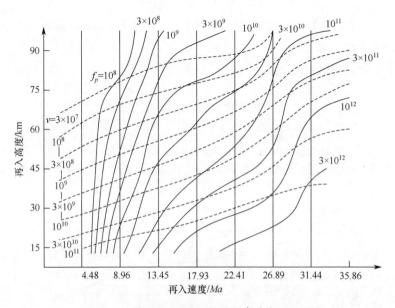

图 3.39　美国 Traiblazer 计划的有关实测数据

式中:λ 为雷达波长,$\lambda = c/f$,c 为光速,f 为雷达频率;$\overline{\Delta n_{e^-}^2}$ 为电子密度脉动量的均方值,它可以用雷诺平均量代替,即

$$\overline{\Delta n_{e^-}^2} = k_1 n_{e^-}^2(\overline{T}), k_1 \leqslant 1 \tag{3.30}$$

式中:$n_{e^-}^2(\overline{T})$ 为平均温度 $\overline{T}$ 对应的电子密度;k_1 为一个常数,其大小表示脉动的强弱,例如 k_1 取 10% 时表示弱脉动,k_1 等于 1 时,为强脉动。由于尾流中的温度分布比较复杂,没有通用的闭合解,为了求 $n_{e^-}^2(\overline{T}-)$,先假定尾流中电子密度的衰减变化规律不变,将 $n_{e^-}(\overline{T})$ 用飞行器头部激波等离子体的电子密度乘以一个常数来表示,即

$$n_{e^-}^2(\overline{T}) = k_2 n_{e^-}^2, \qquad k_2 \leqslant 1 \tag{3.31}$$

式中：n_{e^-}为飞行器头部电子密度；k_2为一个常数。求n_{e^-}的方法是，先通过目标高度速度查表1得到对应的电子碰撞频率v，再根据该电子碰撞频率v进一步查表2，得到对应的电子频率n_{e^-}，进而可以计算出尾流中的平均温度对应的电子密度的均方值$n_{e^-}^2(\overline{T})$，将$n_{e^-}^2(\overline{T})$带入式（3.30），可以计算出电子密度脉动量的均方值$\overline{\Delta n_{e^-}^2}$。将亚密湍流尾流散射体积$\overline{V}$用圆柱形的体积近似计算，可得

$$\overline{V} = 2\pi l^2 \cdot \Delta\rho \tag{3.32}$$

式中：$l = k_3 D$，D为飞行器尾部直径，k_3为一个常数；$\Delta\rho$为雷达距离分辨率。将上述计算得到的$\overline{V}$、$\overline{\Delta n_{e^-}^2}$、$l$、$\lambda$带入式（3.29），即可得到目标高度、速度对应的亚密湍流的RCS值。

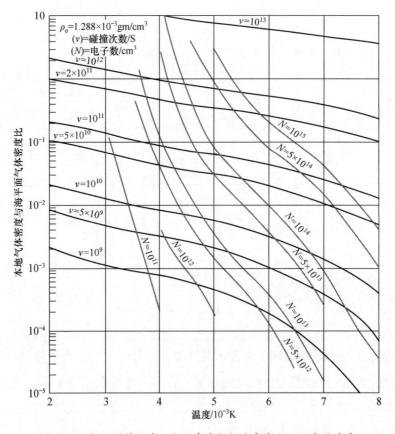

图3.40　电子碰撞频率、电子密度与气体密度比、温度的关系

3.5.3 仿真分析

1. 仿真参数

设置飞行器尾部直径、湍流特征长度与底部直径的比值、电子平均脉动系数、尾流平均温度对应的电子密度与本体等离子中电子密度的关系系数、雷达载频、雷达距离分辨单元等参数，设置示例见表 3.1。

表 3.1 飞行器轨迹模拟参数设置

参　　数	数　值
飞行器尾部直径/m	0.203
湍流特征长度与底部直径的比值	0.5
电子平均脉动系数	0.1
尾流平均温度对应的电子密度与本体等离子中电子密度的关系系数	0.1
雷达载频/GHz	0.4
雷达距离分辨单元/m	150

2. 仿真结果

从图 3.41 和图 3.42 可以看出，等离子尾迹只在一定高度范围内才出现，速度越大，尾流长度越长；速度越大，尾流的 RCS 越大。

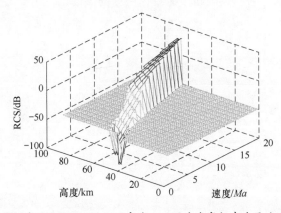

图 3.41 雷达频率为 0.4GHz 时不同高度、不同速度高超声速尾流亚密湍流 RCS

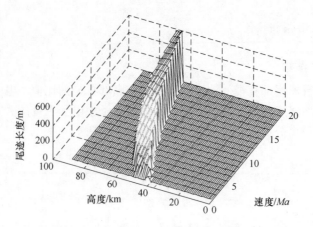

图 3.42　雷达频率为 0.4GHz 时不同高度、不同速度高超声速尾迹长度

本 章 小 结

本章分析了高超声速目标再入过程 RCS 特征,并分析了临近空间目标 RCS 衰减对雷达探测的影响。提出了一种基于实测数据的临近空间目标高超声速目标 RCS 模拟方法,给出了实现的框图和有关公式,并以美国 NASA 有关数据为背景,给出了各种条件下临近空间目标高超声速运动时等离子体对雷达电磁波的影响分析结果,同时给出了 Sanger 弹道下临近空间目标高超声速导弹 RCS 模拟仿真结果,并对高超声速目标亚密湍流尾迹 RCS 进行了研究和模拟。研究的结果可为后续高超声速目标检测提供依据。

第4章 高速目标雷达信号处理理论基础

临近空间高超声速飞行器对雷达信号处理带来一些影响,例如高速是否会使得接收波形与发射波形不匹配,造成失配,高速高机动的运动给相参积累带来距离走动和多普勒扩展。本章对脉冲压缩失配原因进行分析,并对现有Radon-Fourier变换、Keystone变换、分数阶傅里叶变换等距离走动、多普勒走动补偿积累方法进行介绍。

4.1 雷达高速高机动对雷达脉冲压缩的影响分析

4.1.1 脉冲压缩技术原理

对于雷达信号而言,在带宽一定的情况下,小的时宽能够提升距离分辨力,而大的时宽能够增大雷达作用距离。在早期脉冲调制雷达中,信号的时宽带宽积约为1,这使得雷达在获得提高距离分辨力和提升作用距离间不可避免地产生矛盾。为了解决这一矛盾,在信号处理中,通过发送一个展宽脉冲,再对其进行压缩以获得所需分辨力的技术被称为脉冲压缩。

频域上的脉冲压缩是通过"匹配滤波"过程实现的,即将信号频谱与含有二次共轭相位的频域滤波器相乘。

假设匹配滤波器是输入为

$$x(t) = s(t) + n(t) \quad (4.1)$$

式中:$s(t)$为信号;$n(t)$为白噪声。令信号的功率谱为$S(\omega)$,匹配滤波器的系统函数为$H(\omega)$,则有:

$$H(\omega) = KS^*(\omega)e^{-j\omega t_0} \quad (4.2)$$

式中:$S^*(\omega)$为信号的复共轭;K为幅度归一化常数。

匹配滤波器的单位冲击响应为

$$h(t) = Ks(t_0 - t) \quad (4.3)$$

令$S_0(t)$表示输出信号,则

$$s_0(t) = \int_{-\infty}^{\infty} s(t-\tau)h(t)d\tau = K\int_{-\infty}^{\infty} s(t-\tau)s(t_0-\tau)d\tau = KR(t_0-t) \quad (4.4)$$

由式（4.4）可知，输出信号为输入信号自相关函数的 K 倍，而输入信号的自相关函数与信号功率谱密度为傅里叶变换对的关系。

在发射脉冲时，可以通过附加频率或相位调制，使带宽增加 B 倍，在接收信号时再使用脉冲压缩调制，可以使接收信号的宽脉冲压缩为 $1/B$。这样，既可以通过发射长脉冲来增加作用距离，又能够得到窄脉冲来改善距离分辨力。信号距离分辨力和带宽的关系为

$$\delta_r = \frac{c\tau}{2} = \frac{c}{2B} \tag{4.5}$$

发射信号脉宽 τ 和系统脉冲压缩后的等效脉宽 τ_0 的比称为脉冲压缩比。

$$D = \tau B \tag{4.6}$$

4.1.2 线性调频信号脉冲压缩基本原理

图 4.1 表现了线性调频信号脉冲压缩的基本原理。图 4.1（a）为宽脉冲包络，图 4.1（b）为带宽 $B = f_2 - f_1$，图 4.1（c）为匹配滤波器的实验特性，图 4.1（d）为脉冲压缩后的包络，图 4.1（e）为全过程。

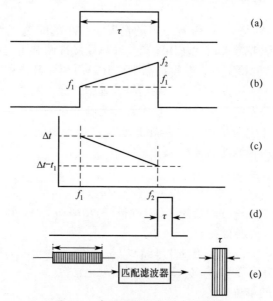

图 4.1 线性调频信号脉冲压缩图

线性调频信号的信号模型可以写为

$$s(t) = A\mathrm{rect}\left(\frac{t}{\tau}\right)\exp\left(j2\pi\left(f_c t + \frac{1}{2}\mu t^2\right)\right) \tag{4.7}$$

信号通过匹配滤波器后的输出为

$$u(t') = \frac{kA^2\tau}{2} \frac{\sin\left[\pi\tau\mu t'\left(1 - \frac{|t'|}{\tau}\right)\right]}{\pi\tau\mu t'} \exp(2\pi f_c t') \tag{4.8}$$

式中：τ 为信号发射脉冲宽度；μ 为信号调频斜率；A 为信号幅度。

输出信号的包络为

$$U_0(t) = A\sqrt{D}\operatorname{sinc}[B(t - t_{d0})] \tag{4.9}$$

式中：t_{d0} 为匹配滤波器产生的附加延时。由式（2.9）可知，脉冲压缩后信号的包络为 sinc 函数，幅度变为原信号的 $\sqrt{D}$ 倍。由雷达方程可知，在相同脉冲压缩功率和分辨力的情况下，采用脉冲压缩机制的雷达作用距离可以达到普通脉冲体制雷达的 $\sqrt[4]{D}$ 倍。

4.1.3 目标运动对脉冲压缩的影响

在窄带情形下，目标通常被认为是一个散射点，这里的回波针对单点情形进行仿真。

雷达发射的线性调频信号为

$$s(\hat{t}, t_m) = \operatorname{rect}\left(\frac{\hat{t}}{T_p}\right) \exp(j\pi\mu \hat{t}^2) \exp(j2\pi f_c t^2) \tag{4.10}$$

式中：$\operatorname{rect}(u) = \begin{cases} 1 & |u| \leqslant 1/2 \\ 0 & |u| > 1/2 \end{cases}$；$T_p$ 为脉宽；μ 为调频率；$\hat{t} = t - mT_r$，为快时间，T_r 为脉冲重复时间；t 为全时间；f_c 为发射信号载频；m 为发射脉冲数；$t_m = mT_r$，为慢时间。

当雷达脉冲遇到高速高加速度目标时，假设目标的运动模型为匀加速直线运动，目标的初始距离为 R_0，初速度为 v_0，加速度为 a，均以远离雷达方向为正，朝向雷达方向为负，则目标在 t 时刻距离雷达的距离为

$$R(t_k) = R_0 + v_0 t_k + 0.5 a t_k^2 \tag{4.11}$$

目标的回波为

$$s(\hat{t}, t_m) = A_0 \operatorname{rect}\left[\frac{t - \frac{2\hat{R}}{c}}{T_p}\right] \exp\left[j\pi\mu\left(\hat{t} - \frac{2R(t_m)}{c}\right)^2\right]$$

$$\times \exp\left[-j\frac{4\pi f_c R(t_m)}{c}\right] \exp\left(-j\frac{4\pi f_c v \hat{t}}{c}\right) \tag{4.12}$$

1. 目标速度对脉压结果的影响

1) 距离向的影响

为了分析速度对脉冲压缩效果的影响，假设目标的运动加速度为 0，则

式（4.11）可以改写为

$$R(t_k) = R_0 + v_0 t_k \tag{4.13}$$

此时，线性调频回波的精确模型可写为

$$s(t_k) = A u_c[\alpha(t_k - \tau)] \exp[j2\pi f_0 \alpha(t_k - \tau)] \tag{4.14}$$

式中：$u_c(t) = \text{rect}(t/T_p) \exp(j\pi\mu t^2)$，为线性调频脉冲；$B = \mu T_p$，为信号带宽；$\alpha = (c-v)/(c+v)$，为多普勒效应的包络展缩因子；$\tau = 2R_0/(c-v)$，为回波信号的时延。

将回波信号变换至频域，得

$$S(f) = \frac{A}{|\alpha|} U_c\left(\frac{f - f_d}{\alpha}\right) \exp[-j2\pi(f - f_d)\tau] \exp(-j2\pi f_0 \alpha \tau) \tag{4.15}$$

按照式（4.14）设计的匹配滤波器，其形式为 $u_c^*(-\alpha t_k)$，其对应的频谱形式为 $\frac{1}{|\alpha|} U_c^*\left(\frac{f}{\alpha}\right)$。式中：

$$U_c(f) = \frac{1}{\sqrt{|\mu|}} \exp\left[j\frac{\pi}{4}\text{sgn}(\mu)\right] \text{rect}\left(\frac{f}{B}\right) \exp\left[-j\pi\frac{f^2}{\mu}\right] \tag{4.16}$$

故经过匹配滤波之后，输出信号的频谱为

$$Y(f) = \frac{A}{\alpha^2|\mu|} \text{rect}\left(\frac{f}{\alpha B}\right) \exp\left[j2\pi f\left(\frac{f_d}{\alpha^2\mu} - \frac{2R_0}{c-v}\right)\right] \exp(j\varphi_0) \tag{4.17}$$

变换到时域可得脉冲压缩输出信号：

$$y(t_k) = \frac{A}{\alpha^2|\mu|} \text{sinc}\left[\alpha B\left(t_k - \frac{2R_0}{c-v} + \frac{f_d}{\alpha^2\mu}\right)\right] \exp(j\varphi_0) \tag{4.18}$$

从脉冲压缩输出信号可以看出，回波信号的真实调频率为 $\alpha^2\mu$，而我们采用的匹配滤波器的调频率为 μ，因此，脉冲压缩实际上是失配的。当脉冲宽度较窄或目标运动速度较大时，失配相位误差将大于 $\pi/2$，这时失配将非常明显。

观察式（4.18）的包络项并与没有多普勒频移时对比，其包络在时间轴上有平移，平移量为 $f_d/(\alpha^2\mu)$，这会在雷达测距中造成误差。

2）多普勒向的影响

为了分析速度在脉间走动的影响，目标散射点在 (t_k, t_m) 时刻到雷达距离为

$$R(t_k, t_m) = R(t_m) + v t_k \tag{4.19}$$

式中：t_k 和 t_m 分别代表脉内快时间和脉间慢时间；$R(t_m)$ 为第 m 个脉冲内目标的初始距离，且有 $R(t_m) = R_0 + v t_m$，R_0 为目标和雷达的初始距离。则信号回波可以写为

$$s(t_k, t_m) = Au_c[\alpha(t_k - \tau'(t_m))]\exp[j2\pi\alpha f_0(t_k - \tau'(t_m))] \quad (4.20)$$

将回波信号变换至频域，可得

$$S(f, t_m) = \frac{A}{|\alpha|}U_c\left(\frac{f - f_d}{\alpha}\right)\exp[-j2\pi(f - f_d)\tau'(t_m)]\exp(-j2\pi f_0\alpha\tau'(m))$$
$$(4.21)$$

经过匹配滤波后，输出信号的频谱为

$$Y(f, t_m) = S(f, t_m)\frac{1}{|a|}U_c^*\left(\frac{f}{\alpha}\right)$$
$$= \frac{A}{\alpha^2|\mu|}\mathrm{rect}\left(\frac{f - f_d/2}{\alpha B - f_d}\right)\exp\left[\frac{j\pi}{\alpha^2\mu}(2ff_d - f_d^2)\right]$$
$$\exp[-j2\pi(f - f_d)\tau'(t_m)]\exp(-j2\pi f_0\alpha\tau'(t_m)) \quad (4.22)$$

变换到时域可得

$$y(t_k, t_m) = \frac{A}{\alpha^2|\mu|}\mathrm{sinc}\left[(\alpha B - f_d)\left(t_k\frac{2R(t_m)}{c - v}\frac{f_d}{\alpha^2\mu}\right)\right]$$
$$\exp\left[j\pi f_d\left(t_k - \frac{2R(t_m)}{c - v} + \frac{f_d}{\alpha^2\mu}\right)\right]\exp\left(j2\pi\frac{f_d}{\alpha}t_m\right)\exp(j\varphi_0) \quad (4.23)$$

从信号包络可以看出，回波信号包络的峰值与 $R(t_m)$ 相关，这在慢时间维上将表现为距离徙动现象。若目标径向速度较大时，徙动超过一个距离单元，在相参积累时会有明显的积累损失。

2. 加速度对脉压结果的影响

1）距离向的影响

为了分析加速度对脉冲压缩效果的影响，假设目标的运动初速度为 0，则式（4.11）可改写为

$$R(t_k) = R_0 + 0.5at_k^2 \quad (4.24)$$

此时，若忽略高阶项的影响，目标的回波可以近似写为

$$s(t_k - \tau) \approx \mathrm{rect}\left(\frac{t_k - \frac{2R_0 + at_k^2}{c}}{T_p}\right)\exp\left\{j\pi t_k^2\left[\left(\frac{4R_0}{c^2}a + 1\right)\mu - \frac{2f_0}{c}a\right]\right\}$$
$$\exp\left(-j2\pi\mu\frac{2R_0}{c}t_k + j2\pi f_0 t_k\right)\exp\left(-j2\pi f_0\frac{2R_0}{c}\right)\exp(j\varphi_0) \quad (4.25)$$

从式（4.25）的第一个指数项可以看出，匀加速运动目标回波信号的真实调频率为 $\mu' = \left(\frac{4R_0}{c^2}a + 1\right)\mu - \frac{2f_0}{c}a$，显然这与我们通常采用的调频率为 μ 的匹配滤波器是失配的。

2) 多普勒向的影响

同样，为了分析加速度在脉间走动的影响，目标散射点在 (t_k, t_m) 时刻到雷达的距离为

$$R(t_k, t_m) = R(t_m) + v(t_m)t_k \tag{4.26}$$

此时回波为

$$s(t_k, t_m) = Au_c[\alpha(t_m)(t_k - \tau'(t_m))]\exp(-j2\pi f_0 \alpha(t_m)\tau'(t_m))$$
$$\exp(j2\pi f_0 t_k)\exp(-j2\pi f_d(t_m)t_k) \tag{4.27}$$

变换至频域，可得

$$S(f, t_m) = \frac{A}{|\alpha|}U_c\left(\frac{f - f_d}{\alpha}\right)$$
$$\exp[-j2\pi(f - f_d)\tau'(t_m)]\exp(-j2\pi f_0 \alpha \tau'(t_m)) \tag{4.28}$$

经过匹配滤波后，输出信号的频谱为

$$Y(f, t_m) = \frac{A}{\alpha^2|\mu|}\text{rect}\left(\frac{f - f_d/2}{\alpha B - f_d}\right)\exp\left[\frac{j\pi}{\alpha^2\mu}(2ff_d - f_d^2)\right]$$
$$\exp\left(-j2\pi f \frac{2R_0}{c - v(t_m)}\right)\exp\left(-j2\pi f_0 \frac{2R_0}{c - v(t_m)}\right)$$
$$\exp\left(j2\pi \frac{f_d}{\alpha} \cdot \frac{f + f_0}{f_0}t_m\right)\exp\left(\frac{j2\pi a f_0}{c - v(t_m)} \cdot \frac{f + f_0}{f_0}t_m^2\right) \tag{4.29}$$

将输出信号变换至时域，可得

$$y(t_k, \tau_m) = \frac{A}{\alpha^2(t_m)|\mu|}\text{sinc}\left[(\alpha(t_m)B - f_d(t_m))\left(t_k - \frac{2R_0}{c - v(t_m)} + \frac{f_d(t_m)}{\alpha^2(t_m)\mu} - \frac{a\tau_m^2}{c - v(t_m)}\right)\right]$$
$$\exp\left[j\pi f_d(t_m)\left(t_k - \frac{2R_0}{c - v(t_m)} + \frac{f_d(t_m)}{\alpha^2(t_m)\mu} - \frac{a\tau_m^2}{c - v(t_m)}\right)\right]\exp\left(j2\pi \frac{f_{d0}}{\alpha(t_m)}\tau_m\right)$$
$$\exp\left(\frac{j\pi \gamma_a c}{c - v(t_m)}\tau_m^2\right)\exp\left(-j\pi \frac{f_d^2(t_m)}{\alpha^2(t_m)\mu}\right)\exp\left(-j2\pi f_0 \frac{2R_0}{c - v(t_m)}\right) \tag{4.30}$$

由式（4.30）的脉冲压缩结果的包络可以看到，存在 $\frac{a\tau_m^2}{c - v(t_m)}$ 项使得信号的包络没有办法对齐。同时，在相位中存在慢时间维的二次项，这会在相参积累中造成目标在多普勒维上的扩展，不能很好地聚焦。

4.1.4 仿真结果

实验的仿真参数见表 4.1。

表 4.1　仿真参数

载波频率	1GHz
脉冲重复频率	1250Hz
载波带宽	1MHz
脉冲时宽	500μs
相参积累脉冲数	128
目标初始距离	200km
方位向采样频率	1.5MHz

为了更清楚地观察脉冲压缩效果，仿真时没有添加噪声。

1. 静止目标仿真

目标的速度与加速度均为0，仿真结果如图4.2所示。

由图4.2可以看出，静止目标的匹配滤波器与回波相匹配，其相参积累结果呈图钉状，能够达到很好地积累能量的目的。

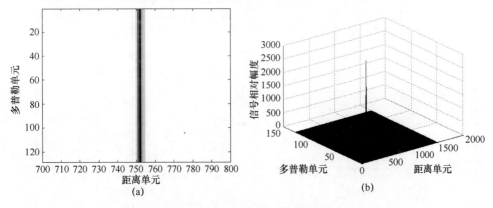

图 4.2　静止目标脉冲压缩结果图
(a) 脉冲压缩时域图；(b) 相参积累结果图。

2. 匀速运动目标仿真

目标的初速度为$10Ma$，加速度设置为0，仿真结果如图4.3所示。

对比图4.3与图4.2，目标的脉冲压缩图出现了明显的距离徙动情形，而相参积累的幅度也有较大的损失，说明已经发生了脉压失配的情况。如果增加雷达的脉冲时宽，或者减小雷达的脉冲重复频率，距离徙动和积累损失将会更加明显。

观察图4.3（c）和图4.3（d）的时延切片和多普勒切片，可以看到，速度对调频信号积累后的波形影响较小。然而，由于线性调频信号存在着距离-速度耦合，这就使得输出信号的能量峰值会在时间轴上移动，从而造成测距误差。图中，4.3（c）的能量峰值位于1.346ms处，而根据仿真参数计算可知，信号的回波延迟应位于1.333ms处。这时需要进行速度补偿来校正测距误差。

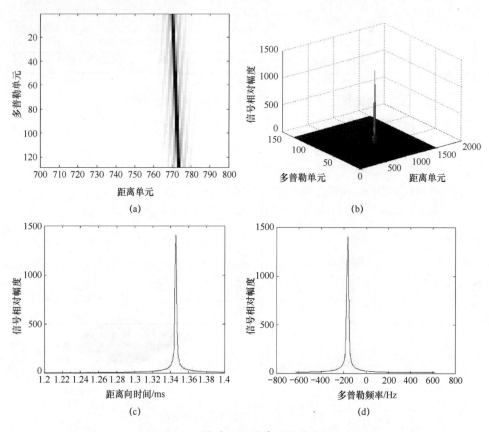

图4.3　匀速目标脉冲压缩结果图
（a）脉冲压缩时域图；（b）相参积累结果图；（c）时延切片；（d）多普勒切片。

3. 匀加速运动目标仿真

目标初始速度为0，加速度为$100m/s^2$，仿真结果如图4.4所示。

从图4.4中可以看出，目标的加速度同样造成了脉冲压缩失配和相参积累损失。但加速度的影响主要表现在多普勒维的展宽，如果减小雷达的脉冲压缩频率或减小相参积累脉冲数，多普勒维展宽将更加明显，甚至造成混叠。因此同样需要补偿多普勒维的相位误差。

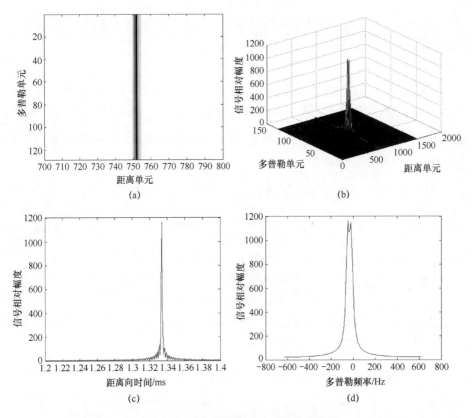

图 4.4 匀加速目标脉冲压缩结果图
(a) 脉冲压缩时域图；(b) 相参积累结果图；(c) 时延切片；(d) 多普勒切片。

4.1.5 等离子体带来的相位误差引起脉压失配分析

1) 理论分析

相关研究发现，等离子体鞘套在信号频率接近等离子电子密度对应的临界频率时[104]，会对线性调频信号的线性度产生影响，而时变等离子体产生的频率调制对某些条件下对线性调频信号的影响非常剧烈，可能存在一次相位误差、二次相位误差，或更高次的相位误差，也可能存在周期性的相位误差。在这些影响因素中对脉冲压缩影响最明显的是周期性的相位误差，特别是高频周期相位误差。由于该类误差存在的脉冲压缩可能出现多个峰值，会导致出现"一大片"的现象。

下面对线性调频信号周期相位误差进行分析。存在周期性相位误差的 LFM 信号[105]表达形式可写为

$$S_{\mathrm{pe}}(t) = \exp\left\{\left[j2\pi(f_0 t + \frac{1}{2}Kt^2) + b_1\sin(2\pi f_p t + \theta_0)\right]\right\}$$

$$= \exp[b_1\sin(2\pi f_p t + \theta_0)] \cdot s(t), t \in \left[-\frac{T}{2}, \frac{T}{2}\right] \quad (4.31)$$

式中：f_0 为 LFM 信号的中心频率；$K = B/T$ 为调频斜率，B、T 分别为 LFM 信号的带宽、脉宽；b_1、f_p、θ_0 分别为相位调制的幅度、频率以及相位调制的任意相位调节参量；$s(t) = e^{j2\pi(f_0 t + \frac{1}{2}Kt^2)}$。当 $b_1 < 0.5\mathrm{rad}$ 时，由贝塞尔函数展开式可得

$$e^{j[b_1\sin(2\pi f_p t + \theta_0)]} = J_0(b_1) + \sum_{n=1}^{\infty} J_n(b_1)\left[e^{j(2\pi f_p t + \theta_0)} - (-1)^n \times e^{-j(2\pi f_p t + \theta_0)}\right] \approx$$

$$1 + \frac{b_1}{2}\left[e^{j(2\pi f_p t + \theta_0)} - e^{-j(2\pi f_p t + \theta_0)}\right] \quad (4.32)$$

将式（4.32）代入式（4.31），可得

$$S_{\mathrm{pe}}(t) = \left\{1 + \frac{b_1}{2}\left[e^{j(2\pi f_p t + \theta_0)} - e^{-j(2\pi f_p t + \theta_0)}\right]\right\} \cdot s(t) \quad (4.33)$$

假设 $s(t)$ 经过匹配滤波处理后得到信号为 $s_0(t)$，则式（4.33）表示的信号通过相应匹配滤波器后的输出为

$$s_0'(t) = E_{\mathrm{nv}}[s_0(t)]e^{j2\pi f_0 t} + \frac{b_1}{2}E_{\mathrm{nv}}\left[s_0\left(t + \frac{f_p}{K}\right)\right]e^{j\left[2\pi(f_0 + \frac{f_p}{2})t + \theta_0\right]} -$$

$$\frac{b_1}{2}E_{\mathrm{nv}}\left[s_0\left(t - \frac{f_p}{K}\right)\right]e^{j\left[2\pi(f_0 - \frac{f_p}{2})t - \theta_0\right]} = s_0(t) + \frac{b_1}{2} \times s_0\left(t + \frac{f_p}{K}\right)e^{j\left[2\pi f_p\left(t - \frac{2f_0}{2}\right)t + \theta_0\right]} -$$

$$\frac{b_1}{2} \times s_0\left(t - \frac{f_p}{K}\right)e^{-j\left[\pi f_p\left(t - \frac{2f_0}{K}\right) + \theta_0\right]} \quad (4.34)$$

式中：$E_{\mathrm{nv}}(\cdot)$ 表示取包络线，即 $E_{\mathrm{nv}}[s_0(t)] = |s_0(t)|$。可见，当有周期性相位误差的 LFM 信号经过匹配滤波压缩后，输出除了主信号外还有幅度为 $\pm\frac{b_1}{2}$ 的成对回波信号。成对回波与主信号的时间间隔和频率间隔分别为 $\pm f_p/K$、$\pm f_p/2$。

2）仿真分析

设置参数，信号带宽为 10M，时宽为 3μs，载频为 3GHZ，目标距离 50km，速度为 4000m/s，不考虑加速度、加加速度。设置不同的周期相位误差参数 b_1、f_p、θ_0，得到的不同参数周期相位误差引起的脉压失配信号分布如图 4.5 所示。

从图 4.5 可以看出，周期相位误差的频率越大，带来的能量散焦的峰值点越多，越可能出现一大片的情况。当然，其他的误差也会一定程度上带来脉冲

失配。因此针对这种情况，需要对信号进行补偿后再进行匹配滤波。容易想到的方法就是在 b_1、f_p 组成的参数空间中进行搜索，找到一个与 $\exp[b_1\sin(2\pi f_p t + \theta_0)]$ 互为共轭的补偿量 $\exp[-b_1\sin(2\pi f_p t + \theta_0)]$，当搜索参数与相位误差参数匹配时，匹配滤波器输出幅度达到最大，从而可以实现失配补偿和聚能量聚焦。此种情况的搜索补偿流程相对比较清晰，这里不再赘述。

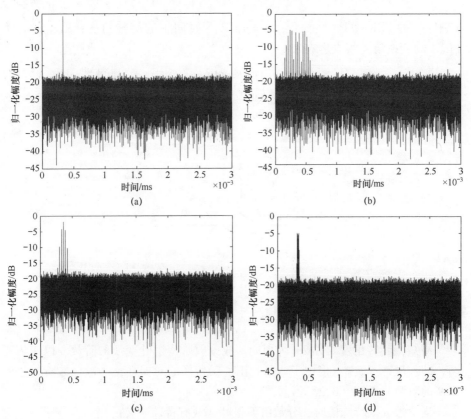

图 4.5 不同参数周期相位误差引起的脉压失配信号分布

(a) $b_1=0$，$f_p=0$，$\theta_0=0$；(b) $b_1=5$，$f_p=10^5$，$\theta_0=0$；

(c) $b_1=1$，$f_p=10^5$，$\theta_0=0$；(d) $b_1=5$，$f_p=10^4$，$\theta_0=0$。

4.2 分数阶傅里叶变换方法

4.2.1 分数阶傅里叶变换简介

分数阶傅里叶变换（FRFT）是傅里叶变换（FT）的一种广义形式。对比二者，傅里叶变换是将信号相对独立的时域和频域联系了起来，其频率轴 f 可以看作信号的时间轴逆时针旋转 90°。而分数阶傅里叶变换则是信号在时间轴沿逆时针旋转 α 角度到达 u 轴上的表示，u 轴被称为分数阶 Fourier 域（图4.6）。分数阶傅里叶变换的定义为

$$X_p(u) = \{F^p[x(t)]\}(u) = \int_{-\infty}^{\infty} K_p(t,u)x(t)\,\mathrm{d}t \tag{4.35}$$

式中：p 为 FRFT 的变换阶数；$\alpha = p\pi/2$ 为时间轴的旋转角度；$K_p(t,u)$ 为 FRFT 的变换核，其表达式为

$$K_p(t,u) = \begin{cases} \sqrt{1-\mathrm{j}\cot\alpha}\exp[\mathrm{j}\pi(u^2\cot\alpha - 2ut\csc\alpha + t^2\cot\alpha)], \alpha \neq n\pi \\ \delta(t-u), \alpha = 2n\pi \\ \delta(t+u), \alpha = (2n+1)\pi \end{cases} \tag{4.36}$$

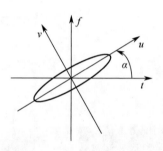

图 4.6　分数阶傅里叶变换时频示意图

易知，旋转角度 α 以 2π 为周期，故分数阶傅里叶变换的阶数 p 以 4 为周期。即：$F^{4n\pm p} = F^{\pm p}$。但由于傅里叶正、反变换的对偶性，一般分数阶傅里叶变换的阶数只考察 $[0,2]$ 区间。

当阶数 p 取特殊值时，分数阶傅里叶变换有特殊含义：

当 $p = 0$ 时，$F^0 = I$，为恒等变换；

当 $p = 1$ 时，$F^1 = F$，为普通的傅里叶变换；

当 $p = 2$ 时，$F^2 = P$，为奇偶变换；

当 $p = -1$ 时，$F^{-1} = FP = PF$，为普通的傅里叶逆变换。

由于分数阶傅里叶变换是将信号分解成一组正交的 chirp 基来表示，因此对于线性调频信号，其必在某一个特定的变换角度下对应分数阶傅里叶变换出现峰值，因此，分数阶傅里叶变换对线性调频信号有能量积聚的作用，这对于合成孔径雷达的信号处理有很重要的作用。

4.2.2 离散分数阶傅里叶变换

目前离散分数阶傅里叶变换（DFRFT）有多种算法。但为了在 MATLAB 仿真中能够直接利用 FFT 进行计算，常常采用的分解方法如下。

第一步，用 chirp 信号对 $f(x)$ 进行调制，即

$$g(x) = \exp[-j\pi x^2 \tan(\varphi/2)]f(x) \tag{4.37}$$

第二步，调制信号与另一个 chirp 信号做卷积，即

$$g'(x) = A_\varphi \int_{-\infty}^{\infty} \exp[j\pi\beta(x-x')^2]g(x')\mathrm{d}x' \tag{4.38}$$

第三步，用 chirp 信号调制卷积之后的信号，即

$$f_a(x) = \exp[-j\pi x^2 \tan(\varphi/2)]g'(x) \tag{4.39}$$

值得注意的是，假设 $f(x)$ 的采样间隔为 $1/\Delta x$。在离散情形下 $f(x)$ 通常带限，而 $g(x)$ 的频率带宽和时宽带宽积就可以是 $f(x)$ 的两倍，所以这对 $g(x)$ 的采样间隔要求为 $f(x)$ 的一半，这时需要对 $f(x)$ 的样本值进行插值，然后再与相应的 chirp 函数进行调制，以得到所需要的 $g(x)$。

相应地，在第三步时，所得到的分数阶傅里叶变换结果 $f_p(x)$，其采样间隔为 $1/(2\Delta x)$，位于区间 $\left[-\frac{1}{2}\Delta x, \frac{1}{2}\Delta x\right]$ 之中。所以为了输入和输出的一致性，需要对结果进行 2 抽 1 的采样。

4.2.3 基于分数阶傅里叶变换的目标检测和参数估计

1. 微弱目标检测

相参雷达接收到的数据为一个二维的阵列，即距离维和多普勒维。基于分数阶傅里叶变换的相参积累思路就是[106]，对每一个距离单元接收到的回波数据，分别利用 FRFT 对不同的阶数进行峰值点搜索，以此实现微弱目标的检测和参数估计。

具体的实现方法是，首先，对每一个距离单元内的回波数据分别求出其位于 $p \in [0,2]$ 之内的所有阶次的 FRFT，形成信号能量在由分数阶次 p 和分数阶域 u 而组成的二维参数平面 (p,u) 上的二维分布。之后，对此平面上的峰值点进行二维搜索，即可实现对该目标的检测，并同时得到峰值所对应的分数阶次和分数阶坐标的估计值 $\hat{p}_0$ 与 $\hat{u}_0$。

在求 $p \in [0,2]$ 内所有阶次的 FRFT 时，可以首先采用较大的步长进行粗搜索，判断出分数阶次 p 的大致范围后，再在此范围内改用较小的步长进行更加精确的搜索，直至估计出足够精度的分数阶次 $\hat{p}_0$ 和分数阶坐标 $\hat{u}_0$。

对上述检测过程用公式描述。假设一个线性调频信号 $x(t)$，且有 $x(t) = A\exp\left[j\varphi_0 + j2\pi\left(f_0 t + \frac{1}{2}\mu t^2\right)\right]$，式中 f_0 为信号的中心频率，μ 为线性调频信号的调频率，则对线性调频信号的检测可以表示为

$$(\hat{p}_0, \hat{u}_0) = \underset{p,u}{\mathrm{argmax}}\ |X_p(p,u)|^2 \tag{4.40}$$

2. 运动目标参数估计

当 $|X_p(u)|$ 取到最大值时，$\hat{f}_d$ 与 $\hat{\gamma}_a$ 和所对应的分数阶次 $\hat{p}_0$ 与分数阶坐标 $\hat{u}_0$ 之间的关系式为

$$\begin{cases} \hat{f}_d = -\hat{u}_0 \csc(\hat{p}_0 \pi/2) \\ \hat{\gamma}_a = \cot(\hat{p}_0 \pi/2) \end{cases} \tag{4.41}$$

根据式（4.41）即可估计出微弱目标回波在慢时间维的多普勒频移 $\hat{f}_d$ 和调频率 $\hat{\gamma}_a$。

通过式（4.41）计算而得的值为参数的归一化估计值，利用离散尺度化法能够得到多普勒频移和调频率的真实值 $\hat{f}_{d0}$ 与 $\hat{\gamma}_{a0}$，即

$$\begin{cases} \hat{f}_{d0} = \hat{f}_d/S \\ \hat{\gamma}_{a0} = \hat{\gamma}_a/S^2 \end{cases} \tag{4.42}$$

进一步能够估计出速度和加速度的值分别为

$$\begin{cases} \hat{v} = \dfrac{\lambda}{2}\hat{f}_{d0} \\ \hat{a} = \dfrac{\lambda}{2}\hat{\gamma}_{d0} \end{cases} \tag{4.43}$$

式中：S 为一个具有时间量纲的尺度因子，为要将慢时间维的频域进行归一化，其定义式为 $S = \sqrt{M/f_p^2}$，M 为相参积累脉冲个数，f_p 为雷达的脉冲重复频率。

如果由于雷达脉冲重复频率过低或者相参积累脉冲数过少而出现方位向欠采样，即多普勒模糊问题时，相参积累所得的多普勒频率为混叠的多普勒频率，记为 $\hat{f}_{a0}$，则真实的多普勒频率 $\hat{f}_{d0}$ 与 $\hat{f}_{a0}$ 的关系为

$$\hat{f}_{d0} = \hat{f}_{a0} + Ff_p \tag{4.44}$$

式中：F 为多普勒频率折叠次数（多普勒模糊数）。

联立式（4.41）～式（4.43），可以解得加速度和速度的估计值 $\hat{a}$ 与 $\hat{v}$：

$$\hat{a} = \frac{\lambda}{2S^2}\cot\left(\hat{p}_0 \frac{\pi}{2}\right) = \frac{\lambda f_p^2}{2M}\cot\left(\hat{p}_0 \frac{\pi}{2}\right) \quad (4.45)$$

$$\hat{v} = -\frac{\lambda}{2S}\frac{\hat{u}_0}{\csc\left(\hat{p}_0 \frac{\pi}{2}\right)} = -\frac{\lambda f_p}{2\sqrt{M}}\hat{u}_0 \csc\left(\hat{p}_0 \frac{\pi}{2}\right) \quad (4.46)$$

在式（4.45）中，对分数阶次 $\hat{p}_0$ 求微分可得

$$\frac{d\hat{a}}{d\hat{p}_0} = -\frac{\pi\lambda f_p^2}{4M}\csc^2\left(\hat{p}_0 \frac{\pi}{2}\right) \quad (4.47)$$

式（4.47）变形可得

$$d\hat{a} = -\frac{\pi\lambda f_p^2}{4M}\csc^2\left(\hat{p}_0 \frac{\pi}{2}\right)d\hat{p}_0 \quad (4.48)$$

式中：$d\hat{a}$ 表示加速度估计值 $\hat{a}$ 的均方根误差；$d\hat{p}_0$ 表示 $\hat{p}_0$ 的均方根误差。当波长 λ、脉冲重复频率 f_p、相参积累脉冲数 M 都一定时，分数阶次步长 Δp 越小，$d\hat{p}_0$ 越小，对应的加速度估计值的均方误差 $d\hat{a}$ 越小，加速度估计精度越高；当 λ、f_p、Δp 一定时，相参积累脉冲数 M 越大，对应的加速度均方根误差 $d\hat{a}$ 越小，加速度估计精度越高。

速度估计值的均方根误差分析较为复杂。首先将式（4.46）对 $\hat{p}_0$ 和 $\hat{u}_0$ 分别求偏导，可得

$$\frac{\partial \hat{v}}{\partial \hat{p}_0} = \frac{\pi\lambda f_p \hat{u}_0}{4\sqrt{M}}\csc^2\left(\hat{p}_0 \frac{\pi}{2}\right) \quad (4.49)$$

$$\frac{\partial \hat{v}}{\partial \hat{u}_0} = -\frac{\lambda f_p}{2\sqrt{M}}\csc\left(\hat{p}_0 \frac{\pi}{2}\right) \quad (4.50)$$

根据式（4.49）和式（4.50），速度 $\hat{v}$ 的均方根误差为

$$d\hat{v} = \sqrt{\left(\frac{\partial \hat{v}}{\partial \hat{p}_0}d\hat{p}_0\right)^2 = \left(\frac{\partial \hat{v}}{\partial \hat{u}_0}d\hat{u}_0\right)^2} \quad (4.51)$$

3. 计算复杂度分析

假设雷达回波矩阵中，脉冲维长度为 M，即有 M 个回波，距离维长度为 N_r，即有 N_r 个距离单元。则在不进行阶数搜索时，基于 FFT 的分数阶傅里叶变换的计算复杂度和 MTD 方法相当，即为

$$N_r\left(\frac{M\log_2 M}{2}I_m + M(\log_2 M)I_a\right) \quad (4.52)$$

式中：I_m 代表复数乘法；I_a 代表复数加法。

但如果考虑到阶次的搜索，计算复杂度则为式（4.52）与搜索个数相乘。搜索精度的分析在后面有论述，一般而言搜索精度可能达到 0.001，故分数阶

傅里叶变换的计算量仍然不低。

4.2.4 仿真结果与分析

下面是对基于分数阶傅里叶变换的临近空间目标长时间相参积累方法的仿真以及结果的分析。

仿真参数如表 2.1 所示，添加噪声类型为高斯白噪声。

1. FRFT 补偿多普勒扩展仿真

目标初始速度为 100m/s，初始加速度为 200 m/s^2，信噪比为 −10dB，相参积累结果如图 4.7 所示。

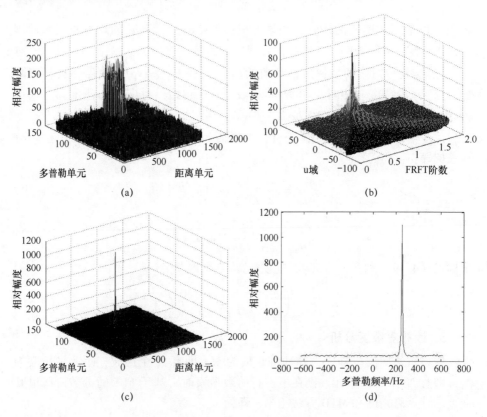

图 4.7　分数阶傅里叶变换效果图
（a）直接相参积累结果图；（b）参数搜索图；（c）补偿后相参积累图；（d）补偿后多普勒切片。

图 4.7（a）是未经补偿时的相参积累图，其多普勒扩展十分严重，且在多普勒维表现为线性调频信号，回波信号能量不能得到有效积累；图 4.7（b）

为不同阶次的分数阶傅里叶变换补偿结果,式中峰值点对应的横坐标为估计的阶数 p_0;图 4.7(c)为根据 p_0 计算出回波信号调频率进行补偿后的相参积累结果;图 4.7(d)为补偿后的多普勒切片,可以看到,多普勒维上的扩展已经得到补偿,信号的能量得到了有效聚集。

2. 搜索步长的选择

利用分数阶傅里叶变换方法对加速度进行估计时,由于搜索时阶次采用等间隔方式进行搜索,而阶次和调频率呈余切函数的关系。所以当调频率很大时,需要非常小的搜索间隔才能保证加速度估计的准确性。

为了解决搜索量过大的问题,一般采用"逐次逼近法",即先以一个较大的搜索步长进行搜索,获得一定先验信息之后,再在粗略估计值附近以较小的步长进行搜索,直到估计精度符合要求。

由表 4.2、表 4.3 可以看出,搜索阶数越小,参数估计值越准确。而要得到精确的估计值,需要用非常小的步长对阶数进行搜索,此时分数阶傅里叶变换的运算量会剧增,从而不利于算法的实时处理和工程实现。

表 4.2 $a=200\text{m/s}^2$ 时不同步长的参数估计值

Δp	$\hat{p}_0$	$\hat{\gamma}_a$	$\hat{\gamma}_{a0}$	$\hat{a}$
0.1	0.8	0.3249	3966.1	198.3
0.01	0.80	0.3249	3966.1	198.3
0.001	0.799	0.3267	3988.0	199.4

表 4.3 $a=150\text{m/s}^2$ 时不同步长的参数估计值

Δp	$\hat{p}_0$	$\hat{\gamma}_a$	$\hat{\gamma}_{a0}$	$\hat{a}$
0.1	0.8	0.3249	3966.1	198.3
0.01	0.85	0.2401	2930.9	146.5
0.001	0.847	0.2451	2991.9	149.6

4.3 基于 Radon-Fourier 变换的积累方法

4.3.1 Radon-Fourier 变换原理

1. Radon-Fourier 变换定义

Radon-Fourier 变换[107](RFT)是根据目标的初始位置和速度,提取出距离–慢时间维平面上目标的观测值，然后通过离散傅里叶变换（DFT）对该观测值进行积分，从而实现对目标回波能量的聚集。Radon-Fourier 变换无须进行对距离走动的校正，而是直接沿慢时间回波包络走动的方向进行积累。

线性调频信号回波的包络走动如图 4.8 所示。从图中可以看出，若回波的包络走动为一条直线，那么其位置完全由目标的初始距离和径向速度决定。因此，只要确定了 r_0 和 v_0 的大小，就可以精确地沿着信号包络走动的方向进行相参积累。而在实际应用中，由于上述两个参数未知，所以需要对参数 r 和 v 进行搜索。当搜索到点 (r_0,v_0) 时，信号的积累效果最佳。

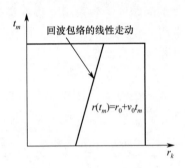

图 4.8 线性调频信号包络走动示意图

RFT 的定义式如下：

$$G_{rv}(r,v) = \int_{-\infty}^{+\infty} f(t, r+vt)\exp(j4\pi vt/\lambda)\,dt \tag{4.53}$$

基于不同的搜索变量，RFT 有着不同的定义形式。实际上，对目标的距离走动的描述也可以采用极坐标的形式，搜索参数可为 (ρ,θ)、(ρ,v)、(r,θ)。一般而言，我们都采用基于搜索变量为 (r,v) 的"标准 RFT"定义式。原因在于这个形式下，搜索变量直线距离 r 和径向速度 v 在雷达信号处理中均有着明确的含义，而极坐标的变量只有几何上的意义，而没有具体的物理意义和背景。

观察式（4.53）的积分部分，式中 $f(t,r+vt)$ 为积分路径，后半部分则相当于一组多普勒滤波器，即

$$H_{vT}(t) = \exp\left(j2\pi\frac{2v}{\lambda}t\right) = \exp(-j2\pi f_d t) \tag{4.54}$$

可以看出，RFT 的形式与已经广泛使用的动目标检测过程 MTD 有许多相似之处，事实上，RFT 可以看作 MTD 的广义形式，而 MTD 只是当 RFT 的径向速度 v 为 0 时的特殊情形。

2. 离散 Radon-Fourier 变换

已知相参雷达系统的 PRF 为 f_p 以及距离采样频率为 f_s，则雷达系统接收到的回波信号可以表示为

$$s_{rm}(m,n), m = -N_a/2, \cdots, N_a/2 - 1, n = 1, 2, \cdots, N_r \quad (4.55)$$

式中：$N_a = Tf_p$ 表示相参积累脉冲数；N_r 为距离向采样点数。

这种离散采样的情形下，式（4.54）的多普勒滤波器组可以改写为

$$H_v(m) = \exp\left(j\frac{4\pi v}{\lambda}mT_r\right), m = 1, 2, \cdots, N_a \quad (4.56)$$

式中：$T_r = f_p^{-1}$，为雷达的脉冲重复间隔。进一步给出搜索参数的离散定义：

$$v(q) = -v_{\max} + q\Delta_v, q = 1, 2, \cdots, N_v \quad (4.57)$$

$$r_s(i) = -r_a/2 = i\Delta_r, \quad i = 1, 2, \cdots, N_r \quad (4.58)$$

式中：$v_{\max}$ 为估计的速度最大值；Δ_v、Δ_r 分别为速度与距离搜索间隔；N_v、N_r 分别为速度和距离搜索个数。

式（4.53）可以改写为

$$G_{rv}(i,q) = \sum_{m=-N_a/2}^{N_a/2-1} s_{rm}\left(m, \text{round}\left(\frac{r(i) - mT_r v(q)}{\Delta_r}\right)\right) H_{v(q)}(m)$$

$$i = 1, 2, \cdots, N_r, \quad k = 1, 2, \cdots, N_v \quad (4.59)$$

式（4.59）为 RFT 的离散形式，值得注意的是，式中的 round 函数仅仅是为了简化计算，采用插值或者基于 FFT 的分形处理可以在实际应用中获得更高的搜索精度与积累增益。

4.3.2 RFT 与 MTD 方法的比较

正如在 4.1.1 节中分析所得，RFT 处理过程分两步，第一是对搜索参数分别进行提取采样，第二则使用傅里叶变换进行相参积累，而 RFT 过程实际上也使用了多普勒滤波器组。众所周知，MTD 过程也是通过一个多普勒滤波器组实现杂波抑制并完成运动目标的相参积累。这一节我们将通过几方面的比较分析 RFT 变换的特点以及其与 MTD 的区别。

1. 相参积累时间比较

传统 MTD 方法只能对同一距离单元内的信号进行积累，因此，要求目标的积累时间中，其斜向距离变化应当限制在一个距离单元内，即

$$T_M \leq \rho_r/v_{\max} \quad (4.60)$$

然后，多普勒滤波器组匹配目标在 T_M 时间内不同径向速度的回波。如果积累时间超出限定，则会发生跨距离走动现象（ARU），积累增益会大大降低。

与式（4.60）不同的是，RFT 的积分时间与目标的径向速度以及距离分辨率无关，而与目标的高阶运动姿态、雷达照射时间及所需的 SNR 有关。如果目标在做匀速运动，那么算法本身对积累时间则不存在限制。故 RFT 可以实现在更长的时间内对更多的脉冲进行相参积累，得到更大的积累增益。在对远距离高速目标的探测中，性能要好得多。

2. 盲速响应比较

从式（4.52）的滤波器结构我们可以知道，RFT 和 MTD 的滤波器函数 $H_V(m)$ 相同，并且都随着盲速 v_b 做周期性的重复：

$$v_b = \lambda f_p/2 \tag{4.61}$$

所以，当 MTD 的滤波器组搜索区域为 $[-v_b/2, v_b/2]$ 时，所有速度为 $v_T + pv_b$ 的目标的响应都与速度 V_T 的目标相同，此处 p 为任意整数。所以，经过 MTD 滤波之后，目标的真实径向速度仍然是模糊的。

而对于 RFT 过程，随着搜索速度的不同，滤波器在回波序列中提取的数据不同，从而导致滤波器的输入序列不同，因而滤波器会有不同的输出。如式（4.59）所示，RFT 的输入序列 $I_{v,r}(m)$ 为

$$I_{v,r}(m) = s_{rm}(m, \text{round}(r + mT_r v)), \quad m = 1, 2, \cdots, N_a \tag{4.62}$$

当速度失配量正好是积分时间的盲速时，由于距离走动是不同的，RFT 的输出会得到有效抑制。

这里，需要确立一个盲速抑制的基本前提条件：

$$T > \Delta r/v_b \tag{4.63}$$

只有当积分时间满足式（4.63）时，才能保证速度为 $v_T \pm v_b$ 的目标的距离走动与 v_T 相差至少一个距离单元，否则二者的响应将没有差别。

以表 4.1 设置的仿真参数为例，雷达的脉冲重复频率为 1250Hz，载波频率为 1GHz，则雷达载波的波长为 0.3m，根据式（4.57）可算得盲速为 187.5m/s。雷达带宽为 1MHz，可算得距离单元 $\Delta r = c/(2F_s) = 75m$。由式（4.59）可知，积累时间至少为 0.267s，对应积累的脉冲个数至少为 334 个，而我们设置的积累脉冲个数远不足以达到要求。因此，RFT 的积分时间一般要长于 MTD 过程。

3. 计算复杂度比较

基于 FFT 的 MTD 与 RFT 方法的计算复杂度分别为

$$N_r\left(\frac{N_M \log_2^{N_M}}{2} I_m + N_M \log_2^{N_M} I_a\right) \tag{4.64}$$

$$N_r N_v \left(\frac{N_R \log_2^{N_R}}{2} I_m + N_R \log_2^{N_R} I_a\right) \tag{4.65}$$

式中：N_M 与 N_R 分别为 MTD 与 RFT 方法的积累脉冲数；N_v 为 RFT 方法的速度搜索个数。根据上面的分析可得 $N_v = 2\text{round}(v_{\max}/\Delta v_r) + 1$，$I_m$ 与 I_a 分别代表复数乘法和复数加法的个数。

比较式（4.64）、式（4.65）即可发现，不仅 RFT 要多出速度搜索量 N_v 倍的运算，而且在 4.2.2 节的分析中可以知道，RFT 过程的相参积累时间要长于 MTD 过程，即 $N_R > N_M$。故 RFT 的计算复杂度要远远超过了 MTD 过程。

4.3.3 仿真结果与分析

下面是对基于 Radon–Fourier 变换的临近空间目标长时间相参积累方法的仿真以及结果的分析。

1. 仿真背景

仿真参数设置如表 4.4 所列，添加噪声为高斯白噪声。

表 4.4 仿真参数

载波频率	1GHz
脉冲重复频率	1250Hz
载波带宽	1MHz
脉冲时宽	500μs
相参积累脉冲数	128
目标初始距离	400km
方位向采样频率	2MHz
目标径向速度	$-15Ma$
目标径向加速度	0

根据上面的计算，我们可知在窄带情形下，速度值较大的时候，RFT 会产生一个严重的多普勒模糊。考虑到我们目的是为了得到一个能量集中的信号而并不需要进行精确的参数估计，所以我们不需要在整个速度域上进行搜索并延长相参积累时间。当前的相参积累时间为

$$T_i = M/f_p = 0.1024\text{s} \tag{4.66}$$

目标仿真一个临近空间飞行器在大气层里执行一个滑翔弹道，其具有一个很大的径向速度，但很小的径向加速度。

2. 不同信噪比下检测性能分析

首先，为了直观地看到 RFT 的仿真效果，我们首先在无噪声的理想背景下观察脉冲压缩后的信号分布以及 RFT 变换的结果。

从图4.9（b）中可以看出，目标的距离走动并不十分明显。由于信号的带宽为1MHz，距离单元长度 $\Delta r = c/(2F_s) = 75\mathrm{m}$，在0.1s的时间内，目标的距离走动约为510m，故距离门仅跨越了7个单元。在图4.9（c）中采用MTD方法对信号进行直接相参积累，积累后信号沿距离单元扩展。而经过RFT方法积累后，信号在距离向得到了聚焦，积累能量峰值有了很大提高。

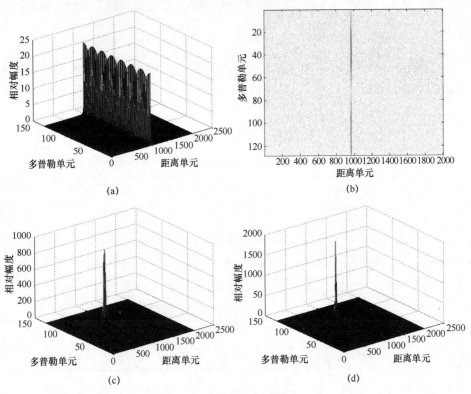

图4.9 无噪声背景下信号积累结果
（a）x-y-z 视角脉压图；（b）x-y 视角脉压图；（c）直接相参积累信号时频图谱；
（d）RFT后信号时频图谱。

接着对该目标添加不同信噪比的噪声，对比MTD和RFT方法各自的积累效果。

从图4.10可以直观地看到，在不同信噪比下，RFT均能够得到比MTD更大的积累增益。尤其是在低信噪比的情形下，RFT能够检测到MTD无法检测的目标。

在给定参数下，脉冲压缩比 $D = B \cdot T_p = 500$，从理论上可得，经过脉冲压缩后信号信噪比提升为 $20\lg\sqrt{D} = 26.987\mathrm{dB}$。

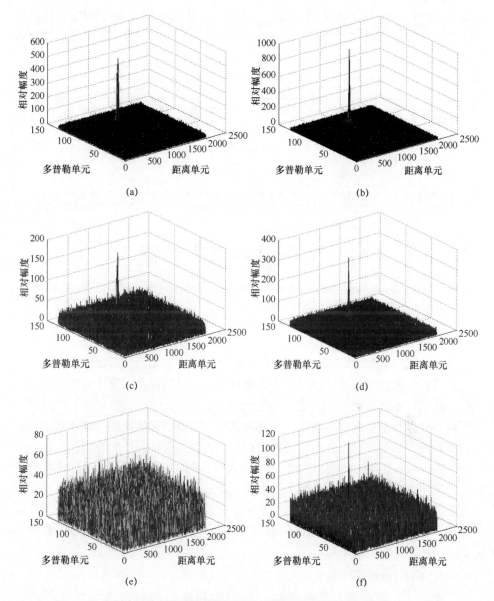

图 4.10 不同噪声背景下 MTD 和 RFT 积累效果时频图

(a) SNR = -8dB,MTD 积累效果图;(b) SNR = -8dB,RFT 积累效果图;
(c) SNR = -18dB,MTD 积累效果图;(d) SNR = -18dB,RFT 积累效果图;
(e) SNR = -28dB,MTD 积累效果图;(f) SNR = -28dB,RFT 积累效果图。

在表4.4中，相参积累脉冲数 $M=128$，故理论上相参积累可以得到的增益为：$SNR=10 \cdot \lg M \approx 21dB$。通过对比表4.5中的数据，易知RFT能够得到比MTD方法高很多的信噪比增益，约高出 $8\sim9dB$，且RFT方法在不同的输入信噪比下得到的信噪比增益与相参积累理论值差距不大。

表4.5 不同信噪比条件下积累增益对比表

输入信噪比	脉冲压缩后信噪比	MTD后输出信噪比	RFT后输出信噪比（8点插值后）	RFT积累增益
−8dB	18.9897dB	30.6612dB	38.4319dB	19.4422dB
−18dB	8.9897dB	19.9009dB	28.3938dB	19.4041dB
−28dB	−1.1013dB	9.9081dB	18.5019dB	19.6032dB

4.4 基于Keystone变换的积累方法

4.4.1 Keystone变换

1. 简介

Keystone变换[108]是一种最初应用在SAR以及ISAR成像中的常用的距离走动校正技术，之后又广泛应用于匀速目标的长时间相参积累检测中，用以补偿目标的跨距离走动。Keystone变换是在时间尺度上做的线性变换，可以消除线性调频信号产生的目标速度与距离频域之间的耦合，从而使得脉冲间信号的包络对齐，然后再利用相参积累提高信噪比，以实现微弱目标的检测。

Keystone变换的特点是，第一，该方法可以在没有任何关于目标速度信息的情况下实现对距离走动的校正，因而能够使相参积累时间不受目标运动的限制，使得长时间相参积累成为可能。第二，Keystone变换的实现一般基于在慢时间维的一维插值，由于插值和噪声无关，所以输入信噪比的高地不会影响Keystone变换的积累性能。

2. Keystone变换原理

如4.1.3节中所示，雷达接收的基带回波信号可以写为二维的形式 $s_r(\hat{t}, t_n)$：

$$s_r(\hat{t}, t_n) = A\text{Rect}\left(\frac{\hat{t}-2R(t_m)/c}{\tau}\right)\exp\left[j\pi\mu\left(\hat{t}-\frac{2R(t_m)}{c}\right)^2\right]\exp\left(-j\frac{4\pi f_c R(t_m)}{c}\right)$$

(4.67)

对信号进行脉冲压缩，处理后的信号回波的时域和频域可以写为

$$x(\hat{t}, t_m) = A R \operatorname{sinc}\left[B\left(\hat{t} - \frac{2R(t_m)}{c}\right)\right] \exp\left(-\mathrm{j}4\pi f_c \cdot \frac{R(t_m)}{c}\right) \quad (4.68)$$

$$\begin{aligned}
X(f, t_m) &= A \operatorname{Rect}\left(\frac{f}{B}\right) \exp\left[-\mathrm{j}\frac{4\pi(f+f_c)R(t_m)}{c}\right] \\
&= A \operatorname{Rect}\left(\frac{f}{B}\right) \exp\left[-\mathrm{j}\frac{4\pi(f+f_c)R(t_0)}{c}\right] \exp\left[-\mathrm{j}\frac{4\pi(f+f_c)vt_m}{c}\right] \quad (4.69)
\end{aligned}$$

Keystone 变换即对脉冲压缩后的频域信号在慢时间维上进行尺度变换，变换公式为

$$t_m = \frac{f_c}{f+f_c}\tau_m \quad (4.70)$$

Keystone 变换原理如图 4.11 所示，keystone 变换前的采样点用空心圆点"○"表示，变换后的采样点用实心圆点"·"表示。这个变换使得信号从原来 $f - t_m$ 的矩形变成了 $f - \tau_m$ 平面的倒梯形。由于形状与 Keystone（楔石）类似，因此将其命名为"Keystone 变换"。

在式 (4.69) 中可以看出，由于目标在做匀速运动，故最后一位指数项中除了有随慢时间维 t_m 的变化外，还有一个随着频率不同而不同的变化量，具体的表现如图 4.11（a）所示，图中的线为等相位线。图中的等相位线均与 f 轴相交，由此可以看出斜率随着多普勒的增大而增大。频域上的等相位线不平行，表现在时域上为慢时间维的包络走动，这就是产生跨距离走动的原因。

经过 Keystone 变换后，信号的频谱变为

$$\begin{aligned}
Y(f, \tau_m) &= X\left(f, \frac{f_c}{f+f_c}\tau_m\right) \\
&= A \operatorname{Rect}\left(\frac{f}{B}\right) \exp\left[-\mathrm{j}\frac{4\pi(f+f_c)R(t_0)}{c}\right] \exp(-\mathrm{j}2\pi f_d \tau_m) \quad (4.71)
\end{aligned}$$

(a) (b)

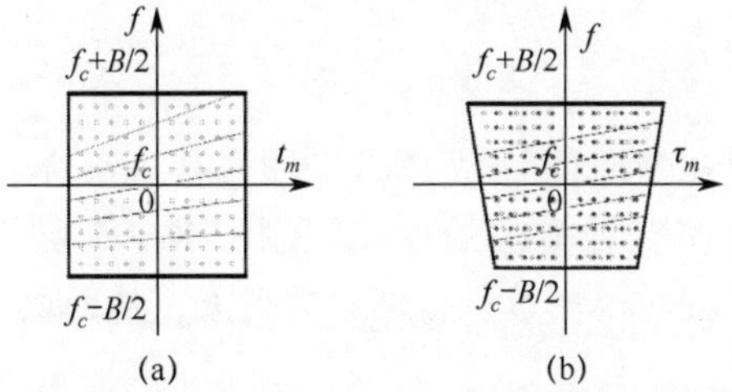

图 4.11 Keystone 变换示意图

对比式 (4.69) 和式 (4.71) 可知，式 (4.71) 中最后一项中的线性相位因子 $f_c + f$ 得到了校正。Keystone 变换对慢时间维进行拉伸，拉伸的幅度由

频率 f 决定。通过对慢时间维的变量替换，原有的因频率 f 不同而产生的相位变换，可以视为用加大时间间隔 τ_m 得到。于是在新的 f-τ_m 坐标系下，目标的等相位线互相平行，在式（4.71）的最后一项指数项已不再和频率 f 有关系，而第一项指数项中的频率 f 只表示目标在 $t_m = 0$ 时距离雷达的距离。

此时将雷达回波信号变换至时域：

$$y(\hat{t}, \tau_m) = AR\mathrm{sinc}[B(\hat{t} - t_0)]\exp\left[-j\frac{4\pi f_c R(t_0)}{c}\right]\exp(-j2\pi f_d \tau_m)$$
(4.72)

从式（4.72）中可以看到，每一个脉冲的回波信号峰值都会出现在 $t_m = 0$ 时刻所在的距离单元，与发射脉冲数无关，这便达到了校正距离走动的目的。而且，各脉冲回波的相位是关于新时间轴 τ_m 的一次函数，此时通过脉冲间 FFT 即可完成对目标进行相参积累。

3. 多普勒模糊补偿

在实际信号的处理过程中，如果目标速度过大或脉冲重复频率较低时，目标会如第 4 章 Radon-Fourier 变换中所提到的盲速一样，产生多普勒模糊效应。目标的多普勒模糊会影响补偿效果并无法得到准确的速度估计。

假设在 Keystone 变换前，目标的多普勒频率可以表示为

$$f_d = -2(f_c + f)v/c$$
(4.73)

则信号的多普勒模糊数 k 可以定义为

$$f_d = \hat{f}_d + kf_r$$
(4.74)

此时的信号经过前述的 Keystone 变换，实际上仅仅是对模糊速度 $\hat{f}_d$ 进行了校正，而其余的 kf_r 部分仍然需要根据模糊数 k 的大小进行进一步的修正。经过 Keystone 变换后，kf_r 在虚拟慢时间坐标下变为 $kf_r f_c/(f_c + f)$，于是，初步 Keystone 变换后的信号可以采用如下公式进行修正：

$$Y'(f, \tau_m) = \exp\left(-j2\pi km\frac{f_c}{f_c + f}\right)Y(f, \tau_m)$$
(4.75)

对修正后的频谱在快时间维做 IFFT，即可得到不存在多普勒模糊的目标走动校正结果。但是多普勒模糊的存在限制了 Keystone 变换的应用，一般而言，需要根据先验条件对模糊数进行估计并搜索，从而增大了计算量。

4.4.2 Keystone 变换的实现

1. sinc 函数内插法

由于现代雷达普遍采用数字信号处理技术，故接收的回波信号在快、慢时

间域都是离散的采样点。从图 4.11 中可以直观地看到，在新的时间尺度下，坐标 (f, τ_m) 处基本都没有对应的采样值，因此，对变换后的采样值需要通过插值运算进行估计。根据采样定理，当满足奈奎斯特采样条件时，在频域对信号提取基带频谱即可重建初始信号，而频域的矩形低通滤波器相当于在时域上信号与 sinc 函数做卷积。

假设原采样信号为 $g_d(i)$，通过插值后得到信号 $g(x)$，式中 d 代表采样周期，i 代表采样点序列数，若频域为标准的矩形低通滤波器，则时域卷积核选取为 sinc 函数：

$$h(x) = \mathrm{sinc}(x) = \frac{\sin(\pi x)}{\pi x} \tag{4.76}$$

那么，插值点 x 处的值是 x 的等邻域加权和：

$$g(x) = \sum_i g_d(i) \mathrm{sinc}(x - i) \tag{4.77}$$

故式 (4.71) 也可以写为

$$Y(f, \tau_m) = X\left(f, \frac{f_c}{f + f_c}\tau_m\right) = \sum_n X(f, t_n)\mathrm{sinc}\left(\frac{f_c}{f + f_c}\tau_m - t_n\right) \tag{4.78}$$

2. DFT-IFFT 法

如之前推导的一样，用 $\hat{t}$ 表示快时间变量，用 t_m 表示慢时间变量，用 n 和 m 分别表示二者的采样点序列数，N 和 M 表示采样点总数。两个时间变量变换后的频域分别为距离频率域和多普勒频率域，离散后的采样序列分别用 l 和 k 表示，采样总数分别为 L 和 K，并且有 $N = L, M = K$。取 $f = lB/L$ 以及 $t_m = m/T$，则回波信号 $s_f(f, t_m)$ 离散化后为

$$s_f(l, m) = |p(l)|^2 \sum_{i=1}^{N} A_i \exp[-j2\pi b_i l] \exp[j2\pi(1 + \eta l)f_{dci}mT] \tag{4.79}$$

式中：$b_i = (B/L) \cdot (2R_i(0)/c)$；$\eta = B/(f_c L)$。

这时，对回波信号的距离频率 – 慢时间数据进行 DFT 和 IFFT 就可以完成时间域的尺度变换，即

$$s_f(l, m) = \sum_{k=-M/2}^{k=(M-1)/2} \left(\sum_{m=-M/2}^{m=(M-1)/2} s_f(l, m) \exp\left(-j2\pi km \frac{1 + \eta l}{M}\right) \right) \exp(j2\pi km/M) \tag{4.80}$$

式中：m 表示在新时间尺度上的采样点的离散采样顺序，得到的 $s_f(l, m)$ 数据即为 Keystone 变换后的结果。

3. 解多普勒模糊

需要注意的是，上述两种方法均没有考虑多普勒模糊的情况，而准确的

Keystone 变换的前提是需要知道多普勒模糊数的大小。在有一定的先验条件的情况时，可以直接通过式（4.73）和式（4.74）的计算得到多普勒模糊数的大小，但在先验条件不足的情况时，必须通过解多普勒模糊得到多普勒模糊数。

根据 Keystone 变换的原理，当模糊数补偿不正确的时候，目标距离走动的校正依然不正确，也就是说，各个脉冲回波的峰值仍然未能校正到同一个距离单元之中。此时若对目标做相参积累，依然会有比较大的积累损失。而当对目标的模糊数补偿正确的时候，各个脉冲的峰值已经被拉到同一个距离单元之中，此时做相参积累将会得到最大的积累增益。根据这一特点，我们可以采用遍历搜索的方式对单目标问题进行解多普勒模糊。

具体而言，首先对目标回波进行无模糊的 Keystone 变换，然后再用不同的多普勒模糊数对变换后的结果进行修正，之后进行相参处理。最后对各个结果进行分析，找出增益最大的一组为目标的多普勒模糊数，然后对其进行二次校正。这就可以在没有先验条件的基础上完成解模糊和 Keystone 变换。

4.4.3 仿真结果与分析

仿真参数的设置见表 4.6，添加噪声类型为高斯白噪声。

表 4.6 仿真参数

载波频率	1GHz
脉冲重复频率	1250Hz
载波带宽	2MHz
脉冲时宽	500μs
相参积累脉冲数	128
目标初始距离	400km
方位向采样频率	4MHz
目标径向速度	$15Ma$
目标径向加速度	0

如同在第 4 章中所分析的一样，在窄带预警雷达背景下，当目标在临近空间做超高速运动时，会可能产生一个较大的多普勒模糊。而在相邻两个多普勒模糊搜索值之间，如果目标的距离走动差没有超过一个距离单元，那么很可能在解多普勒模糊时发生偏差，导致速度估计有误。

同样，因为在预警雷达中仿真中，我们首要的是得到一个能量聚集的信

号,而并不需要对速度值有十分精确的估计,所以为了符合实际的实时性处理,雷达的相参积累时间仍然选择为

$$T_i = M/f_p = 0.1024s \tag{4.81}$$

仿真目标为一个飞行器在高层大气以一个滑翔轨道飞行。

1. 目标距离走动校正仿真

为了直观地看到 keystone 变换对脉冲压缩失配而造成的目标跨距离走动的补偿效果,我们首先在无噪声背景的理想条件下观察脉冲压缩后的信号分布情况。

在第 4 章的计算中可得,雷达的带宽越宽,目标速度越大,回波的跨距离走动越明显。从图 4.12 中我们可以直观地看到,目标的跨距离走动已经比较严重,在相参积累后回波的能量并不能得到有效的积累,在多普勒切片上可以看到,由于脉间采样点较少,在多普勒维出现一定的失真。

对该目标的回波进行 keystone 变换处理,所得结果如图 4.12 所示。

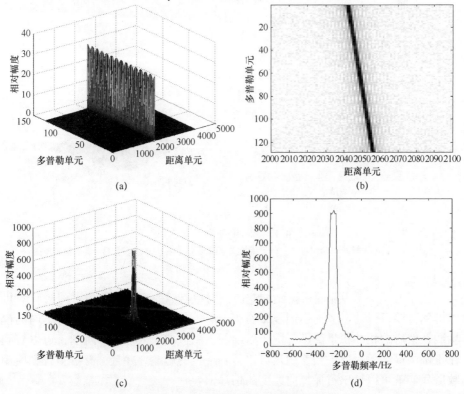

图 4.12 目标直接相参积累效果图

(a) x-y-z 视角脉压图;(b) 脉冲压缩后距离走动图;(c) 直接相参积累时频图;(d) 多普勒切片。

图 4.13（a）为进行 keystone 变换但没有进行解多普勒模糊的信号相参积累图。根据上面的分析，在高速的情形下，目标的多普勒模糊非常严重，公式为：$f_d = \hat{f}_d + kf_r$。图 4.13（a）仅相当于对 $\hat{f}_d$ 部分进行了补偿，其作用相对于 f_d 来说是微乎其微的。

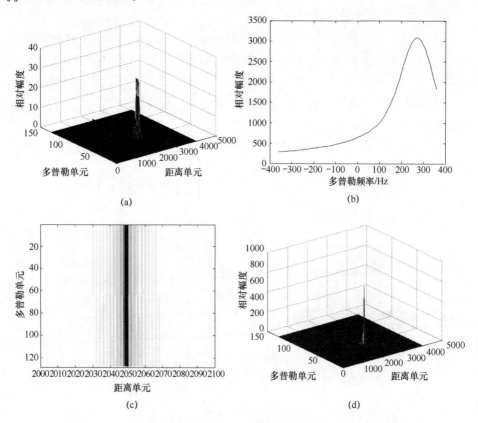

图 4.13　keystone 变换效果图
（a）多普勒模糊时的相参积累图；（b）多普勒模糊数搜索；（c）解模糊后 x-y 视角脉压图；
（d）解模糊后相参积累图。

图 4.13（b）为前面所提到的遍历法对单目标的解模糊搜索。经过计算可以得到，该目标的多普勒模糊数 k 值为：$k = \text{round}\,[f_d/f_r] = 27$。对不同的模糊数补偿后的相参积累值进行记录后绘图，图像如 4.13（b）所示，可以看到在正确的模糊数附近，相参积累可以得到最大的增益。并且，有了多普勒模糊数后我们就可以算出目标径向速度的估计值：

$$v = \frac{1}{2}f_d\lambda = 0.5 \times 34014 \times 0.3 = 5102.1 \text{m/s} \qquad (4.82)$$

与实际速度值 $v = 15Ma \times 340 = 5100\text{m/s}$ 很接近。

之后根据搜索所得的多普勒模糊数对 keystone 变换进行进一步解模糊，如图图 4.12（c）与图 4.12（d）所示，可以看出目标的回波峰值已经被校正到同一个距离单元之中，对变换后回波进行相参积累，可以发现能量得到了很好的聚集，在多普勒维也没有扩展的情况。

2. 不同信噪比下的检测性能分析

在理想背景条件下分析之后，我们在回波信号中添加不同的信噪比的高斯白噪声，以直观地比较 keystone 变换的积累效果，并观察分析 keystone 变换对噪声的敏感程度。

目标以及雷达参数的设置与 4.3.3 节相同。

从图 4.14 中可以直观地看到，在不同信噪比下，经 Keystone 变换后均能够得到比 MTD 更大的积累增益。尤其是在低信噪比的情形下，Keystone 变换能够检测到 MTD 无法检测的目标。

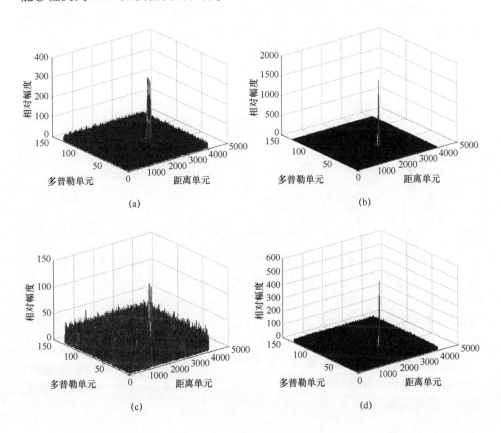

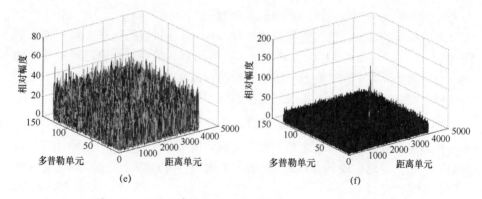

图 4.14 不同噪声背景下 MTD 和 Keystone 积累效果时频图
(a) SNR = -8dB，MTD 积累效果图；(b) SNR = -8dB，Keystone 积累效果图；
(c) SNR = -18dB，MTD 积累效果图；(d) SNR = -18dB，Keystone 积累效果图；
(e) SNR = -28dB，MTD 积累效果图；(f) SNR = -28dB，Keystone 积累效果图。

由给定的参数，信号带宽为 $B=2\text{MHz}$，脉冲时宽为 $T_p=200\mu\text{s}$，脉冲压缩比 $D=B\cdot T_p=1000$，故经过脉冲压缩后的信噪比提升为

$$\text{SNR} = 20\lg\sqrt{D} = 20\text{dB} \tag{4.83}$$

因此，可以得到表 4.7。

表 4.7 不同信噪比条件下积累增益对比表

输入信噪比	脉冲压缩后信噪比	MTD 后输出信噪比	KT 后输出信噪比（10 点插值）	KT 积累增益
-8dB	22dB	28.4461dB	41.9565dB	19.9565dB
-18dB	12dB	19.3534dB	32.2331dB	20.2331dB
-28dB	2dB	8.4542dB	22.0530dB	20.0530dB

根据表 5.1 中的参数计算可得，相参积累得到的理想信噪比增益为

$$\text{SNR} = 10\lg M = 21\text{dB} \tag{4.84}$$

由表 4.7 中可以看到，Keystone 变换后的相参积累增益要远大于直接进行相参积累所得的增益，约高出 13~14dB，而且增益接近相参积累增益的理想值。

值得注意的是，当输入信噪比降低时，keystone 变换在解多普勒模糊时，多普勒模糊数的估计将会可能出现 ±1 ~ ±2 之间的偏差，因此在速度估计时会有一定的误差。

本 章 小 结

本章主要讨论了高速目标信号处理的理论基础,对高速对脉冲压缩的影响进行了分析,对现有的基于分数阶傅里叶变换的多普勒补偿积累方法进行了介绍,对现有的 Radon-Fourier 变换和 Keystone 变换的距离补偿积累方法进行了介绍。为后续开展高超声速机动目标雷达聚焦检测技术研究打下基础。

第5章 高超声速机动目标雷达聚焦检测技术

高超声速目标运动会导致雷达信号积累"散焦"。本章首先分析高超声速强机动运动对相参积累的影响，然后讨论一些基于变换域的高超声速隐身机动目标积累检测方法。并讨论了一种基于最优路径的高超声速目标尾流聚焦方法。

5.1 高超声速强机动运动对相参积累的影响分析

5.1.1 高速强机动会带来距离走动和多普勒扩展分析

对于临近空间目标，由于其具有较强的隐身性，信噪比较低，通过对其回波信号进行相参积累，可以有效提高信噪比，增大目标的发现概率。但由于临近空间目标运动速度快、机动性强，会造成"跨距离门"的现象，出现距离走动。

设雷达发射的基带信号为线性调频信号

$$a(t) = \text{Rect}\left(\frac{t}{T_0}\right)\exp(j\pi bt^2) \tag{5.1}$$

式中：t 为发射脉冲的时间变量；T_0 为发射脉冲的宽度；b 为调频斜率。设在远处有一个匀速直线运动的点目标，它的基带回波信号为

$$s(t,n) = a(t-\tau_n)\exp(j2\pi f_c\tau_n)\exp(j2\pi f_d t) \tag{5.2}$$

式中：n 为发射脉冲的个数；f_c 为载波频率；f_d 为多普勒频率；$\tau_n = 2(T_0+vnT)/c$，为第 n 个脉冲的延迟时间，v 为目标速度，T 为脉冲重复时间。脉压后的信号频谱为

$$X(f,n) = \text{Rect}\left(\frac{f-f_d/2}{bT_0-f_d}\right)\exp(-j2\pi(f+f_c)\tau_n) \cdot$$

$$\exp(-j2\pi f_d\tau_n)\exp\left(j2\pi f\frac{f_d}{b}\right)\exp\left(-j\frac{\pi f_d^2}{b}\right) \tag{5.3}$$

相应的时域信号为

$$x(t,n) = (bT_0-f_d)\text{sinc}\left[(bT_0-f_d)\left(t-\tau_n+\frac{f_d}{b}\right)\right]\exp\left[j\pi f_d\left(t-\tau_n+\frac{f_d}{b}\right)\right] \cdot$$

$$\exp(-j2\pi(f_c + f_d)\tau_n)\exp\left(-j\frac{\pi f_d^2}{b}\right) \tag{5.4}$$

为了方便，式（5.3）、式（5.4）可分别改写为

$$X(f,n) = A\mathrm{Rect}\left(\frac{f - f_d/2}{bT_0 - f_d}\right)\exp(-j2\pi(f + f_c)\tau_n) \tag{5.5}$$

$$x(t,n) = AB\mathrm{sinc}[B(t - \tau_n)]\exp(-j2\pi f_c\tau_n) \tag{5.6}$$

可以看出，时域信号为一个 sinc 函数，信号峰值位于 $\tau_n - f_d/b$。当发射脉冲不同时，回波的延迟时间也不相同，则经过脉冲压缩处理后信号峰值在相对距离轴上的位置也不相同，这就发生了距离走动。在相参积累期间距离走动超过一个距离分辨单元时，就出现了"跨距离门"的现象。

一方面，由于高超声速引起的大多普勒频率也会产生雷达距离测量误差。例如，假设目标径向速度为 5km/s，雷达波长为 0.1m，雷达发射的线性调频脉冲信号宽度为 500μs，线性调频带宽为 1MHz（即距离分辨率为 150m），则脉冲压缩导致的距离测量误差将达 7.5km。

另一方面，临近空间目标加速度大，在一定的积累时间下，运动目标速度的变化也使目标回波分布于多个多普勒单元。若积累时间设为 T，则加速度引起的多普勒变化约为 $(2a/\lambda)T$，多普勒分辨率为 $1/T$，不出现跨多普勒单元的条件是 $(2a/\lambda)T \leq (1/T)$。例如，当目标径向加速度为 10g 时，对波长 0.1m 的 S 波段雷达，要求的积累时间 $T \leq \sqrt{\lambda/(2a)} = \sqrt{0.1/(2\times 10\times 9.8)} = 0.022\mathrm{s}$，若积累时间大于 0.022s，则需要处理跨多普勒单元的积累问题，导致量测出现多值或不准。

雷达载频为 3G，带宽为 1M，时间宽度为 500μs，脉冲重复频率为 1250，目标速度为 10Ma，脉冲积累数为 60 个，其回波信号如图 5.1 所示。

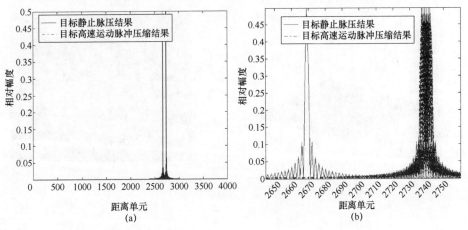

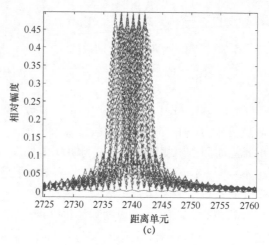

图 5.1　脉冲积累 60 次脉冲走动仿真图

(a) 脉冲积累 60 次脉冲走动；(b) 图 (a) 局部放大 (1)；(c) 图 (a) 局部放大 (2)。

从图 5.1 可以看出目标回波信号出现了较大走动，将对相参积累带来巨大的信噪比损失。

当目标速度为 $10Ma$ 时，其相参积累后结果如图 5.2 所示。

当不考虑目标速度，目标加速度为 $10g$ 时，其相参积累后结果如图 5.3 所示。

当目标速度为 $10Ma$，目标加速度为 $10g$ 时，其相参积累后结果如图 5.4 所示。

参照图 5.4，进一步进行定量分析。

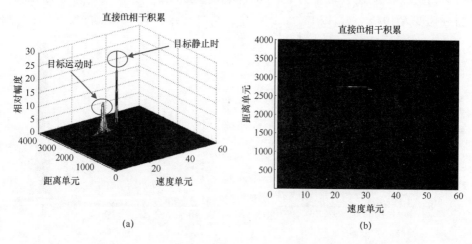

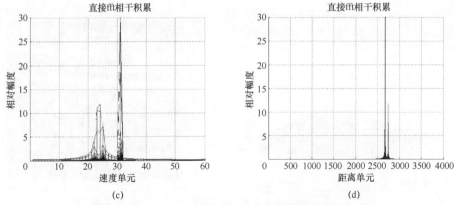

图 5.2 速度为 $10Ma$ 对相参积累的影响分析

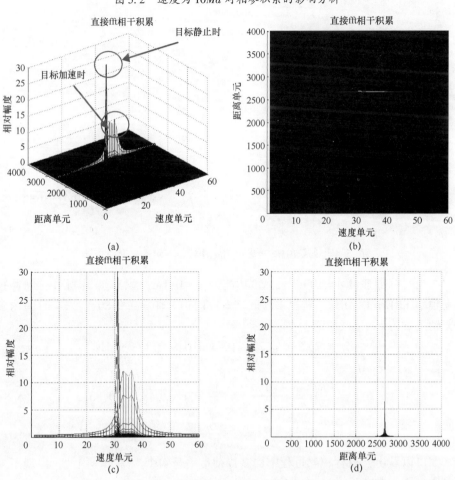

图 5.3 速度为 0、加速度为 $10g$ 时对相参积累的影响分析

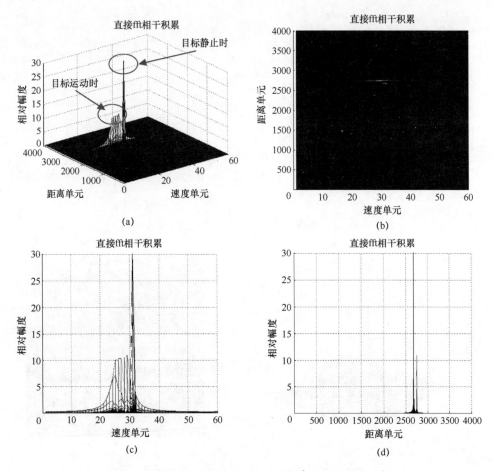

图 5.4 速度 10Ma 加速度 10g 时对相参积累的影响分析

当目标加速度 $a=100\text{m/s}^2$，雷达波长 $\lambda=0.1\text{m}$；积累 60 个脉冲，脉冲重复频率 PRE = 1250Hz，则积累时间 $T=1/1250\times60=0.0480\text{s}$，积累时间内多普勒走动为

$$\Delta f = 2aT/\lambda = 2\times100\times0.048/0.1 = 96\text{Hz} \tag{5.7}$$

多普勒分辨率 Δf_d 为

$$\Delta f_d = \frac{PRF}{N} = \frac{1}{PRT\cdot N} = \frac{1}{T} = 1/0.048 = 20.8333 \tag{5.8}$$

$$\Delta n_f = \frac{\Delta f}{\Delta f_d} = \frac{96}{20.8333} = 4.6080 \tag{5.9}$$

可以看出，目标积累过程中，多普勒走动跨 4 个多单元，因此，出现了多普勒扩展问题。

5.1.2 径向速度和径向加速度对积累检测的影响分析

目标的高超声速运动对不同雷达信号检测带来不同影响。当雷达发射信号为固定载频信号时，目标的加速运动使得回波信号多普勒频率为时变量，基于FFT处理的相参积累输出信噪比下降，检测性能下降，多普勒分辨率降低；当雷达发射信号为步进频信号时，目标的运动会造成回波信号的时移、展宽和峰值降低；而当雷达发射信号为LFM信号时，目标的高速高机动运动会产生距离走动和多普勒走动现象，如果不加以考虑，都将造成回波信号相参积累的损失。

当距离走动存在时，虽然利用了信号的相位信息，但不能有效利用信号的幅度信息，因此会造成积累损失。考虑噪声为高斯白噪声，则存在距离走动时积累提高的信噪比可表示为

$$SNR = \left[\sum_{n=0}^{N-1} \operatorname{sinc}\left(\frac{2vnT_r}{c}(bT_0 - f_d)\right)\right]^2 / N \tag{5.10}$$

式中：$\operatorname{sinc}(x) = \operatorname{sinc}(\pi x)/(\pi x)$；$N$ 为积累的脉冲数；T_r 为脉冲重复周期；b 为调频斜率；T_0 为发射脉冲宽度；f_d 为多普勒频率；v 为目标速度；c 为光速。

假设雷达带宽为1MHz，雷达载频为1GHz，脉冲重复周期为2.5ms，假设虚警概率为10^{-6}，取初始信噪比为0dB，则不同速度下，提高的信噪比及发现概率与积累时间之间的关系曲线分别如图5.5和图5.6所示。

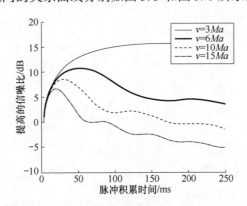

图5.5 不同速度下信噪比改善与积累时间关系

由图5.5和图5.6可以看出，当目标速度很大时，对传统相参积累来说，并不是积累越多越好，例如，当速度达到15Ma时，最大可积累时间约为20ms，超过这个时间，积累信噪比随着积累数的增加反而减少了，检测概率也随着积累时间相应降低。信噪比提高和发现概率都按以下规律变化：①随着

积累时间的增加而增大；②达到最大值后，随着积累时间增加反而减小；③目标速度越大，所能提高的信噪比及发现概率越小，峰值出现得越早。

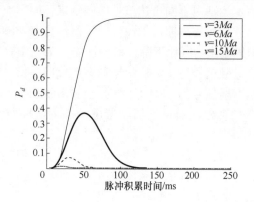

图 5.6　不同速度下检测概率与积累时间关系

对应地，目标机动运动会造成多普勒走动，使得不能充分利用信号的相位信息，从而造成积累的损失，则存在多普勒走动时积累提高的信噪比为

$$\mathrm{SNR} = \Big[\sum_{n=0}^{N-1} \mathrm{e}^{\mathrm{j}2\pi\gamma_a(nT_r)^2}\Big]^2 / N \tag{5.11}$$

式中：$\gamma_a = 2a/\lambda$ 为多普勒调频率。这时，在上述雷达参数不变的条件下，可得不同加速度下，信噪比提高和发现概率与积累时间之间的关系曲线，如图 5.7 和图 5.8 所示。

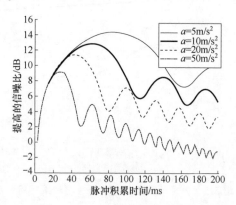

图 5.7　不同加速度下信噪比改善与积累时间关系

由图 5.7 和图 5.8 可以看出，当目标加速度较大时，对传统相参积累来说，也并不是积累越多越好，例如当加速度达到 5g 时，最大可积累时间约为 30ms，超过这个时间，积累信噪比随着积累数的增加反而减少了，检测概率

也随着积累时间相应降低。随着加速度的增加，提高的信噪比及雷达检测概率不再严格随着积累时间的增加而增大，加速度越大，多普勒走动影响越大。

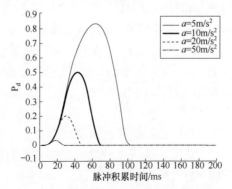

图 5.8　不同加速度下检测概率与积累时间关系

从前面分析可得，同时存在距离走动和多普勒走动时，积累后提高的信噪比可以表示为

$$SNR = \left[\sum_{n=0}^{N-1} \mathrm{sinc}\left(\frac{2vnT_t}{c}(bT_0 - f_d)\right) e^{j2\pi\gamma_a(nT_r)^2}\right]^2 / N \quad (5.12)$$

由式（5.12）可知，输出 SNR 是积累时间 T 的函数，存在极大值。对上式求极值点可得，最佳积累时间 T_{opt} 为

$$T_{\mathrm{opt}} = \left(\frac{0.24c^2}{\sqrt{4.31V^4B^4 + \gamma_a^2 c^4}}\right)^{1/2} \quad (5.13)$$

式中：B 为雷达带宽。

当目标加速度为 0 时，最佳积累时间为

$$T_{\mathrm{opt}} = \frac{0.34c}{Bv} \quad (5.14)$$

可见只考虑速度影响时，在雷达带宽一定的情况下，信号的最佳积累时间与速度成反比。

当目标速度为 $10Ma$ 时，可算得最佳积累时间为 30ms。

同理，只考虑加速度影响时，最佳积累时间 T_{opt} 为

$$T_{\mathrm{opt}} = \sqrt{\frac{0.24}{\gamma_a}} \quad (5.15)$$

当目标加速度为 $100\mathrm{m/s^2}$ 时，由式（5.15）可算得最佳积累时间为 19ms，与图 5.7、图 5.8 结果相同，也验证了式（5.15）的正确性。

由上分析可知，如果利用回波信号直接积累，相参积累时间和效率受到极大限制。

5.1.3 距离走动和多普勒扩展的补偿方式分析

脉冲相参积累检测是雷达提高对隐身目标发现概率的有效方法之一,而临近空间目标高超声速、强机动限制了雷达信号的相参积累。一方面,临近空间目标高超声速运动会出现"跨距离门"现象,从而限制雷达信号的相参积累时间。另一方面,临近空间目标的强机动导致飞行器的多普勒频率、多普勒变化率,以及多普勒二阶变化率都比以往的地基雷达探测系统面临的要严酷很多,产生"跨速度门"现象,进一步影响了雷达信号的相参积累。

目前,解决距离走动的方法有频域相位补偿法、Keystone 变换法、广义 Keystone 变换法、RFT 方法等,解决多普勒扩展的方法有 De-chirp 方法、分数阶傅里叶变换(FRFT)法、多项式相位法等,这些方法主要针对传统的目标,如飞机、导弹、舰船等,而临近空间高超声速目标速度、加速度都非常大,将会导致雷达信号出现严重的距离走动和多普勒徙动,且距离走动和多普勒徙动大多是非线性的,严重限制了雷达信号的相参积累。目前,很少有能够对高超声速目标同时进行距离非线性走动补偿和多普勒非线性徙动补偿的相参积累方法,不能适应临近空间高超声速机动目标的相参积累检测,限制了雷达对此类目标的发现能力。

5.2 临近空间高超声速目标的信号模型

线性调频信号是一种常用的信号形式,假设雷达发射的线性调频信号

$$s_T = \text{rect}(\tau/T_p)\exp(\mathrm{j}\pi\gamma\tau^2) \tag{5.16}$$

式中:T_p 为脉冲宽度;γ 线性调频信号调频率;τ 为快时间。

回波信号发生衰减和延迟后,得到二维的回波信号可表示为

$$s_r(t,\tau) = A_r\text{rect}\left(\frac{\tau - 2r_s(t)/c}{T_P}\right)\exp(\mathrm{j}\pi\gamma\,(\tau - 2r_s(t)/c)^2)\exp\left(-\mathrm{j}\frac{4\pi r_s(t)}{\lambda}\right) \tag{5.17}$$

式中:λ 为波长;c 为光速;A_r 为信号复包络;$r_s(t)$ 为 t 时刻的斜距。脉冲压缩后,目标的二维回波信号可表示为

$$s_{rm}(t,\tau) = A_{rm}\text{sinc}(\pi B_s(\tau - 2r_s(t)/c))\exp\left(-\mathrm{j}\frac{4\pi r_s(t)}{\lambda}\right), t \in [-T/2, T/2] \tag{5.18}$$

式中:$B_s = \gamma T_p$,为信号带宽;T 为相参积累时间。

假设临近空间目标径向运动用函数 $r_s(t)$ 表示,$r_s(t)$ 的泰勒级数展开为

(假设 1 – k 阶导数存在)

$$r_s(t) = \sum_{t=0}^{\infty} \frac{r_s^{(1)}(0)}{l!} t^l \approx \sum_{l=0}^{k} \frac{r_s^{(1)}(0)}{l!} t^l \quad (5.19)$$

式中：$r_s(0)$ 表示起始距离；$r_s^{(k)}(0)$，$k=1,2,\cdots$，代表 $r_s(t)$ 在 $t=0$ 时刻的 k 阶导数。将式 (5.19) 带入式 (5.18)，可以得到

$$s_{rm}(t,\tau) = A_{rm} \mathrm{sinc}\left(\pi B_s \left(\tau - 2\sum_{l=0}^{k} \frac{r_s^{(1)}(0)}{l!} t^l / c\right)\right) \exp\left(-\mathrm{j} \frac{4\pi \sum_{l=0}^{k} \frac{r_s^{(1)}(0)}{l!} t^l}{\lambda}\right)$$

$$= A_T \mathrm{sinc}\left(\pi B_s \left(\tau - \frac{2}{c}\left(r_s(0) + \frac{\lambda}{4\pi} \sum_{l=1}^{k} a_l t^l\right)\right)\right) \exp\left(-\mathrm{j} \sum_{l=1}^{k} a_l t^l\right)$$

$$(5.20)$$

式中：$A_T = A_{rm} \exp(-\mathrm{j}4\pi r_s(0)/\lambda)$；$\alpha_l = -4\pi \frac{r_s^{(1)}(0)}{\lambda \cdot l!}$。

又 $r_s = \tau c/2$，式 (5.20) 可以进一步写成

$$s_{rm}(t,r_s) = A_T \mathrm{sinc}\left(\frac{2\pi B_s}{c}\left(r_s - \left(r_s(0) + \frac{\lambda}{4\pi} \sum_{l=1}^{k} a_l t^l\right)\right)\right) \exp\left(\mathrm{j} \sum_{l=1}^{k} a_l t^l\right)$$

$$(5.21)$$

若目标位直线运动，则 k 取 1，目标距离走动 $r_s(t) = r_s(0) + v_T t$，这里 $v_T = r_s^{(1)}(0)$ 表示径向速度，将 $r_s(t)$ 带入式 (5.21)，得

$$s_{rm}(t,r_s) = A_{rm} \mathrm{sinc}\left(\frac{2\pi B_s}{c}\left(r_s - \left(r_s(0) + \frac{\lambda}{4\pi} a_1 t\right)\right)\right) \exp(\mathrm{j} a_1 t) \quad (5.22)$$

式中：$A_T = A_{rm} \exp(-\mathrm{j}4\pi r_s(0)/\lambda)$，为复数的后向散射系数。在实际的应用中，$A_T$ 可能起伏或在相参积累时带来相位噪声，α_1 定义为

$$\alpha_1 = -4\pi v_T/\lambda \quad (5.23)$$

对于匀加速运动目标，取 $k=2$，目标距离走动可表示为

$$R(t) = R(0) + v_T t + \frac{1}{2} a_T t^2 \quad (5.24)$$

式中：v_T 为径向速度；a_T 为径向加速度。将式 (5.24) 带入式 (5.21)，可以得到

$$s_{rm}(t,r_s) = A_T \mathrm{sinc}\left(\frac{2\pi B_s}{c}\left(r_s - \left(r_s(0) + \frac{\lambda}{4\pi}(\alpha_1 t + \alpha_2 t^2)\right)\right)\right) \exp(\mathrm{j}(\alpha_1 t + \alpha_2 t^2))$$

$$(5.25)$$

式中：a_2 定义为

$$\alpha_2 = -2\pi a_T/\lambda \quad (5.26)$$

对于 3 阶运动目标，取 $k=3$，目标距离走动可表示为

$$R(t) = R(0) + v_T t + \frac{1}{2}a_T t^2 + \frac{1}{6}\dot{a}_T t^3 \tag{5.27}$$

式中：$\dot{a}_T$ 为径向加加速度。将式（5.27）带入式（5.21），可得

$$s_{rm}(t,r_s) = A_T \mathrm{sinc}\left(\frac{2\pi B_s}{c}\left(r_s - \left(r_s(0) + \frac{\lambda}{4\pi}(\alpha_1 t + \alpha_3 t^2 + \alpha_3 t^3)\right)\right)\right)$$
$$\exp(\mathrm{j}(\alpha_1 t + \alpha_2 t^2 + \alpha_3 t^2)) \tag{5.28}$$

式中：α_3 可定义为

$$\alpha_3 = -4/6\pi \dot{a}_T/\lambda \tag{5.29}$$

依此类推，如果需要，可以定义更高阶次的信号模型。对于一般雷达参数，三阶多项式信号模型已经能较好地进行临近空间高超声速目标检测。从式（5.25）和式（5.28），我们可以看出，脉冲压缩后信号的峰值点不在处于 R-t 的一条直线上。进一步，图 5.9 给出了不同运动阶次目标跨距离门走动的情况。此外，脉冲压缩后信号峰值点的相位变化不再是线性的，而是一组由目标运动阶次决定的多项式相位信号。

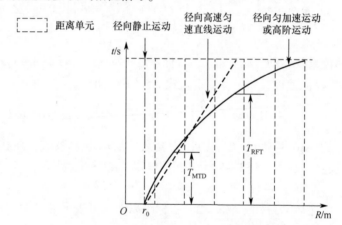

图 5.9 不同运动阶次目标跨距离门走动情况

5.3 多项式 Hough 傅里叶变换的高速隐身机动目标积累检测方法

5.3.1 基本思想

高速机动目标在信号检测的时间内径向距离的变化可近似为匀加速直线运

动，即可以用多项式 $R = R_0 + vt + \frac{1}{2}at^2$ 进行建模（如果考虑更复杂的运动则为 2 次以上的多项式），式中，R 为径向距离，R_0 为初始径向距离，v 为目标速度，a 为目标加速度，t 为目标运动的时间。可见，以 t 为自变量 R 为函数的式子是一条多项式曲线，由于速度 v 和加速度 a 未知，则目标在信号积累期间的径向轨迹可能是无数个多项式曲线中的一条，为减少计算量，可以先以大的分辨力建立多个多项式模型，则目标运动曲线必定在落在多个多项式模型之间，在各个多项式曲线轨迹上进行信号补偿积累，并将信号能量的最大值映射到参数空间，通过提取参数空间能量的最大值可以确定一个多项式模型，然后在这个多项式模型附近再以更高的分辨力建立多个多项式曲线模型，再在小的区域沿着新的多项式模型上进行信号的补偿积累。依此类推，当满足精度条件时停止多项式模型的细分，从而得到精确相参积累检测结果。

针对高速机动隐身目标积累检测中的距离走动和多普勒扩展问题，提供一种多项式 Hough 傅里叶变换的积累检测方法[109]。首先以较大分辨力建立多个多项式模型，利用提出的多项式 Hough 傅里叶变换实现参数空间的能量积累，然后根据参数空间能量最大值对应的参数再建立分辨力更高的多个多项式模型，再在小的区域进行高分辨力的多项式 Hough 傅里叶变换，依此类推，直到达到补偿精度要求，从而实现高速机动隐身目标的相参积累检测（图 5.10）。

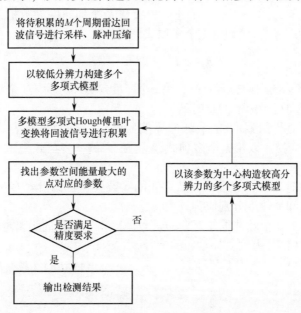

图 5.10 多项式 Hough 傅里叶变换的积累检测方法流程图

5.3.2 多项式 Hough 傅里叶变换方法实现流程

步骤一：首先根据带通采样定理，选取采样频率 $f_s \geqslant 2B$（B 表示雷达带宽），对波门内待积累的 M 个脉冲重复周期的信号进行采样，得到采样后的信号矩阵 $S_{M \times N}$（S 中行表示某一个脉冲的回波信号采样序列，列表示不同时刻距离波门内同一位置的采样点）；然后对 $S_{M \times N}$ 内的信号每一行分别进行匹配滤波得到脉冲压缩后的信号矩阵 $S'_{M \times N}$，$S'_{M \times N}$ 中的第 i 列计算方法为

$$S'(i,:) = \text{IFFT}\{(\text{FFT}(S(i,:))) \cdot [\text{FFT}(S_t)]^*\}$$

式中：FFT( ) 表示对括号中的信号进行快速傅里叶变换；IFFT( ) 表示对括号中的信号进行快速傅里叶逆变换；$S'(i,:)$ 表示 $S'_{M \times N}$ 的第 i 行构成的向量；S_t 表示原始线性调频信号，有

$$S_t = \text{rect}\left(\frac{\tau_n}{T_p}\right) \cdot \exp(j\pi\gamma\tau_n^2)$$

式中：T_p 为波门宽度；γ 为线性调频信号调频率；j 为虚数单位；τ_n 为脉冲宽度内采样时间序列，即 $\tau_n = [0, 1/f_s, 2/f_s, \cdots, (N-1)/f_s]$。

步骤二：根据经验设定目标最大径向速度 $v_{\max}$、最小径向速度 $v_{\min}$、最大径向加速度 $a_{\max}$、最小径向速度 $v_{\min}$，以较大分辨力确定多项式参数的间隔，在最大速度和最大加速度等间隔选取点，构造成 L 个速度参数 $[v_1, v_2, \cdots, v_{L-1}, v_L]$（式中 $v_1 = v_{\min}, v_L = v_{\max}$）、$K$ 个加速度参数 $[a_1, a_2, \cdots, a_{K-1}, a_K]$（式中 $a_1 = a_{\min}, a_K = a_{\max}$），以这 L 个速度参数和 K 个加速度参数构造出 H 个多项式模型（$H = L \cdot K$），例如第 k 个多项式模型为

$$R_k = R_0 + v_i t + \frac{1}{2}a_j t^2$$

式中：R_0 为目标的初始位置；v_i 为第 i 个速度参数；a_j 为第 j 个加速度参数；t 为信号积累期间目标运动的总时间。

步骤三：对待积累的 M 个脉冲周期回波信号分别进行 H 个多项式模型 Hough 傅里叶变换，以第 k 个多项式模型 R_k 为例，多项式模型 Hough 傅里叶变换步骤如下。

（1）选取速度和加速度为参数空间的参数，则目标沿着多项式模型 R_k 运动时，其速度和加速度分别应为 v_i 和 a_j。

（2）对 $1 \sim M$ 个脉冲重复周期的信号进行速度为 v_i 的距离走动补偿，以第 i 个周期的脉冲信号为例，补偿后的信号 $S'(i,:)$ 为

$$S'(i,:) = \text{IFFT}(\text{FFT}(S'(i,:)) \cdot \exp(j4\pi f_r v_i t_n(i)/c))$$

$$f_r = \left[\frac{-f_s}{2}, \frac{-f_s}{2} + \frac{f_s}{N}, \frac{-f_s}{2} + 2\frac{f_s}{N}, \frac{-f_s}{2} + 3\frac{f_s}{N_s}, \cdots, \frac{-f_s}{2} + (N-1)\frac{f_s}{N}\right]$$

$$t_n = [0, T_{\text{PRE}}, 2T_{\text{PRE}}, 3T_{\text{PRE}}, \cdots, (M-1)T_{\text{PRE}}]$$

式中：j 表示虚数单位；FFT( ) 表示对括号中的信号进行快速傅里叶变换；IFFT( ) 表示对括号中的信号进行快速傅里叶逆变换；$S(i,:)$ 表示第 i 个脉冲重复周期信号的采样序列；f_s 为采样频率；c 为光速；T_{PRE} 为脉冲重复周期。

(3) 对 $1\sim M$ 个脉冲重复周期的信号进行加速度为 a_j 的相位补偿，以 M 个脉冲周期信号序列的第 K 点为例，M 个脉冲周期信号的第 K 点补偿后的信号 $S''(:,k)$ 为

$$S''(:,k) = \mathrm{FFT}(S'(:,k) \cdot \exp(-\mathrm{j}\pi a_j t_n^2))$$

求矩阵 S'' 中幅度对大值 $E_{v_i a_k}$，有

$$E_{v_i a_k} = \mathrm{Max}(|S''|)$$

式中：Max( ) 表示求括号内矩阵的最大值；$E_{v_i a_k}$ 为矩阵 S'' 各个元素绝对值中的最大值；下标 v_i、a_k 表示取得该最大值时多项式对应的速度和加速度参数。

(4) $E_{v_i a_k}$ 的值赋予参数空间的坐标点 $[v_i, a_k]$，表示参数空间点 $[v_i, a_k]$ 的幅度，类似地，将所有多项式模型对应的参数空间的坐标点赋值，使得参数空间每一个参数点对应一个能量幅度。

步骤四：对参数空间内的能量进行比较，找出参数空间能量最大 $E_{v_i a_k}$ 点对应的参数 $[v_i, a_k]$。

步骤五：当满足 $|v_{i+1}-v_{i-1}|<\Delta\varepsilon_1$ 和 $|a_{k+1}-a_{k-1}|<\Delta\varepsilon_2$ 时，式中 $[v_{i-1}, v_{i+1}]$ 和 $[a_{k-1}, a_{k+1}]$ 表示参数空间中包围参数点 $[v_i, a_k]$ 最近的参数区间，$\Delta\varepsilon_1$、$\Delta\varepsilon_2$ 为根据精度要求设置的较小实数，则输出信号的相参积累结果；否则进入下一步。

步骤六：然后再在 v_{i-1} 和 v_{i+1} 之间等间隔划分构成 L' 个速度，在 a_{j-1} 和 a_{j+1} 之间等间隔划分构成 K' 个加速度，再构造目标的径向运动轨迹的 H' 个可能模型 $R_{i_1}, R_{i_2}, \cdots, R_{i_H}$，式中 $H' = L' \cdot K'$；

步骤七：回到步骤三，直到输出信号的相参积累结果。

5.3.3 仿真实验

本方法的效果可以通过以下 matlab 仿真结果进一步说明。

仿真实验条件：设高超声速隐身机动飞行器初始的速度为 3400m/s，航向角为 270°、俯仰角为 10°，初始位置为 [0, 300000m, 70000m]，雷达坐标为 [300000, -600000, 0]，目标在重力、推力、升力、阻力的作用下在三维空间"打水漂式"飞行，轨迹如图 5.11 所示，图 5.11 中圆圈表示本实验目标积累检测的起点；雷达发射信号为线性调频信号，雷达载频为 1G，雷达带宽为 2MHz，信号采样频率为 4MHz，信号时宽为 400μs，脉冲重复频率为 500Hz，信噪比为 -28dB，噪声为 0，均值方差为 1，积累脉冲数 128 个。

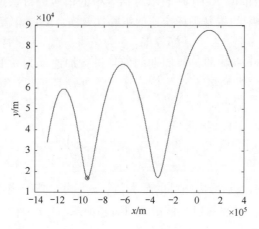

图 5.11 目标飞行轨迹图

实验一:

用本方法进行相参积累后的结果如图 5.12 所示,用传统的 FFT 直接相参积累结果如图 5.13 所示,用本方法和传统 FFT 相参积累仿真实验时目标相参积累能量比较如图 5.14 所示。从图 5.12~图 5.14 可以看出,利用传统的 FFT 直接积累的方法无法有效检测到目标,而本方法方法积累后能量明显高于噪声能量,信号能量显著提高。

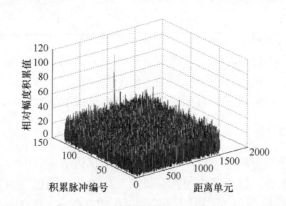

图 5.12 多项式 Hough 傅里叶变换方法相参积累能量图

实验二:

在同一仿真场景下,用传统的包络频域相位补偿法进行速度补偿,用 Dechirp 法进行加速度补偿,采用遍历搜索的方法完成参数估计补偿积累检测(简称传统遍历搜索方法),与本方法在计算量上的比较结果见表 5.1。

表 5.1　现有方法与本方法对应的雷达辐射次数比较

方法	传统遍历搜索方法/s	本方法/s
耗时比较	30.45	7.34

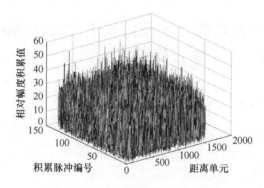

图 5.13　传统 FFT 相参积累能量图

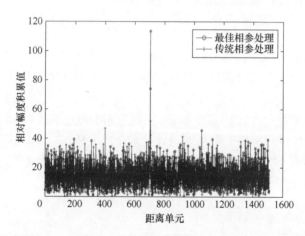

图 5.14　多项式 Hough 傅里叶变换方法相参积累能量图相参积累能量比较图

从表 5.1 可以看出，本方法由于采用了多模型多分辨力的逼近搜索方法，比传统遍历搜索的方法在时间上有很大的提高，极大提高了计算速度。

多项式 Hough 傅里叶变换方法可以解决高速机动隐身目标相参积累时距离走动和多普勒扩展的问题，将目标径向距离与时间的变化关系用多项式进行建模，由于目标的径向速度和径向加速度未知，则建立多个可能的多项式模型，利用提出的多项式 Hough 傅里叶变换，通过多分辨力的搜索，得到精确的目标运动多项式模型，从而实现高速机动隐身目标的相参积累检测，提高了雷达对高速机动隐身目标的发现能力。本方法通过多项式模型多分辨力的逐层逼近搜索思路，利用提出的多项式 Hough 傅里叶变换实现目标的积累检测，与传统方法需要大范围、多维参数搜索相比，可显著降低计算量、存储量和复杂度，便于工程实现。

5.4 多项式拉东 - 多项式傅里叶变换的高速隐身机动目标积累检测方法

5.4.1 连续多项式拉东 - 多项式傅里叶变换

为了解决临近空间高超声速目标带来的跨距离单元走动和跨多普勒单元问题，作者提出了一种新的变换：多项式拉东 - 多项式傅里叶变换（PRPFT）[110,111]。这种变换的思想是：目标在径向上匀速直线运动时，可以利用拉东 - 傅里叶变换（RFT）进行跨距离门走动，根据相关参考文献，一种 RFT 的表达式可以表示为

$$G_{rv}(r,v) = \int s_{rm}(t, r+vt) e^{-j2\pi f_{d_T} t} dt \tag{5.30}$$

式中：s_{rm} 为目标二维回波信号；f_{d_T} 为目标的多普勒频率。MTD 是 RFT 一种特殊情况，但是对于二阶以上运动目标，RFT 方法积累性能将受到跨多普勒单元的影响。

从信号模型可以看出，高阶运动目标在距离上为一系列多项式曲线，因此，将拉东变换进行推广，利用多项式拉东变换（Polynomial Radon Transform, PRT）沿着多项式轨迹进行积累，多项式拉东变换可以表示为

$$R_P(r,(\cdot)) = \int_{-\infty}^{+\infty} A[t, r_s = r + f(t)] dt \tag{5.31}$$

式中：A 为脉冲压缩后的振幅；$f(t) = a_1 t + a_2 t^2 + \cdots + a_k t^k$，是关于 t 的 k 阶多项式。如果沿着目标径向运动的方向，当参数 $(r, a_1, a_2, \cdots, a_k)$ 与运动方程匹配时，信号能量将在 PRT 上聚集。但这样的积累没有考虑目标的多普勒走动，当目标存在较大径向加速度时，积累性能将下降。从信号模型可以看出，脉冲压缩后的峰值点组成的信号将是一个高阶多项式相位信号，这时传统的快速傅里叶变换相参积累方法将失效。多项式傅里叶变换（PFT）可以对多项式相位信号进行相参积累，多项式相位变换可以表述为

$$F_P(\omega;(\beta_2, \beta_3, \cdots, \beta_k)) = \int_{-\infty}^{+\infty} A(t) \cdot \exp(j\omega t - j\beta_2 t^2 - j\beta_3 t^3 - \cdots - j\beta_k t^k) dt$$

$$\tag{5.32}$$

显然，当 $A(t) = A_T \cdot \exp\left(j\sum_{l=1}^{k}\beta_l t^l\right)$，当 $\omega = \alpha_1, \beta_l = \alpha_l, l = 2,3,\cdots,k$ 时，一个能量峰值将出现在 PFT 域。

基于以上考虑，提出利用多项式拉东-多项式傅里叶变换实现临近空间高超声速机动目标跨距离单元和跨多普勒单元的补充相参积累。

假设二维复信号 $S_{rm}(t,r_s) \in C$ 定义在 (t,r_s) 平面，$N+1$ 维的等式 $r_s(t) = \sum_{j=0}^{k}(r^{(k)}/k!)t^k = r + \dot{r}t + (1/2)\ddot{r}t^2 + \cdots + (r^{(k)}/k!)\sin^{-1}\theta$ 用于搜索任意的曲线，式中 r 表示沿着斜距进行搜索 r_s 的坐标。那么，PRPFT 可定义为

$$G(r,(\cdot)) = \int_t S_{rm}(t,r+f(t)) \cdot \exp(-j\alpha_1 t - j\alpha_2 t^2 - j\alpha_3 t^3 -,\cdots, -j\alpha_k t^k)dt \tag{5.33}$$

式中：$f(t) = \dot{r}t + (1/2)\ddot{r}t^2 + \cdots + (r^{(k)}/k!)t^k$，$\alpha_k = (-4\pi r^{(k)})/(\lambda \cdot l!)$。式（5.33）也可写为

$$G(r,(\dot{r},\ddot{r},\cdots,r^{(k)})) = \int_t S_{rm}\left(t,r + \sum_{l=1}^{k}\frac{r^{(1)}}{l!}t^l\right) \cdot \exp\left(j\sum_{l=1}^{k}\frac{4\pi r^{(1)}}{\lambda l!}t^l\right)dt \tag{5.34}$$

可以看出，RFT 是 PRPFT 的一种特殊形式，利用 PRPFT 理论上能实现对临近空间目标任意曲线运动条件下的距离补偿和多普勒补偿相参积累。

2. 离散多项式拉东-多项式傅里叶变换

临近空间高超声速目标回波信号可以表示为 $S_{rm}(m,n)$，$m = 0, 1, 2, \cdots, M-1$，$n = 0, 1, \cdots, N_{r-1}$，式中，$m$ 为回波数编号；M 为总的回波数；n 为距离采样点编号；N_r 为距离采样点的总数。对于离散化的脉冲信号，式（5.34）可以表示为

$$G(i,q_1,q_2,\cdots,q_k) = \sum_m S_{rm}\left(m,\text{round}\left(\frac{r(i) + \sum_{l=1}^{k}\frac{r_{q_l}^{(1)}}{l!}[(m-1)\cdot T_r]^l}{\Delta_r}\right)\right) \cdot$$

$$\exp\left(j\frac{4\pi r_{q_l}^{(1)}}{\lambda l!}[(m-1)\cdot T_r]^l\right)$$

$$i = 1,2,\cdots,N_r \quad q_l = 1,2,\cdots,N_{r^{(1)}} \tag{5.35}$$

式中：T_r 为脉冲重复周期，$T_r = 1/f_P$，f_P 为脉冲重复频率；$\Delta_r = c/(2f_s)$，为距离采样的间隔，f_s 距离采样的频率。一般来讲，$f_s \geq B_s$，Δ_r 小于或等于一个距离单元（距离单元为 $c/(2B_s)$），$N_{r^{(1)}}$ 表示对参数 $r^{(1)}$ 的搜索数目。

理论上，提出的 PRPFT 算法能实现任意时间内目标任意曲线运动回波信

号的相参积累，但是，高阶 PRPFT 需要在高阶的参数空间搜索，计算量和存储量都会很大。出于这些考虑，实际应用时，一种可行的策略是忽略 3 阶以上的分量，用 2 阶 PRPFT 聚集绝大部分能量，则式（5.35）可简化为

$$G(i,q_1,q_2) = \sum_m S_{rm}\left(m, \text{round}\left(\frac{r(i) + v_{q_1}[(m-1)T_r] + \frac{1}{2}a_{q_1}[(m-1)T_r]^2}{\Delta_r}\right)\right) \cdot$$

$$\exp\left(j4\pi \frac{v_{q_1}(m-1)T_r + \frac{1}{2}a_{q_2}[(m-1)T_r]^2}{\lambda}\right) \quad (5.36)$$

对于 PRPFT 的多项式拉东变换部分，可以定义速度搜索步进 $\Delta v_r = \Delta_r/T$，加速度搜索步进 $\Delta a_r = 2\Delta_r/T^2$。对于 PRPFT 的多项式傅里叶变换部分，可以定义多普勒速度搜索步进 $\Delta v_f = 0.5\lambda\Delta_f/2 = \lambda/4T$，式中 Δ_f 多普勒分辨单元，多普勒加速度搜索步进 $\Delta a_f = 0.5\lambda\Delta_f/2T = \lambda/4T^2$。一般来说，$\Delta v_r \gg \Delta v_f$，$\Delta a_r \gg \Delta a_f$，因而，可以利用 Δv_f、Δa_f 作为速度和加速度搜索步进实现 PRPFT。然而，对于早期预警雷达，对于高超声速目标一般存在严重速度模糊，考虑到我们的目的是聚集能量而不是参数估计，因此，不需要搜索整个速度空间来实现 FFT。可以选择搜索步进 Δv_r 作为多项式拉东变换部分的速度搜索步进，用一个快速傅里叶变换代替整个速度范围内的速度搜索，同时，为了进一步减少计算量，提出了一种多分辨力参数空间搜索的方法，提供了一种在计算量和精度之间折中的选择方法。

5.4.2 多项式拉东 – 多项式傅里叶变换方法实现流程

该方法依据临近空间特性，针对临近空间高超声速目标带来的距离走动弯曲和多普勒徙动弯曲问题，利用多项式对目标距离非线性走动和多普勒非线性徙动进行建模，利用 PRT 解决距离非线性走动，利用 PFT 解决多普勒非线性徙动，并联合两种变换，提供一种多项式拉东 – 多项式傅里叶变换（Polynomial Radon – Polynomial Fourier Transform，PRPFT）的高超声速目标检测方法。本方法解决所述技术问题，采用技术方案步骤如下。

步骤一：对待积累的 N 个周期的信号分别进行采样，对采样数据进行离散化处理，提取慢时间 – 快时间二维平面中的目标观测值，然后对 N 个脉冲重复周期内的采样信号分别进行脉冲压缩，得到脉冲压缩后的二维信号矩阵 $s_0(n, m)$，式中 n 代表回波信号的个数标号，$n = 1,2,\cdots,N$，N 为回波信号的总数，m 代表信号采样点数的标号，$m = 1,2,\cdots,M$，M 为信号采样点总数。

步骤二：PRPFT 高超声速目标相参积累检测的参数初始化。根据雷达搜索范围和角速度，确定波束驻留时间，根据雷达脉冲重复频率和波束驻留时间，

确定相参积累的时间和脉冲数，根据相参积累时间确定参数空间搜索的维数、搜索的分辨率、搜索步进的大小；具体的波束驻留时间 $T_i = \theta_\beta/\omega_r$，式中 θ_β 代表波束宽度，ω_r 代表雷达转速；相参积累的时间 $T = N/f_p$，脉冲数 $N = T_i \cdot f_p$，式中 f_p 代表脉冲重复频率；参数空间搜索的维数确定方法如下。

假设积累时间为 T，高超声速目标的最大速度为 $v_{\max}$，最大加速度为 $a_{\max}$，最大加加速度为 $\dot{a}_{\max}$，光速为 c，雷达信号带宽为 B、波长为 λ，忽略目标 2 阶以上的运动对回波信号的影响，如果对应参数满足：

$$\begin{cases} v_{\max}T + \dfrac{1}{2}a_{\max}T^2 \leqslant \dfrac{c}{2B} \\ \dfrac{2a_{\max}T}{\lambda} \leqslant \dfrac{1}{T} \end{cases} \tag{5.37}$$

则搜索参数维数为 0，此时不用进行参数空间搜索，PRPFT 退化为传统的 MTD 方法；如果式（5.37）不满足，再判断对应参数是否满足：

$$\begin{cases} v_{\max}T + \dfrac{1}{2}a_{\max}T^2 > \dfrac{c}{2B} \\ \dfrac{2a_{\max}T}{\lambda} \leqslant \dfrac{1}{T} \end{cases} \tag{5.38}$$

如果式（5.38）满足，则搜索参数维数为 1，即只对目标速度参数进行搜索，此时 PRPFT 退化为 RFT 方法；如果式（5.38）不满足，再判断对应参数是否满足：

$$\begin{cases} v_{\max}T + \dfrac{1}{2}a_{\max}T^2 > \dfrac{c}{2B} \\ \dfrac{2a_{\max}T}{\lambda} > \dfrac{1}{T} \end{cases} \tag{5.39}$$

如果式（5.39）满足，则搜索参数维数为 2，此时利用 PRPFT 方法同时对目标径向速度和径向加速度参数进行搜索；搜索的分辨率 n_v 取值范围为 $[0, N_v]$。

步骤三：以第 1 个脉冲的每个信号采样点为起点，利用多项式拉东 – 多项式傅里叶变换，在参数空间进行搜索补偿积累，得到每个信号采样点对应的参数空间检测单元图，找出该检测单元图中信号幅度的最大值，并找出该最大值对应的参数，将该参数对应的补偿积累后频域分布作为该距离采样点的频域分布。

5.4.3 PRPFT 方法对应的恒虚警（CFAR）检测

作者提出的 PRPFT 算法，该方法需要对目标运动参数的搜索补偿，经过处理后的信号分布难以用闭合公式推导,因此,确定虚警门限的方法不能采用传统的正态分布噪声的恒虚警检测方法。采用的蒙特卡罗方法确定恒虚检测门限,具体步骤如下。

(1) 对经过 PRPFT 处理后距离 – 多普勒 – 幅度的矩阵数据的多普勒维进行处理,为了减少计算量,根据需要进行多普勒取最大值(根据需要也可以取最大的多个值),这样可以将原来的信号二维数组降维成一维数组,即距离 – 信号幅度的二维信号。

(2) 确定虚警概率 P_{fa},对仅有噪声的信号利用 PRPFT 算法进行处理得到距离 – 信号幅度的二维信号。

(3) 通过 M 次蒙特卡罗仿真,将所有仿真得到的二维信号的幅度一起,首先求这些幅度值的平均值 A,再将这些幅度值按降序排序,得到序列 J,令 $I = M \cdot N_r \cdot P_{fa}$,式中 M 代表蒙特卡罗次数,N_r 代表选取的 N_r 个通过上一步处理后二维信号,通过设计可以让 $M \cdot N_r \cdot P_{fa}$ 为整数,当不为整数时,可以选取最近的整数近似。则恒虚警门限实际门限 $R = J(I)$。

(4) 恒虚警门限信噪比门限为

$$T = 10\lg\left(\frac{R^2/2}{A^2/2}\right) \tag{5.40}$$

式中:T 的单位为 dB。利用 T 对信号进行单元平均法等 CFAR 方法进行恒虚警检测。

5.4.4 相参积累方法 PRPFT、RFT 和 MTD 比较

1. 相参积累时间比较

临近空间高超声速目标回波信号跨距离单元走动和跨多普勒单元走动严重限制了相参积累时间。下面,分析和比较 MTD、RFT,以及提出的 PRPFT 算法相参积累时间,来说明提出方法的有效性。以一个三阶运动目标为例,目标最大可能速度为 $v_{\max}$,最大可能加速度为 $a_{\max}$,最大可能加加速度为 $\dot{a}_{\max}$,限制相参积累时间内,信号不会出现跨距离单元和跨多普勒单元,MTD 相参积累时间应满足:

$$\begin{cases} v_{\max} T_{M,\text{Range}} + \dfrac{1}{2} a_{\max} T_{M,\text{Range}}^2 + \dfrac{1}{6} \dot{a}_{\max} T_{M,\text{Range}}^3 \leqslant \dfrac{c}{2B_s} \\ \dfrac{2 a_{\max} T_{M,\text{Doppler}} + \dot{a}_{\max} T_{M,\text{Doppler}}^2}{\lambda} \leqslant \dfrac{1}{T_{M,\text{Doppler}}} \end{cases} \tag{5.41}$$

式中:$T_{M,\text{Range}}$ 为 MTD 被距离单元限制的最大相参积累时间,$T_{M,\text{Doppler}}$ 表示 MTD 被多普勒单元限制的最大相参积累时间。

RFT 相参积累时间应满足

$$\begin{cases} \dfrac{1}{2}a_{\max}T_{R,\text{Range}}^2 + \dfrac{1}{6}\dot{a}_{\max}T_{R,\text{Range}}^3 \leqslant \dfrac{c}{2B_s} \\ \dfrac{2a_{\max}T_{R,\text{Doppler}} + \dot{a}_{\max}T_{R,\text{Doppler}}^2}{\lambda} \leqslant \dfrac{1}{T_{R,\text{Doppler}}} \end{cases} \quad (5.42)$$

式中：$T_{R,\text{Range}}$ 为 RFT 被距离单元限制的最大相参积累时间；$T_{R,\text{Doppler}}$ 为 RFT 被多普勒单元限制的最大相参积累时间。

提出的 PRPFT 算法相参积累时间应满足：

$$\begin{cases} \dfrac{1}{6}\dot{a}_{\max}T_{P,\text{Range}}^3 \leqslant \dfrac{c}{2B_s} \\ \dfrac{\dot{a}_{\max}T_{P,\text{Doppler}}^2}{\lambda} \leqslant \dfrac{1}{T_{P,\text{Doppler}}} \end{cases} \quad (5.43)$$

式中：$T_{P,\text{Range}}$ 为 RFT 被距离单元限制的最大相参积累时间；$T_{P,\text{Doppler}}$ 为 RFT 被多普勒单元限制的最大相参积累时间。一般地，$T_{M,\text{Doppler}}$、$T_{R,\text{Doppler}}$、$T_{P,\text{Doppler}}$ 相对小于 $T_{M,\text{Range}}$、$T_{R,\text{Range}}$、$T_{P,\text{Range}}$，因此 MTD、RFT、PRPFT 的最大相参积累时间分别近似为 $T_{M,\text{Doppler}}$、$T_{R,\text{Doppler}}$、$T_{P,\text{Doppler}}$，容易看出 $T_{P,\text{Doppler}} \geqslant T_{R,\text{Doppler}} \geqslant T_{M,\text{Doppler}}$。实际上，相参积累时间一般由三个因素决定：相参积累增益、目标加速度、雷达波速驻留时间。假设雷达波束驻留时间为 T_i，相参积累增益为 T_{CIT}，PRPFT 最大相参积累时间可表示为

$$T_P = \min(T_{\text{CIT}}, T_{P,\text{Doppler}}, T_i) \quad (5.44)$$

对于现代新型相控阵雷达，波束驻留时间 T_i 可以延长到很长（例如相关文献中提到的凝视雷达、泛探雷达等），对于微弱目标，T_{CIT} 也会比较大才能满足检测性能要求，因此，PRPFT 的相参积累时间 T_P 很大程度上取决于 $T_{P,\text{Doppler}}$，从式（5.42），$T_{P,\text{Doppler}}$ 取决于

$$T_{R,\text{Doppler}} \leqslant \left(\dfrac{\lambda}{\dot{a}_{\max}T_{T_{R,\text{Doppler}}}}\right)1/3 \quad (5.45)$$

从式（5.45）可以看出，提出的 PRPFT 相参积累时间仅取决于目标的加加速度，因此，相参积累时间和相参积累的性能得到了很大的提高。

2. 计算复杂度比较

提出的 PRPFT 方法比传统的 MTD 方法、RFT 方法计算量大，如果不采用多分辨率搜索的方法，$n_v = N_v$，$n_a = N_a$，2 阶的 PRPFT 和 MTD，RFT 计算量比较见表 5.2。

表 5.2 MTD、RFT 和 PRPFT 计算量比较

方　　法	FFT-Based
PRPFT	$N_r N_v N_{af} \left(\dfrac{N_P \lg_2^{N_P}}{2} I_m + N_P \lg_2^{N_P} I_a \right)$
RFT	$N_r N_v \left(\dfrac{N_R \lg_2^{N_R}}{2} I_m + N_R \lg_2^{N_R} I_a \right)$
MTD	$N_r \left(\dfrac{N_M \lg_2^{N_M}}{2} I_m + N_M \lg_2^{N_M} I_a \right)$

注：I_m 为复数乘法；I_a 为复数加法

表 5.2 中，N_M、N_R、N_P 分别表示 MTD、RFT、PRPFT 三种方法脉冲积累个数。N_v 表示 RFT 和 PRPFT 的速度步进搜索个数。如表 5.2 计算，N_v = 2round($v_{\max}/\Delta vr$) + 1。N_{af} 加速度步进搜索个数 PRPFT，如表 5.2 计算，N_a = 2round($a_{\max}/\Delta a_f$) + 1。

我们可以利用多分辨率搜索的方法降低计算量，如算法执行流程所示，N_v 将降低到 fix($\lg_{n_v}^{N_v}$)·n_v + rem(N_v, n_v)，N_a 将降低到 fix($\lg_{n_a}^{N_a}$)·n_a + rem(N_a, n_a)，式中，fix(·) 表示取 (·) 内靠近 0 的整数，ram(a, b) 表示取 a 被 b 除后的余数。然后，任何事物都有两面性，计算复杂度降低的同时，积累性能将会降低。因此，在实际的应用中合理选择 n_v、n_a、N_P，以保证实时性要求。

3. 检测性能比较

下面假设临近空间目标相参积累期间 RCS 近似不变，分别分析 MTD、RFT 和 PRPFT 三种方法的检测性能。

MTD 的积累信噪比增益近似为

$$N_{a,\mathrm{MTD}} = \left\{ \max\left(\left| \mathrm{FFT}\left(\mathrm{sinc}\left(\frac{\lambda B_s}{2c} \sum_{l=1}^{k} \alpha_l (nT_r)^l \right) \cdot \right.\right.\right.$$
$$\left.\left.\left. \exp\left(j \sum_{l=2}^{k} \alpha_l (nT_r)^l \right) \Big|_{n=0,1,2,\cdots,N-1} \right) \right| \right)\right\}^2 / N_{a,M} \quad (5.46)$$

式中：$N_{a,\mathrm{MTD}}$ 为 MTD 积累增益；$N_{a,M}$ 为 MTD 处理时脉冲积累数；$\mathrm{sinc}(x) = \sin(x)/x$，代表 sinc 函数。

RFT 的积累信噪比增益近似为

$$N_{a,\mathrm{RFT}} = \left\{ \max\left(\left| \mathrm{FFT}\left(\mathrm{sinc}\left(\frac{\lambda B_s}{2c} \sum_{l=1}^{k} \alpha_l (nT_r)^l \right) \cdot \right.\right.\right.$$
$$\left.\left.\left. \exp\left(j \sum_{l=2}^{k} \alpha_l (nT_r)^l \right) \Big|_{n=0,1,2,\cdots,N-1} \right) \right| \right)\right\}^2 / N_{a,R} \quad (5.47)$$

式中：$N_{a,\text{RFT}}$ 为 RFT 积累增益；$N_{a,R}$ 为 RFT 处理时脉冲积累数。

PRPFT 的积累信噪比增益近似为

$$N_{a,\text{PRPFT}} = \left\{ \max\left(\left| \text{FFT}\left(\text{sinc}\left(\frac{\lambda B_s}{2c} \sum_{l=3}^{k} \alpha_l (nT_r)^l \right) \cdot \right.\right.\right.$$
$$\left.\left.\left. \exp\left(j \sum_{l=3}^{k} \alpha_l (nT_r)^l \right) \right|_{n=0,1,2,\cdots,N-1} \right) \right| \right) \right\}^2 / N_{a,P} \tag{5.48}$$

式中：$N_{a,\text{PRPFT}}$ 为 PRPFT 积累增益；$N_{a,P}$ 为 PRPFT 处理时脉冲积累数。

根据式（5.48），容易得到，三种方法的检测概率 P_d 可分别表示为

$$P_{d,\text{MTD}} = \text{marcumq}(\sqrt{2N_{a,\text{MTD}}\text{SNR}_0}, \sqrt{2\ln(1/P_{f,\text{MTD}})}) \tag{5.49}$$

$$P_{d,\text{RFT}} = \text{marcumq}(\sqrt{2N_{a,\text{RFT}}\text{SNR}_0}, \sqrt{2\ln(1/P_{f,\text{RFT}})}) \tag{5.50}$$

$$P_{d,\text{PRPFT}} = \text{marcumq}(\sqrt{2N_{a,\text{PRPFT}}\text{SNR}_0}, \sqrt{2\ln(1/P_{f,\text{PRPFT}})}) \tag{5.51}$$

式中：SNR_0 为单个回波信号信噪比；$P_{f,\text{MTD}}$ 为 MTD 方法需要的虚警概率；$P_{f,\text{RFT}}$ 为 RFT 方法需要的虚警概率；$P_{f,\text{PRPFT}}$ 为 RFT 方法需要的虚警概率；marcumq($\cdot$, $\cdot$) 为 marcumq 函数。一般来说，由于提出的方法有多个独立假设，因此，$P_{f,\text{PRPFT}}$ 需求要高于 $P_{f,\text{MTD}}$ 和 $P_{f,\text{RFT}}$，但这对检测概率提高的相关结论的影响不大，这一点将在仿真分析部分详细分析。

从式（5.46）~式（5.51）可以看出，三种方法比较，我们提出的 PRPFT 方法积累信噪比增益最大，同时给定相同的单目标信噪比 SNR_0 情况下，对应的检测概率也最大。进一步，可以分别得到与积累增益呈比例的积累信号信噪比：

$$\text{SNR}_{\text{MTD}} = \frac{p_t G^2 \lambda^2 D N_{a,\text{MTD}} \sigma}{(4\pi)^3 kTBFLR^4} \tag{5.52}$$

$$\text{SNR}_{\text{RFT}} = \frac{p_t G^2 \lambda^2 D N_{a,\text{RFT}} \sigma}{(4\pi)^3 kTBFLR^4} \tag{5.53}$$

$$\text{SNR}_{\text{RPFT}} = \frac{p_t G^2 \lambda^2 D N_a \sigma}{(4\pi)^3 kTBFLR^4} \tag{5.54}$$

同时，根据积累增益，可以对应的得到三种方法对应的最小可检测 RCS：

$$\sigma_{\min,\text{MTD}} = \frac{(4\pi)^3 kT_s BFLR_T^4 \text{SNR}_{\min}}{p_t G^2 \lambda^2 D N_{a,\text{MTD}}} \tag{5.55}$$

$$\sigma_{\min,\text{RFT}} = \frac{(4\pi)^3 kT_s BFLR_T^4 \text{SNR}_{\min}}{p_t G^2 \lambda^2 D N_{a,\text{RFT}}} \tag{5.56}$$

$$\sigma_{\min,\text{PRPFT}} = \frac{(4\pi)^3 kT_s BFLR_T^4 \text{SNR}_{\min}}{p_t G^2 \lambda^2 D N_{a,\text{PRPFT}}} \tag{5.57}$$

由于最大作用距离 $R_{\max}$ 与积累增益的 4 次方成反比，三种方法的最大作用距离分别为

$$R_{\max,\mathrm{MTD}} = \left(\frac{p_t G^2 \lambda^2 \sigma D N_{a,\mathrm{MTD}}}{(4\pi)^3 k T_s BFL\mathrm{SNR}_{\min}}\right)^{1/4} \quad (5.58)$$

$$R_{\max,\mathrm{RFT}} = \left(\frac{p_t G^2 \lambda^2 \sigma D N_{a,\mathrm{RFT}}}{(4\pi)^3 k T_s BFL\mathrm{SNR}_{\min}}\right)^{1/4} \quad (5.59)$$

$$R_{\max,\mathrm{PRPFT}} = \left(\frac{p_t G^2 \lambda^2 \sigma D N_{a,\mathrm{PRPFT}}}{(4\pi)^3 k T_s BFL\mathrm{SNR}_{\min}}\right)^{1/4} \quad (5.60)$$

由式（5.52）~式（5.60），提出的 PRPFT 算法在同一距离上能检测最微弱的目标，对于同一 RCS 目标，PRPFT 算法的检测距离最远。

5.4.5 仿真实验

1. 仿真条件

假设雷达信号为线性调频信号，脉冲宽度 $T_P = 500\mu s$，信号带宽 $B_s = 1\mathrm{MHz}$，雷达波长 $\lambda = 0.15\mathrm{m}$，距离分辨率 $R_m = 150\mathrm{m}$，信号采样频率 $f_s = 2\mathrm{MHz}$，波束宽度 $\theta_\beta = 6°$，脉冲重复频率 $f_p = 600\mathrm{Mz}$；假设同时存在 3 个高超声速目标，目标 1 和目标 2 径向飞行，目标 1 径向距离为 470km，径向速度为 3400m/s，径向加速度为 98m/s²，目标 3 径向距离为 530km，径向速度为 3400m/s，径向加速度为 0m/s²，目标 2 切向飞行，目标 2 的径向距离为 500km，径向速度为 0m/s，径向加速度为 98m/s²，脉冲积累个数为 100 个，假设脉冲压缩前的信噪比 $\mathrm{SNR}_1 = -20\mathrm{dB}$，噪声为标准白噪声，其标准差为 1，为了说明本方法的优越性，针对仿真实验条件，分别用传统的 MTD 方法、RFT 方法，以及本方法提供的 PRPFT 方法，分别对雷达信号进行相参积累（表 5.3）。

表 5.3 目标仿真参数 I

参　　数	目标 1	目标 2	目标 3
R_0/km	470	500	530
v_r/(m/s)	3400	0	3400
a_r/(m/s²)	98	98	0

2. 不同场景和不同 SNR 条件下的仿真分析

（1）为了证明提出算法的性能，在无噪声环境下，经过脉冲压缩后信号分布如图 5.15 所示。

在图 5.15（b）中，在相参积累时间 1/6s 内目标 1 和目标 3 距离走动近似

为568m，由于雷达距离分辨单元 $\Delta r = c/(2B_s) = 150\text{m}$，目标距离走动跨了约4个距离门。脉冲压缩后，3个目标信号幅度近似相等，由于超高速的对脉冲压缩的影响，目标1和目标3的信号采样后的振幅有微弱的波动，如图5.15（a）所示。

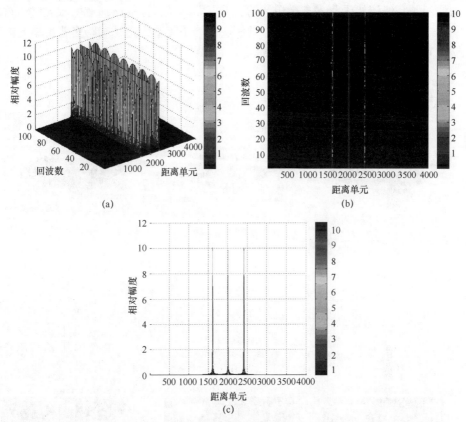

图5.15 经过脉冲压缩后信号分布图
（a）$x-y-z$视图；(b) $x-y$视图；(c) $x-z$视图。

（2）假设信号幅度 $A = -10\text{dB}$，脉压后信号分别用MTD、RFT、PRPFT进行相参积累后的信号距离-多普勒分布如图5.16所示。

从图5.16（a）可以看出，3个目标利用传统MTD方法能量都不能聚焦到一点。因为由于目标3高速度引起的距离走动，MTD后的积累能量沿着距离单元方向扩展；由于目标2多普勒走动，MTD后的积累能量沿着多普勒方向扩展了；由于目标1的距离走动和多普勒走动，MTD后的积累能量沿着距离和多普勒两个方向都扩展了。从图5.16（b）可以看出，利用RFT方法可以将目标3的能量很好地聚集，但是目标1和目标2，由于多普勒走动，积累能量沿着多普勒方向扩展了。从图 5.16（c）可以看出，作者提出的 PRPFT 方法能将目标 1、目标 2、目标 3 的能量进行聚焦。进一步，从图 5.16（a1）、(b1)、(c1) 可知，应用 MTD 对高超声速目标积累时，MTD 受到跨距离单元走动和跨多普勒单元的影响，使其性能极大降低，RFT 虽然解决了跨距离门走动的问题，但依然受跨多普勒单元的影响，尤其是目标径向加速度较大时，这一影响非常明显，提出的方法很好地解决了跨距离单元走动和跨多普勒单元走动的问题，使得能量很好地聚焦到一点。

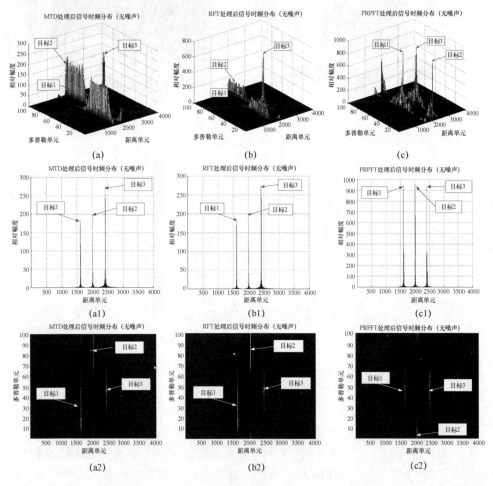

图 5.16　不同方法相参积累后信号距离 - 多普勒分布
(a) MTD；(b) RFT；(c) PRPFT；
(a1) MTD 方法（x-z 视图）；(b1) RFT 方法（x-z 视图）；(c1) PRPFT 方法（x-z 视图）；
(a2) MTD 方法（x-y 视图）；(b2) RFT 方法（x-y 视图）；(c2) PRPFT 方法（x-y 视图）。

通过以上分析，可以得出以下一些结论：

① RFT 是 PRPFT 的一种特殊情况，RFT 受限于目标加速度，PRPFT 将极大地提高低信噪比、高速度、高机动目标的检测性能，如仿真中的目标 1。

② RFT 只补偿距离走动，因而只能得到目标的径向速度估计。提出的 PRFT 方法，同时补偿速度、加速度，也能同时得到目标的径向速度、径向加速度估计。

③ 由于提出 PRPFT 算法计算量要大于 RFT 方法，我们可以采取多分辨率参数空间搜索的方法，提供一种在检测性能和计算实时性折中选择的可能性。

（3）假设脉压后的信号信噪比 $SNR_1 = -20dB$，噪声标准差为 1，脉冲压缩后信号分布如图 5.17 所示。

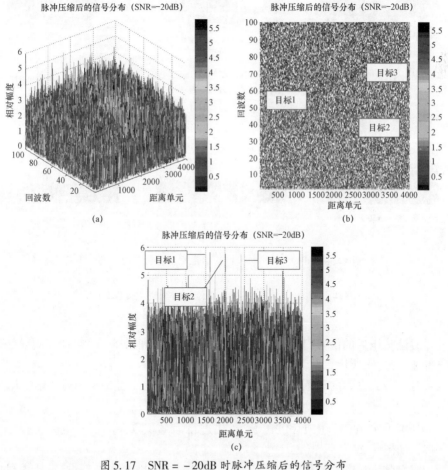

图 5.17　SNR = -20dB 时脉冲压缩后的信号分布
（a）x-y-z 视图；（b）x-y 视图；（c）x-z 视图。

对于仿真设定的参数,信号的脉压比 $D = B_s T = 500$,理论上脉冲压缩后的信噪比为

$$\text{SNR}_{a_1} = \text{SNR}_1 + 20\lg(\sqrt{D}) \approx 6\text{dB} \quad (5.61)$$

分别采样 MTD、RFT 和 PRPFT 方法进行信号积累后的信号距离 – 多普勒分布如图 5.18 所示。

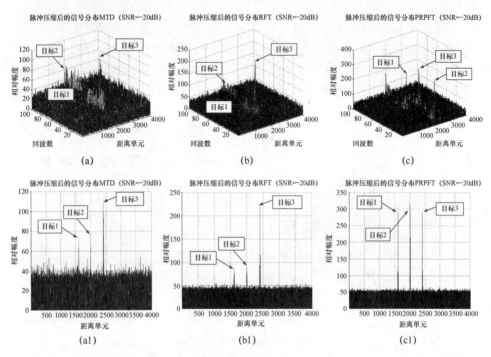

图 5.18　SNR = −20dB 时三种方法相参积累后信号的信号距离 – 多普勒分布
(a) MTD 方法;(b) RFT 方法;(c) PRPFT 方法;
(a1) MTD 方法 (x-z 视图);(b1) RFT 方法 (x-z 视图);
(c1) PRPFT 方法 (x-z 视图)。

假设脉压后的信号信噪比 $\text{SNR}_2 = 26\text{dB}$,噪声标准差为 1,脉冲压缩后信号分布如图 5.19 所示。

对于仿真设定的参数,信号的脉压比为 D,理论上脉冲压缩后的信噪比为

$$\text{SNR}_{a_2} = \text{SNR}_2 + 20\lg(\sqrt{D}) \approx 0\text{dB} \quad (5.62)$$

分别采用 MTD、RFT 和 PRPFT 方法进行信号积累后的信号距离 – 多普勒分布,如图 5.20 所示。

假设脉压后的信号信噪比 $\text{SNR}_2 = -30\text{dB}$,噪声标准差为 1,脉冲压缩后信号分布如图 5.21 所示。

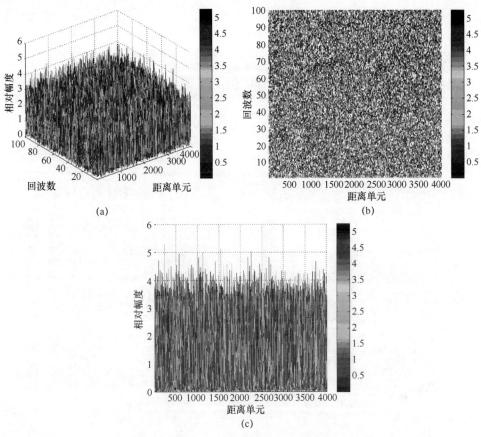

图 5.19 SNR = -26dB 时脉冲压缩后的信号分布

(a) x-y-z 视图；(b) x-y 视图；(c) x-z 视图。

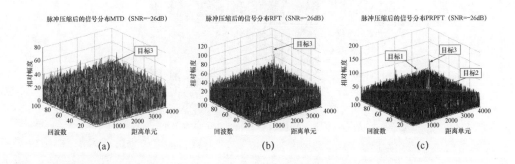

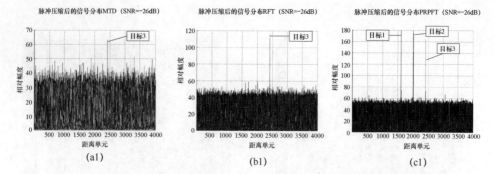

图 5.20　SNR = -26dB 时三种方法相参积累后信号的信号距离 - 多普勒分布
（a）MTD 方法；（b）RFT 方法；（c）PRPFT 方法；
（a1）MTD 方法（x-z 视图）；（b1）RFT 方法（x-z 视图）；（c1）PRPFT 方法（x-z 视图）。

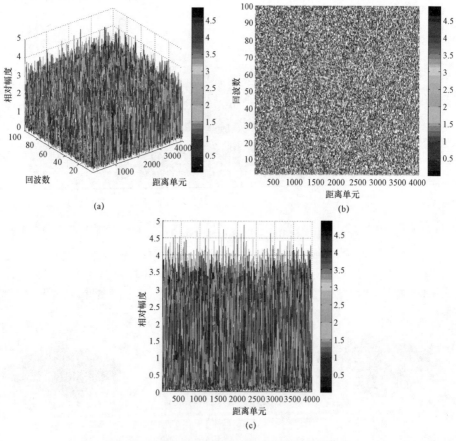

图 5.21　SNR = -30dB 时脉冲压缩后的信号分布
（a）x-y-z 视图；（b）x-y 视图；（c）x-z 视图。

对于仿真设定的参数，信号的脉压比为 D，理论上脉冲压缩后的信噪比 SNR_{a3} 为

$$SNR_{a3} = SNR_3 + 20\lg(\sqrt{D}) \approx -4\text{dB} \qquad (5.63)$$

分别采样 MTD、RFT 和 PRPFT 方法进行信号积累后的信号距离 – 多普勒分布，如图 5.22 所示。

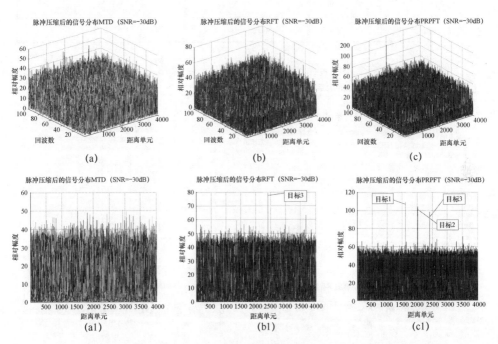

图 5.22　SNR = −30dB 时三种方法相参积累后信号的信号距离 – 多普勒分布
（a）MTD 方法；（b）RFT 方法；（c）PRPFT 方法；
（a1）MTD 方法（x-z 视图）；（b1）RFT 方法（x-z 视图）；（c1）PRPFT 方法（x-z 视图）。

从图 5.19 ~ 图 5.22 可以看出，由于多普勒徙动，目标 1 和目标 2 能量扩展比较严重，因此，最大能量也降低，相应的检测概率也降低了。从图 5.22 的（a1）、（b1）可以看出，目标 1 和目标 2 不能被 MTD 和 RFT 检测到。而目标 3 只有距离走动，可以被 RFT 检测到，但是由于距离走动，不能被 MTD 检测到。这三个目标均能被提出的 PRPFT 检测到，证明了提出方法的优越性。

（4）为了进一步证明 PRPFT 方法的有效性，将提出的 PRPFT 方法与另一类方法——基于时频分析的方法进行比较，S-Method 方法是一种新颖的、具有代表性的时频分析方法，设置仿真参数如表 5.4 所示。

表5.4 目标仿真参数 II

参数	目标4	目标5	目标6
R_0/km	450	500	550
$v_r/(\mathrm{m/s})$	3400	0	0
$a_r/(\mathrm{m/s^2})$	98	98	98
$\dot{a}_r/(\mathrm{m/s^3})$	0	0	200

假设脉冲压缩之前的信噪比分别为 $-20\mathrm{dB}$、$-30\mathrm{dB}$，利用 MTD、S-Method，以及提出的 PRPFT 分别进行相参积累后分别如图 5.23 所示。

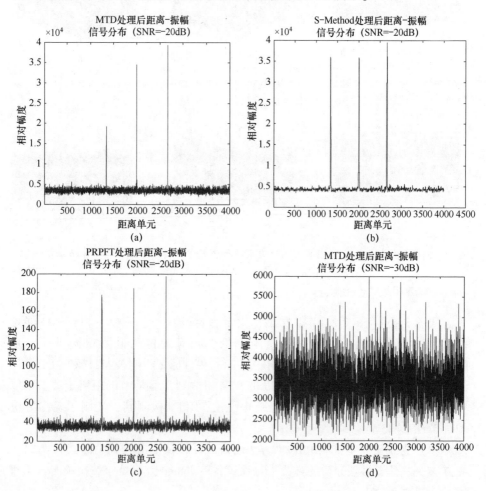

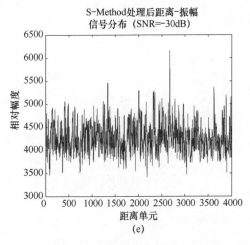 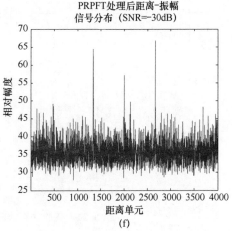

图 5.23 不同信噪比情况下 MTD、S-Method、PRPFT 方法相参积累后的信号
(a) MTD 方法（-20dB）；(b) S-Method 方法（-20dB）；(c) PRPFT 方法（-20dB）；
(d) MTD 方法（-30dB）；(e) S-Method 方法（-30dB）；(f) PRPFT 方法（-30dB）。

从图 5.23 可以看出，S-Method 方法只补偿多普勒走动，当目标高速机动导致跨距离门走动和跨速度门走动时，S-Method 性能将下降，PRPFT 能同时补偿距离走动和多普勒走动，当信噪比较低时，积累增益好于 S-Method。

(5) 利用实验得到的数据进行验证。用采集的相关数据与仿真数据整合后进行验证。脉冲积累个数为 64，重复频率为 2ms，脉宽为 500μs，带宽为 1M，距离分辨力为 150m。模拟的临近空间高超声速目标进行径向运动，径向速度为 $10Ma$，径向加速度为 10g，不同方法的处理结果如图 5.24 所示。

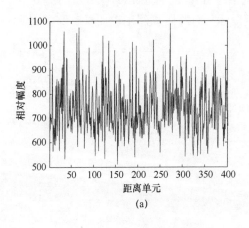 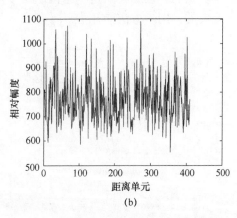

(a)   (b)

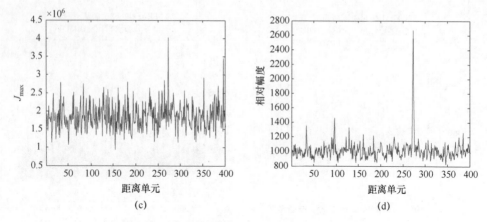

图 5.24 实验数据的不同方法相参积累处理结果
(a) MTD 方法；(b) RFT 方法；(c) S-Method 方法；(d) PRPFT 方法。

(6) 不同方法在不同目标场景下的检测概率分析。

由于提出的 PRPFT 方法搜索补偿径向速度、径向加速度，甚至急动度（加加速度），这样将可能引入多个独立假设，这意味着对于相同虚警概率条件下，相比传统的相参积累方法可能需要一个更高的检测门限。为了进一步证明 PRPFT 的有效性，令 $P_{FA} = 0.00025$，脉冲积累 64 次，对各种场景蒙特卡罗仿真 100 次，不同场景下目标脉冲压缩前信噪比与检测概率的关系如图 5.25 所示。

从图 5.25 可以看出，在目标速度为 $10Ma$，加速度为 $10g$ 的条件下，达到 0.8 检测概率时，提出的方法 PRPFT 方法比传统的 MTD 方法提高约为 7dB。在仿真的临近空间高超声速目标相参积累过程中，传统的 MTD 方法总是比较低效的，RFT 方法能补偿距离走动，当目标只有跨距离门走动而没有跨多普勒

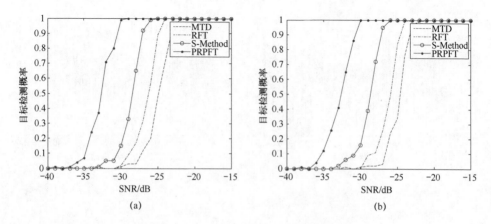

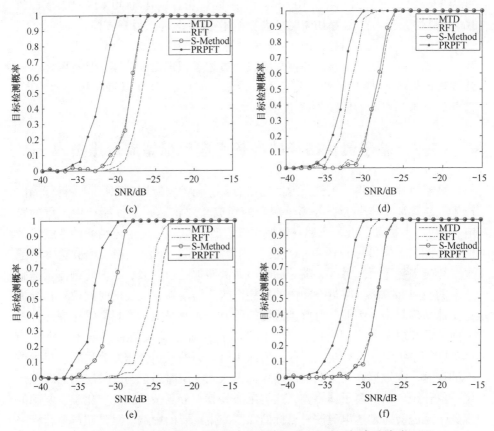

图 5.25 不同场景下目标脉冲压缩前信噪比与检测概率的关系

(a) $v=10Ma$, $a=10g$; (b) $v=10Ma$, $a=10g$, $\dot{a}=100m/s^3$;
(c) $v=10Ma$, $a=5g$; (d) $v=10Ma$, $a=1g$; (e) $v=0$, $a=10g$, $\dot{a}=100m/s^3$; (f) $v=10g$, $a=0$。

门走动时,提出的 PRPFT 方法的检测性能与 RFT 方法近似;当同时存在跨距离门走动和跨多普勒门走动时,PRPFT 方法随着目标径向加速度的增大,性能优越性变得更加明显。S-Method 方法只在多普勒维进行聚焦,没有补偿距离走动,因此,当目标与雷达之间径向速度等于零或者不太大,径向加速度较大时(如图 5.25(f)),S-Method 方法与 PRPFT 方法性能近似;当同时存在跨距离门走动和跨多普勒门走动时,PRPFT 方法随着目标径向速度的增大,性能优越性变得更加明显。

由上分析可知,理论上,只要相参积累时间足够长,可以检测出任意低信噪比的目标。但是,一方面,由于雷达搜索目标时,波束驻留时间有限,如前分析,假设雷达回波时宽为 500μs,搜索空域为 30°,搜索周期为 2s,波束宽度为3°，雷达占空比一般在10%~40%之间，当占空比为40%时最大能积累160个脉冲，当占空比为10%时最大能积累40个脉冲；另一方面，时间长了，即使能保证有稳定的目标回波，目标的姿态变化会使回波失去相参性，使相参积累性能下降。因此，雷达在搜索阶段通过相参积累提高信噪比是有限的，还需要考虑轨迹TBD非相参的混合积累检测，但传统TBD以直线运动为前提，需要研究未知机动的曲线TBD技术。

5.5 基于最优路径的高超声速目标尾流聚焦技术

高超声速目标再入大气层返回地球时，会与大气层剧烈摩擦，在目标周围产生一层等离子体鞘套，等离子鞘套的形成会对雷达探测性能产生严重的影响，例如，"神舟"九号飞船在返回大气层时，由于等离子体鞘套的存在，曾使雷达探测丢失目标长达4min，随着我国航天事业不断发展，解决这类问题也变得越来越重要。另外，随着高超声速武器地迅速发展，我国防御体系面临严重的威胁和挑战。临近空间内的高超声速武器能够在极短的时间内对目标进行快速精确打击，因此，对此类武器的研究，尤其是在此类目标雷达探测性能方面的研究成了各个国家的重点。由于高超声速武器具有极高的末端突防速度，防御系统无法进行多次拦截，所以预警时间的长短变得尤为重要。根据前期的探测研究数据表明，高超声速目标再入大气层时还会与大气层剧烈摩擦产生一段长距离的等离子体尾迹，这类尾流具有十分复杂的物理、化学、气动的现象，尾流会对雷达电磁波对目标的探测产生重要的影响。对高超声速目标尾流的雷达回波进行研究具有十分重要的意义，它不仅可以协助卫星的回收，跟踪再入大气层的返回舱，还可以对弹道导弹这一类战略威胁武器进行探测和识别，这将对争取更长空间预警时间产生重要的意义。

第3章对高超声速目标及其尾流的特性进行了分析，接下来将研究一种高超声速目标尾流的检测算法，它基于一种最优路径搜索算法，将作为扩展目标研究的高超声速目标尾流凝聚成点目标进行检测。

5.5.1 最优路径点迹搜索基本思路

雷达在对高超声速目标尾流这一类扩展目标进行检测时，目标回波会在雷达显示屏上留下多个甚至一片目标点。本书研究的高超声速目标尾流检测算法是以取雷达的一帧图像为研究前提，基于一种最优路径搜索算法，搜索出最优路径，再将路径上的点迹信号能量进行积累，增加检测的信噪比，最终将扩展目标凝聚成点目标。

1. 离散化

算法的第一步就是将雷达的屏幕按照设定的方位和距离单元进行规范化离散。如图 5.26 所示，拟定的雷达性能参数为探测距离达 r_{max} km，探测角度范围为 θ_{max}，在离散化的过程中将每个距离单元设为 Δ_r m，角度单元设为 Δ_θ。

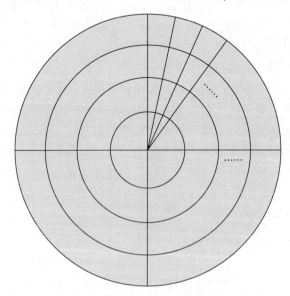

图 5.26 雷达屏幕离散化示意图

$$N_r = \frac{r_{max}}{\Delta_r}$$

$$N_\theta = \frac{\theta_{max}}{\Delta_\theta} \tag{5.64}$$

根据式（5.64）可以将雷达屏幕离散化分为 N_r 个距离单元和 N_θ 个方位角度单元，这样就完成了第一步对雷达显示屏幕进行离散分割的工作，将原本完整显示的雷达屏幕具体地分割成小单元格，为下一步探测数据的记录打好基础。

2. 点迹数据处理和记录

前面提到高超声速目标尾流在雷达屏幕上显示为一段长度较长的雷达图像，当作典型的扩展目标来研究。所以根据前一步的雷达屏幕离散化工作，可以将这一目标的雷达图像按照所分好的单元格进行分割，将每一个单元格内的数据通过坐标的形式表现出来之后再进行进一步分析。

假设单个信号点的位置信息为方位 X、距离 Y，那么它在雷达离散化屏幕

后的坐标为

$$\left(\left[\frac{X}{\Delta_\theta}\right],\left[\frac{Y}{\Delta_r}\right]\right) \tag{5.65}$$

式（5.65）代表方位距离分别除以相应的方位和距离单元再取整数部分。

例如，雷达离散化的距离单元 N_r 为 5km，方位角度单元 N_θ 为 5°，某个信号点的位置信息为方位 Q，距离为 26km，那么根据式（5.65）可以得到它在离散雷达屏幕上的位置坐标为（5，5）。

为了方便理解，下面拟定一个 6×6 的矩阵 A 来模拟雷达屏幕离散之后的部分图像，表 5.5 中数字代表该单元格内信号位置点的最大信号强度。假设每个单元格内的初始信号强度值都为 0，根据离散化标准应该可以得到一个以方位为行、距离为列的矩阵。根据设定的检测门限每一个单元格内会有一个或者多个回波点，当存在多个回波点时将记录能量强度最大点的能量值，当然也存在单元格内不存在回波点的情况，这时保留初始值 0。

表 5.5 数据记录

列 (R) 行 (θ)	1	2	3	4	5	6
1	0	1	3	3	3	2
2	1	7	1	4	5	3
3	5	4	2	2	8	5
4	2	2	6	1	2	8
5	2	3	2	1	3	0
6	1	2	3	2	3	1

另外在记录信号时将单元格内的信号能量最大值点的方位距离高度以及脉冲回波幅值进行记录保留。

前面主要介绍了通过离散化的方法将高超声速目标尾流这一类扩展目标的雷达图像分割成具体的微小单元的方法。最优路径搜索法[10]是在扩展目标雷达显示离散化的基础上对记录的信号数据进行计算分析，从而搜索出目标信号点迹的分布曲线，最后沿着这条曲线进行能量累加，增大目标的可检测性。

下面以 6×6 的矩阵 A 为例，简要说明搜索最优路径的过程。矩阵 A 代表的是尾流扩展目标在离散化雷达屏幕上信号能量相对大小的分布情况，这里假设所允许的最大进步单元为 1（表 5.6）。

表 5.6　模拟数值

列 (R) 行 (θ)	1	2	3	4	5	6
1	0	1	3	3	3	2
2	1	7	1	4	5	3
3	5	4	2	2	8	5
4	2	2	6	1	2	8
5	2	3	2	1	3	0
6	1	2	3	2	3	1

第一步，搜索每一列的最大值，如表 5.7 所示为带有下划线的数值为每列的最大值。

表 5.7　每列最大值

列 (R) 行 (θ)	1	2	3	4	5	6
1	0	1	3	3	3	2
2	1	<u>7</u>	1	<u>4</u>	5	3
3	<u>5</u>	4	2	2	<u>8</u>	5
4	2	2	<u>6</u>	1	2	<u>8</u>
5	2	3	2	1	3	0
6	1	2	3	2	3	1

然后需要做的是记录每一列最大值的位置，并且按照从大到小的顺序将这些最大值进行排列。如表 5.8 所示。

表 5.8　最大值位置

最　大　值	4	5	6	7	8	8
所在列数	4	1	3	2	6	5
所在行数	2	3	4	2	4	3

接着按照表 5.6 所列出的最大值顺序，依次进行路径搜索。在表 5.9 中，首先以第五列第三行的 8 为起点，先看右边的第六列，第六列第二、三、四行的三个值为 3、5、8，显然 8 在这三个值中为最大，所以 8 成为搜索路径上的一点，并将其加上下划线。接着看左边的第四列，第四列第二、三、四行的 3

个值为4、2、1,可以得到4最大,所以4成为一个路径点,将其加上下划线;再往左是第三列,第三列第一、二、三行的值是3、1、2,式中3最大,所以也将3作为式中一个路径点,加上下划线,以此类推,得到如表5.9所示的点迹搜索路径。

表5.9 路径1搜索

列(R) 行(θ)	1	2	3	4	5	6
1	0	1	<u>3</u>	3	3	2
2	1	<u>7</u>	1	<u>4</u>	5	3
3	<u>5</u>	4	2	2	<u>8</u>	5
4	2	2	6	1	2	<u>8</u>
5	2	3	2	1	3	0
6	1	2	3	2	3	1

按照表5.9得出的点迹搜索路径,将点迹能量值进行累加,累加得

$$E_{总1} = 5 + 7 + 3 + 4 + 8 + 8 = 35$$

然后将路径所经过的位置标记为0并标注下划线,没有经过的位置标记为1,可以得到表5.10。

表5.10 路径1点迹位置

列(R) 行(θ)	1	2	3	4	5	6
1	1	1	<u>0</u>	1	1	1
2	1	<u>0</u>	1	<u>0</u>	1	1
3	<u>0</u>	1	1	1	<u>0</u>	1
4	1	1	1	1	1	<u>0</u>
5	1	1	1	1	1	1
6	1	1	1	1	1	1

这时再来看表5.6的值,发现第六列第四行的8已经出现在了这一条路径上,所以可以不分析其所对应的路径,表5.6中的第二列第二行的7同样也在路径中出现,所以也不进行重复分析。

下面对表5.6中的第三列第四行的6值,同样按照上一条路径的分析方法,可以得到表5.11所对应的路径。

表 5.11 路径 2 搜索

列 (R) 行 (θ)	1	2	3	4	5	6
1	0	1	3	3	3	2
2	1	7	1	4	5	3
3	<u>5</u>	<u>4</u>	2	<u>2</u>	<u>8</u>	5
4	2	2	<u>6</u>	1	2	<u>8</u>
5	2	3	2	1	3	0
6	1	2	3	2	3	1

然后对路径经过点记为 0 并标下划线，没有经过的点记为 1，得到表 5.12 所示的路径。

表 5.12 路径 2 点迹位置

列 (R) 行 (θ)	1	2	3	4	5	6
1	1	1	1	1	1	1
2	1	1	1	1	1	1
3	<u>0</u>	<u>0</u>	1	<u>0</u>	<u>0</u>	1
4	1	1	<u>0</u>	1	1	<u>0</u>
5	1	1	1	1	1	1
6	1	1	1	1	1	1

再将该路径上的值进行累加，可以得到

$$E_{总2} = 5 + 4 + 6 + 2 + 8 + 8 = 33$$

表 5.8 剩下的两个值也在第一条路径内，所以也不对它们进行重复分析，因为 $E_{总1} > E_{总2}$，所以选择第一条路径作为最优路径，即为表 5.10 所示的路径。

5.5.2 质量中心法凝聚点迹

在最优路径搜索之后，可以得到一条信号能量积累最大的搜索路径，这时候就需要对路径所经过的单元格内的信号数据进行提取。根据前面的数据记录形式可以知道，路径点信号数据包含距离方位以及脉冲回波能量。接下来就是将路径点的能量根据距离方位信息进行积累压缩，从而完成将扩展目标的凝聚成点目标的工作。

点凝聚的处理简单地说就是对路径点迹数据求质心，使得搜索路径上的点迹能够在空间上凝聚成一个唯一点迹。通常点目标的凝聚方法有几何法、最大值法和质量中心法[11]等。

如前所述，高超声速目标尾流点迹数据在处理时会被分成多个单元，如果采用最大值法，会造成很大的误差；若采用几何法来处理，虽然计算上比较简单，但是它没有用到目标点迹幅度能量信息，同样会导致处理的误差比较大。最后，相比之下，还是采用了质量中心法来进行凝聚处理，质量中心法其实和质心法求凝聚点的思路相似，其本质也是一种最大似然估计，它的优点是充分考虑到了目标点迹的能量幅值的影响，相对而言，通过幅值能量加权之后点迹凝聚的可信度高，另外，在运算的过程中实现较为简单且占据存储空间较少。

这里的质量中心指的是一个假想的能量集中点，由于高超声速尾流这一类扩展目标的分布具有随机性，所以这里在对路径点的能量聚焦点的选择上需要找到一个相对稳定的位置。由于这里研究分析的是雷达一帧的图像，所以在前面提到的最优路径方法搜索出最优路径之后可以将各个路径点对应的能量聚焦到对应的质心处，完成能量的积累，增大检测的性噪比。在计算能量质心位置时参考物理上求质心的质量加权求法，本书采用的质心坐标计算公式为回波幅度值加权平均法[11]：

$$\begin{cases} M_\theta = \dfrac{\sum\limits_{i=1}^{N} \theta_i E_i}{\sum\limits_{i=1}^{N} E_i} & N = 1,2,\cdots \\ \\ M_R = \dfrac{\sum\limits_{i=1}^{N} R_i E_i}{\sum\limits_{i=1}^{N} E_i} & N = 1,2,\cdots \end{cases} \quad (5.66)$$

式中：N 为最优搜索路径上路径点的个数；θ、R、E 分别为路径点对应最大信号能量回波点的方位距离和回波脉冲幅度值。

5.5.3 检测算法的仿真与分析

1. 高超声速目标尾流检测算法的场景设置

将雷达屏幕离散化的参数设置为距离单元 N_r 为400m，方位角度单元 N_θ 为2°，雷达最远作用距离设置为200km，探测角度范围为0°~360°。这样就把雷达屏幕离散化分成500个距离单元和180个方位角度单元。然后分别在无杂波条件下和有杂波条件下分别设置场景对第3章提出的检测算法进行仿真验证。

2. 无杂波条件下的仿真场景设置

1）路径点迹的等距离差分布

点迹目标在初始距离110km、30°的方位线上进行等距离分布，距离间隔800m，点迹能量随机。

2）路径点迹的等角度差分布

点迹目标在初始距离120km、90°的距离线上进行等角度分布，角度间隔0.6°，点迹能量随机。

3）路径点迹距离随机分布

点迹目标在初始距离150km、180°的方位线上进行等距离分布，距离间隔500米，存在随机距离误差，点迹能量随机。

4）路径点迹角度随机分布

点迹目标在初始距离140km、270°的距离线上进行等角度分布，角度间隔0.6°，存在随机角度误差，点迹能量随机。

5）路径点迹随机分布

点迹目标在初始距离150km、初始方位为300°的区域模拟尾流雷达显示特征进行随机分布，存在角度和距离误差，点迹能量随机。

3. 存在杂波的的条件下的仿真场景设置

杂波条件下的场景设置同样和无杂波条件下一样，分为5种，具体参数设置也与无杂波条件下相同。

1）路径点迹的等距离差分布

点迹目标在初始距离110km、30°的方位线上进行等距离分布，距离间隔800m，点迹能量随机。

2）路径点迹的等角度差分布

点迹目标在初始距离120km、90°的距离线上进行等角度分布，角度间隔0.6°，点迹能量随机。

3）路径点迹距离随机分布

点迹目标在初始距离150km、180°的方位线上进行等距离分布，距离间隔500m，存在随机距离误差，点迹能量随机。

4）路径点迹角度随机分布

点迹目标在初始距离140km、270°的距离线上进行等角度分布，角度间隔

0.6°，存在随机角度误差，点迹能量随机。

5）路径点迹随机分布

点迹目标在初始距离150km、初始方位为300°的区域模拟尾流雷达显示特征进行随机分布，存在角度和距离误差，点迹能量随机。

4. 检测算法的仿真结果

1. 无杂波条件下的仿真结果

1）路径点迹的等距离分布仿真结果（图5.27~图5.29）

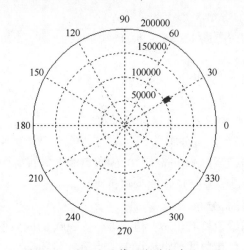

图5.27 路径点迹等距离差分布检测图

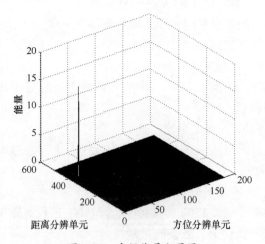

图5.28 空间能量积累图

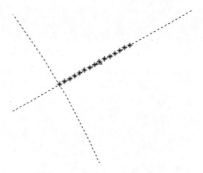

图 5.29 局部放大图

2)路径点迹等角度分布仿真结果(图 5.30 ~ 图 5.32)

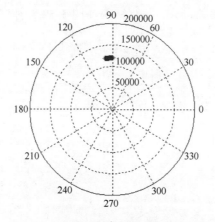

图 5.30 路径点迹等角度差分布检测图

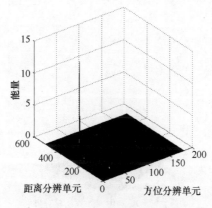

图 5.31 空间能量积累图

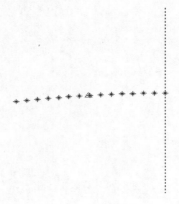

图 5.32 局部放大图

3) 路径点迹距离随机分布仿真结果（图 5.33 ~ 图 5.35）

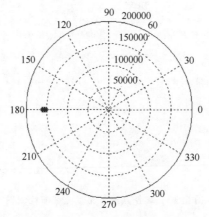

图 5.33 路径点迹距离随机分布检测图

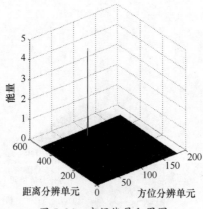

图 5.34 空间能量积累图

图 5.35 局部放大图

4）路径点迹角度随机分布仿真结果（图 5.36 ~ 图 5.38）

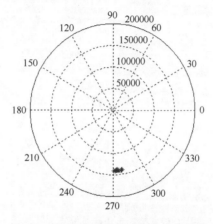

图 5.36 路径点迹角度随机分布检测图

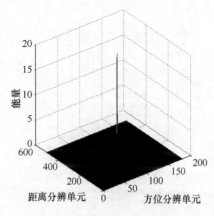

图 5.37 空间能量积累图

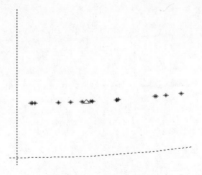

图 5.38 局部放大图

5) 路径点迹随机分布的仿真结果（图 5.39～图 5.41）

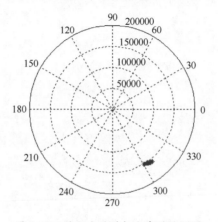

图 5.39 路径点迹随机分布的检测图

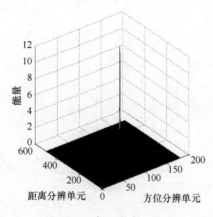

图 5.40 空间能量积累图

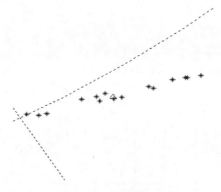

图 5.41　局部放大图

2. 存在杂波条件下的仿真结果

1）路径点迹的等距离差分布仿真结果（图 5.42～图 5.44）

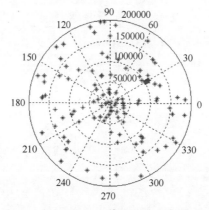

图 5.42　路径点迹的等距离差分布检测图

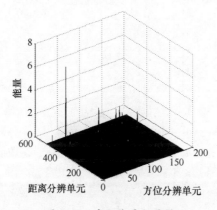

图 5.43　空间能量积累图

145

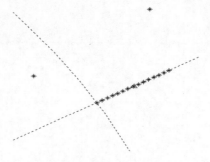

图 5.44 局部放大图

2) 路径点迹的等角度差分布仿真结果（图 5.45～图 5.47）

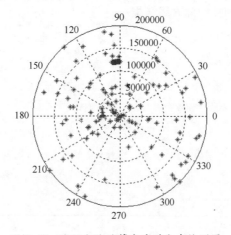

图 5.45 路径点迹的等角度差分布检测图

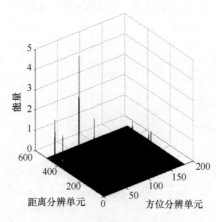

图 5.46 空间能量积累图

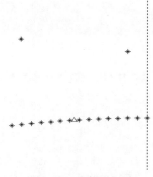

图 5.47 局部放大图

3) 路径点迹距离分随机布仿真结果（图 5.48~图 5.50）

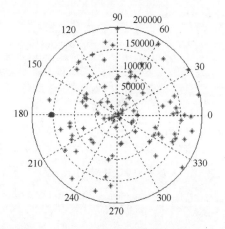

图 5.48 路径点迹距离随机分布检测图

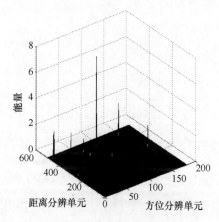

图 5.49 空间能量积累图

图 5.50 局部放大图

4) 路径点迹角度随机分布仿真结果 (图 5.51 ~ 图 5.53)

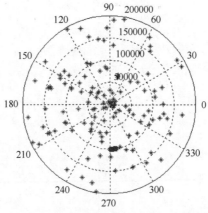

图 5.51 路径点迹角度随机分布检测图

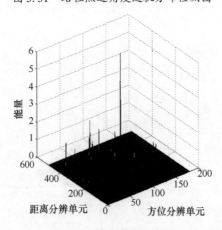

图 5.52 空间能量积累图

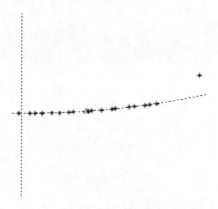

图 5.53 局部放大图

5)路径点迹随机分布仿真结果(图 5.54~图 5.56)

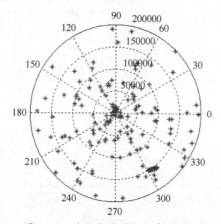

图 5.54 路径点迹随机分布检测图

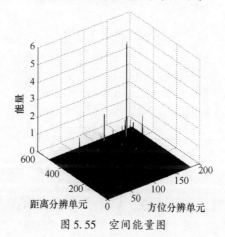

图 5.55 空间能量图

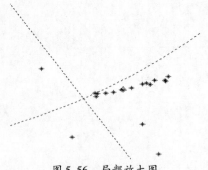

图 5.56 局部放大图

6) 不同杂波数下算法性能检测

由于高超声速目标处于高空,在高空中的杂波能量一般较小,所以仿真过程中模拟的杂波随机能量较小(图 5.57 ~ 图 5.66)。

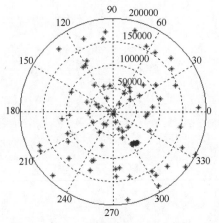

图 5.57 杂波数 90 时检测图

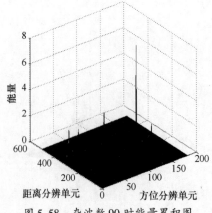

图 5.58 杂波数 90 时能量累积图

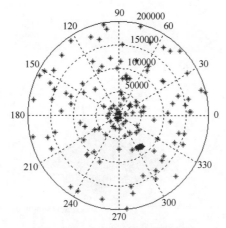

图 5.59 杂波数 150 时检测图

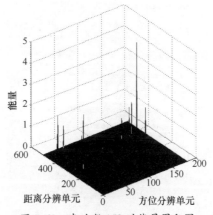

图 5.60 杂波数 150 时能量累积图

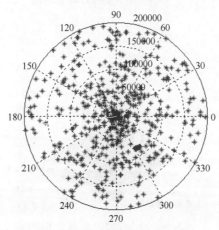

图 5.61 杂波数 350 时检测图

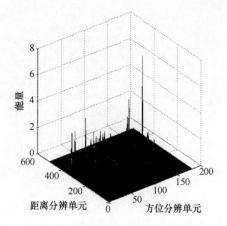

图 5.62 杂波数 350 时能量累积图

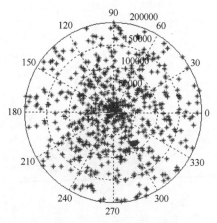

图 5.63 杂波数 500 时检测图

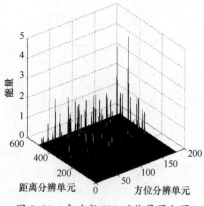

图 5.64 杂波数 500 时能量累积图

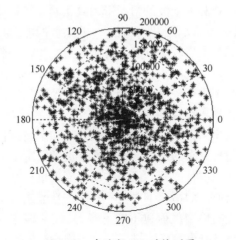

图 5.65 杂波数 700 时检测图

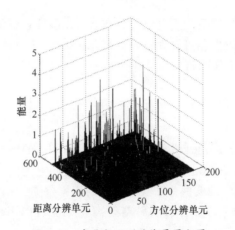

图 5.66 杂波数 700 时能量累积图

3. 检测算法的仿真结果分析

从仿真结果图来看,在无杂波的情况下,路径点迹在无误差情况下服从等距离、等角度时能量都能得到较好的积累,并且都能较精确地将多点迹凝聚到质心处。当距离和角度分别呈现随机分布时,可以从局部放大图中看到点迹的排列在相应的距离和方位处呈现不规则化,但还是能较好地实现能量积累和点迹凝聚。最后设置随机分布时,点迹在相应区域呈现无规律分布,这较符合高超声速目标尾迹的点迹分布情况。通过多次仿真得出的结果看来,在无杂波的情况下,这一算法还是能够较好地进行能量积累和点迹凝聚工作。

在有杂波的情况下,同样先分析等距离分等角度的分布,通过局部放大图可以看到，点迹的排列和无杂波的情况下大致相同，能量随机，这时这一路径的点迹能量积累在图上可以看到明显大于一些杂波的能量积累，由于不存在角度误差，所以点迹的凝聚也较为准确。再来看角度和距离分别呈现随机分布时的情况，可以看到，在相应的距离和方位上点迹同样呈现不规则化。这时可以观察到点迹的质心凝聚出现较小的偏差，这是由附近的杂波干扰引起的，通过多次仿真数据可以看到，在存在误差的情况下，点迹的凝聚精度会受到干扰，但偏差不大。在能量积累方面，还是能够较好地和杂波进行区分，能够进行检测。最后分析点迹随机分布的情况，在存在杂波的情况下，从能量的积累图看还是能够较好地与杂波进行区分，点迹的质心凝聚也较好。

最后，在不同杂波数的情况下对这一算法的性能进行了检测，随着杂波数不断增加，这一算法的检测性能也不断下降，当模拟杂波数到达 500 左右时，已经较难正常地检测点凝聚目标，进一步，当模拟杂波数达到 700 左右时，不能检测点凝聚目标。

对比有无杂波情况下的不同点迹分布所得出的仿真结果，在无杂波的情况下，这一算法的准确性和可靠性较高；当存在杂波时，点迹凝聚会有所偏差但是算法总体还是具有可行性的。

本 章 小 结

本章首先对高超声速强机动目标运动对相参积累的影响进行了分析，并对高超声速条件下回波信号模型进行了建模，针对建立的信号模型，提出了利用多项式 Hough-Fourier 的变换方法实现目标的积累检测，并针对多目标等情况，进一步扩展为 PRPFT 方法，最后针对等离子尾流可能出现的多散射点问题，提出了尾流聚焦的方法。

第6章 高速机动目标曲线轨迹帧间积累检测技术

临近空间高超声速飞行器在大气层内以 5 倍以上声速飞行时，在飞行器周围形成等离子体包覆流场，会使得目标的 RCS 起伏，在 RCS 缩减阶段具有较强的隐身性。再加之临近空间飞行器可能采用先进隐身材料，对飞行器起到了更强的隐身作用，从而降低了雷达发现临近空间目标的能力。现有的各种机动目标跟踪技术基本上是针对高信噪比情况的机动目标跟踪，很少涉及隐身机动目标的跟踪，不能满足临近空间高机动隐身目标的跟踪需要。对于探测跟踪隐身目标，基于 Hough 变换的 TBD 技术是最常用的方法之一，它的基本原理是通过 Hough 变换，将数据空间的一个点变换为参数空间的一条直线，通过判断参数空间的多条直线是否相交于一点，来判断它们在数据空间是否位于一条直线轨迹上，从而实现对隐身目标的积累检测。传统的 Hough 变换主要适用于二维平面上的直线运动目标的信号积累检测，而临近空间目标是在三维空间高速滑跃式机动的隐身目标，使得雷达面临着三维空间的"隐身+高机动"目标积累检测难题，传统的 Hough 变换方法还不能适应临近空间高超声速高机动目标的积累检测要求。

6.1 多模型椭圆 Hough 变换积累检测方法

6.1.1 总体思路

多模型椭圆 Hough 变换积累检测方法流程如图 6.1 所示。

针对现有 Hough 变换方法不适用于临近空间高超声速机动隐身目标的检测问题，提出一种隐身滑跃式机动目标的椭圆 Hough 变换积累检测方法[112]。考虑到临近空间高超声速目标是在某一垂直面内做冲压-滑跃的"打水漂式"机动，在水平面的投影近似为直线，因而，将临近空间隐身目标的检测分为水平面投影直线检测和垂直面内的机动轨迹检测。首先，将临近空间目标三维空间量测向水平面投影，利用 Hough 变换在投影的水平面上检测目标，得到包含目标和杂波的某一垂直面内雷达量测；然后在该垂直平面内将临近空间目标的每段滑跃式机动轨迹近似为椭圆的一部分，通过椭圆 Hough 变换实现滑跃式机动目标的信号积累,针对目标轨迹未知,采用多个椭圆模型加权融合实现对临近空间真实轨迹估计,从而实现对临近空间高超声速隐身机动目标的检测与跟踪。

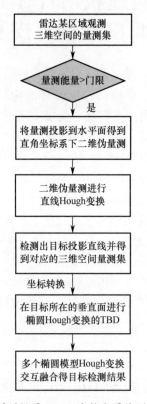

图 6.1 多模型椭圆 Hough 变换积累检测方法流程图

6.1.2 多模型椭圆 Hough 变换积累检测实现步骤

步骤如下。

(1) 将观测区域内雷达的三维空间量测(包括距离、方位、俯仰角、信号能量)信号能量与一个较低门限进行比较,舍弃低于该门限的量测。

(2) 将第(1)步中得到的三维空间量测垂直投影到水平面,形成水平面内的二维伪量测。

(3) 将第(2)步中形成的二维伪量测进行直线 Hough 变换,检测出伪量测空间的直线(假设直线方程为 $r = x\cos(\theta) + y\sin(\theta)$,式中 x 和 y 为变量,r 和 θ 为已知量,r、θ 分别表示坐标原点到该直线的距离和过坐标原点的该直线

垂线与 x 轴的夹角），然后找出形成该直线对应的三维空间的量测集 $[Z'_1, Z'_2, \cdots, Z'_n]$。

（4）将第（3）步中形成的三维量测 $[Z_1, Z_2, \cdots, Z_n]$ 坐标转换到以第（3）步中检测出的直线 $r = x\cos(\theta) + y\sin(\theta)$ 为 x 轴，$[Z_1, Z_2, \cdots, Z_n]$ 量测中任一点为坐标原点、竖直方向为 z 轴的 x-y-z 直角坐标系，得到新的量测集 $[Z'_1, Z'_2, \cdots, Z'_n]$。

（5）在第（4）步建立的直角坐标系下的 x-z 平面内利用量测集 $[Z'_1, Z'_2, \cdots, Z'_n]$ 中各个量测的 x、z 坐标进行以椭圆圆心为参数的椭圆 Hough 变换，在参数空间进行信号能量积累，认为积累能量最高值对应的量测 $[Z''_1, Z''_2, \cdots, Z''_n]$ 是可能轨迹。

（6）选取多个椭圆模型重复第（5）步，并对多个模型椭圆 Hough 变换检测的量测点加权融合作为最终的目标检测结果。

具体地，所述步骤（5）具体如下。

a1）将 x-z 平面内的观测区域划分成 $N \times M$ 个分辨单元，并假设分辨单元长度和宽度均为 Δr，区域中心 x 坐标分别为 $B(i)$，$i = 1, 2, \cdots, N$，z 坐标分别为 $C(j)$，$j = 1, 2, \cdots, M$，并定义一个 $N \times M$ 的矩阵 $A(i,j)$，$i = 1, 2, \cdots, N$，$j = 1, 2, \cdots, M$，矩阵各元素初始化全为 0，用于存放参数空间的能量积累值。

a2）假设椭圆原点坐标 $[x_0, z_0] = [B(i), C(j)]$，使 i 从 $1 \sim N$ 变化，j 从 $1 \sim M$ 变化，将第（4）步中得到的所有量测 $[Z'_1, \cdots, Z'_k, \cdots, Z'_n]$ 中的 x、z 坐标 $[x_k, z_k]$ 逐一带入下式：

$$\left| \frac{(z_k - z_0)^2}{b^2} - \left(1 - \frac{(x_k - x_0)^2}{a^2}\right) \right| < \Delta r$$

式中：a、b 分别为根据先验知识设定的椭圆轨迹的长轴和短轴。如果某一组 i、j 对应的椭圆圆心满足上式，则 i、j 对应的参数空间用下式进行能量积累：

$$A(i,j) = A(i,j) + E_k$$

式中：E_k 为量测 Z'_k 的信号能量。

a3）所有的量测 $[Z'_1, \cdots, Z'_k, \cdots, Z'_n]$ 都经过 a2）步后，提取能量积累矩阵 A 中最大值，获得该最大值对应的 i_{max}、j_{max}，并根据 i_{max}、j_{max} 得到椭圆的圆心坐标 $[B(i_{max}), C(j_{max}))$。

a4）将所有量测点 $[Z'_1, \cdots, Z'_n]$ 的 x、z 坐标逐一带入下式：

$$\left| \frac{(z_k - B(i_{max}))^2}{b^2} - \left(1 - \frac{(x_k - C(j_{max}))^2}{a^2}\right) \right| < \Delta r$$

满足上式的量测提取出来组成可能航迹 $[Z''_1, Z''_2, \cdots, Z''_n]$。

具体地，所述步骤（7）具体如下。

b1）首先将多个椭圆模型 Hough 变换后得到的能量积累矩阵 A_m，$m=1$, $2, \cdots, p$（p 表示椭圆模型个数，A_m 表示第 m 个椭圆模型对应的能量积累矩阵）中能量最大值 $A_m(i_{max}, j_{max})$ 与预定门限 E_th 进行比较，如果该最大值小于预定门限，则该椭圆模型不再参与余下的步骤。

b2）将 b1）步后剩余的椭圆模型检测出来的量测按照时标进行集中，并利用下式

$$d_{max} = \arg\max_{m=1,2,\cdots,p'}[A_m(i_{max}, j_{max})]$$

获得多个椭圆模型中积累能量最大的椭圆模型编号 d_{max}，式中 p' 表示经过 b1）后剩下的椭圆模型数。然后提取编号 d_{max} 对应椭圆的各个时刻量测集 $Z_{max}\{t_i\}$，$i=1,2,\cdots,l$（式中 l 表示用于积累雷达帧数，t_i 表示第 i 帧数据的时标）。

b3）分别计算每个时刻量测与 b2）中获得的量测 $Z_{max}\{t_i\}$ 之间的欧式距离，若它们的距离小于预定门限 R_th，则认为这两个量测可以融合，融合过程为：先令 t_i 时刻融合航迹 $z_f\{t_i\} = Z_{max}\{t_i\}$，然后利用下式将这两点融合为一点，即

$$z_f\{t_i\} = z_f\{t_i\} \cdot a_1 + z_m^j\{t_i\} \cdot (1 - a_1)$$

式中：$z_m^j\{t_i\}$ 为第 m 个椭圆模型 Hough 变换检测出来的第 j 个量测的坐标，$z_f\{t_i\}$ 为 t_i 时刻融合量测的坐标，a_1 表示权重，其大小为

$$a_1 = \frac{A_{d_{max}}(i_{max}, j_{max})}{A_m(i_{max}, j_{max}) + A_{d_{max}}(i_{max}, j_{max})}$$

式中：$A_m(i_{max}, j_{max})$ 为能量积累矩阵 A_m 中的最大值；$A_{d_{max}}(i_{max}, j_{max})$ 为能量积累矩阵 $A_{d_{max}}$ 中的最大值。

b4）找出经过 b3）步后每个时刻量测数大于 1 的量测集，拿出这些量测集中的量测逐一与每个时刻只有一个量测的量测点进行如下的判断：

$$R(Z_1, Z_2) < V_{min}(t_2 - t_1)$$
$$R(Z_1, Z_2) > V_{max}(t_2 - t_1)$$

式中：Z_1、Z_2 为用于判断的两个量测点的坐标；$R(\cdot, \cdot)$ 为求两个量测之间的欧式距离；V_{min}、V_{max} 分别为临近空间高超声速飞行器最小和最大可能速度；t_2、t_1 分别为两个量测对应的时标，如果上两式均成立，则认为该时刻的该量测是杂波，予以剔除，剩下的量测点作为最终的目标检测结果输出。

本方法可以解决临近空间高超声速机动隐身目标难于发现的问题，利用滑跃式轨迹与椭圆相近的特点，利用椭圆 Hough 变换的 TBD 技术实现信号能量按目标机动轨迹积累，并针对目标轨迹未知特点，利用多个椭圆模型 Hough 变

换加权融合实现临近空间高超声速目标的积累检测,提高雷达的临近空间高超声速目标发现能力,进一步提高雷达的预警时间。本方法通过将临近空间目标三维空间的机动目标转化为水平面的直线运动和垂直面的冲压滑跃式运动,同时利用多个椭圆模型 Hough 变换交互融合的 TBD 技术实现目标的检测,与普通椭圆 Hough 变换相比,因为是在较小范围内的子空间搜索,可显著降低计算量、存储量和复杂度,适合工程应用。

6.1.3 仿真分析

本方法的效果可以通过以下仿真实验进一步说明。

仿真环境:设临近空间飞行器初始的速度为 3000m/s,航向为 270°(逆时针为正),俯仰角为 10°,目标真实位置初始坐标为 [0, 300000m, 70000m],飞行器质量为 1000kg,重力加速度为 9.8m/s²,假设飞行器飞行过程中受四个力作用,即重力、推力、升力、阻力,式中推力主要用于克服阻力,在飞行器冲压阶段以间歇的方式加力,方向与阻力相反。飞行器飞行过程中受到升力的计算公式为

$$L = 0.5 \cdot C_l \rho S V^2$$

$$\rho = \rho_0 e^{-Bh}$$

式中:升力系数 $C_l = 1$;飞行器迎风面积 $S = 1m^2$,V 为飞行器的速度;ρ 为空气密度;ρ_0 为地表的空气密度(等于 0.0034(b/ft³);B 为常数(等于 $\frac{1}{22000}$ft^{-1});h 表示飞行器离地高度(单位为 ft),升力与飞行器速度方向垂直且向上。阻力计算公式为

$$D = 0.5 \cdot C_d \rho S V^2$$

式中:阻力系数 $C_d = 0.48$;ρ、S、V 意义与升力公式相同。临近空间滑跃式飞行器轨迹示意如图 6.2 所示。利用以上的仿真设置生成临近空间高超声速目标三维空间的"打水漂式"飞行轨迹(图 6.3),然后在该轨迹某一阶段间歇 2s 取点,共取 7 个位置点(图 6.4),以 7 个目标位置点产生量测并加入杂波(以雷达距离分辨率为 200m、方位角分辨率为 1°、信噪比为 6dB 条件随机产生杂波),构成微弱目标检测场景来验证本方法的有效性。

仿真结果及分析:用本方法,对仿真环境中观测区域的微弱目标量测经过步骤一的第一门限检测后,剩余的量测如图 6.5 所示(红色圆头表示目标真实位置,蓝色圆头表示量测值),由图 6.5 可以看出,经过第一门限后,目标淹没在杂波中,难以直接检测出目标;经过步骤二、步骤三后,直线 Hough 变换时参数空间(距离、方位)的能量积累如图 6.6 所示,剩余的量测如图 6.7 所

示（红色圆头表示目标的真实位置，蓝色圆头表示量测），从图6.7可看出，量测仍然大于目标航迹点数，仍然包含一定的杂波。经过步骤四、步骤五后，以椭圆圆心坐标为参数的三个椭圆模型（参数分别为：直线模型；长轴、短轴各为50000m、30000m的椭圆；长轴、短轴各为30000m、50000m的椭圆）Hough变换对应的能量积累图如图6.8~图6.10所示，三幅图比较可以看出，图6.9能量积累最高点的值最高，说明了图6.9对应的椭圆模型与目标轨迹最匹配；经过步骤六融合检测后，得到目标的航迹点如图6.11所示（式中圆头线表示目标的真实位置，三角形表示检测出来的量测值），可以看出，目标的量测轨迹被正确检测出来了，证明了本方法的有效性。

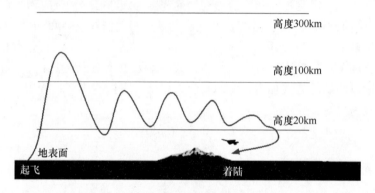

图6.2　临近空间滑跃式飞行器典型飞行轨迹示意

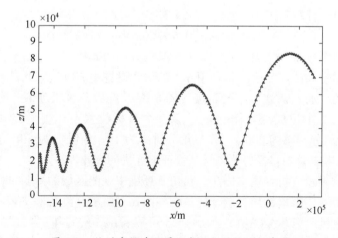

图6.3　临近空间冲压滑跃式飞行器轨迹仿真图

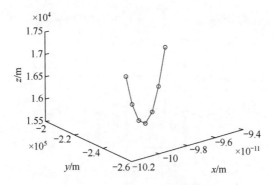

图 6.4 截取的 7 个时刻量测图

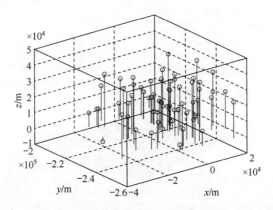

图 6.5 观测区域的三维雷达量测经过第一门限检测后剩下的量测（见彩插）

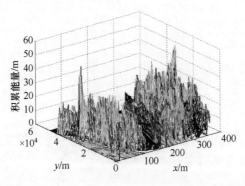

图 6.6 三维量测垂直投影后的伪量测直线 Hough 变换时参数空间的能量积累图

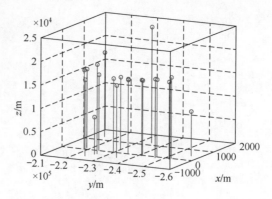

图 6.7 垂直投影后的伪量测进行直线 Hough 变换检测后得到的量测（见彩插）

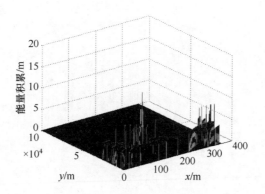

图 6.8 量测利用椭圆模型 1 Hough 变换时参数空间的能量积累图

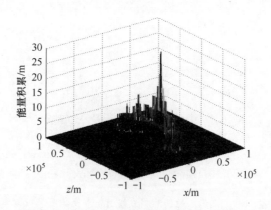

图 6.9 量测利用椭圆模型 2 Hough 变换时参数空间的能量积累图

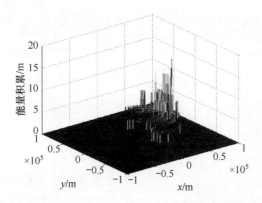

图 6.10 量测利用椭圆模型 3Hough 变换时参数空间的能量积累图

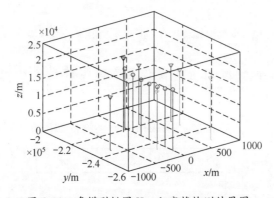

图 6.11 多模型椭圆 Hough 变换检测结果图

6.2 多假设抛物线 Hough 变换的高速滑跃式目标积累检测方法

6.2.1 总体思路

针对临近空间高超声速目标滑跃段机动轨迹类似于抛物线的特点,提供一种临近空间滑跃式机动目标的多假设抛物线 Hough 变换积累检测方法[113]。

采用将雷达的俯仰波束划分成多个相邻波束组成的相互交叠的波束簇,每个波束簇对应一个处理通道,三维空间联合搜索问题降低为多个通道并行的二维距离-方位曲线轨迹检测跟踪问题,提高算法的实时性。实现示意图如图 6.12 所示。

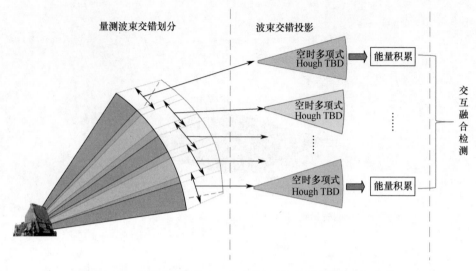

图 6.12　多模型抛物线 Hough 变换 TBD 并行降维实现示意图

6.2.2　多假设抛物线 Hough 变换的高速滑跃式目标积累检测实施步骤

本方法解决所述技术问题，采用技术方案流程如图 6.13 所示。

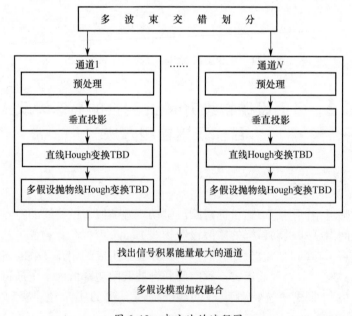

图 6.13　本方法的流程图

步骤一：将雷达的俯仰波束划分成多个相邻波束组成的相互交叠的波束簇，例如，俯仰波束宽度为1°，俯仰范围为2°~8°，共有8个波位，从1到8依次编号，那么雷达完成俯仰的搜索需要5个波位，若以2个波束为一个簇进行交错划分，则波束簇可以为 {2-4, 3-5, 4-6, 5-7, 6-8}（式中2~9分别表示波束编号），然后将每个波束簇内的量测送入其对应的处理通道。

步骤二：每个波束簇处理通道内，雷达探测的量测进行如下处理。

（1）将波束簇的观测区域内雷达的三维空间量测（距离、方位、俯仰、信号能量）的信号能量逐一与一个较低的门限进行比较，将能量大于该门限的三维空间量测垂直投影到水平面，形成水平面内直角坐标系下二维伪量测，转换公式如下：

$$\begin{cases} r' = r\cos(\varepsilon) \\ \theta' = \theta \end{cases}$$

式中：r、θ、ε 为雷达三维空间量测的距离、方位、俯仰；r'、θ' 为转换后二维伪量测的距离、方位。

（2）将平面内二维伪量测进行直线 Hough 变换，检测出伪量测空间的直线，具体步骤如下。

a1）将 $r'-\theta'$ 平面内的观测区域划分成 $N \times M$ 个分辨单元，并假设分辨单元距离为 Δr，方位为 $\Delta \theta$，那么观测区域各个分辨单元中点距离分别为 $B(i)$，$i=1,2,\cdots,N$，方位分别为 $C(j)$，$j=1,2,\cdots,M$，并定义一个 $N \times M$ 的矩阵 $A(i,j)$，$i=1,2,\cdots,N, j=1,2,\cdots,M$，矩阵各元素初始化全为0，用于存放参数空间的能量积累值。

a2）将二维极坐标伪量测极坐标利用如下公式：

$$\begin{cases} x = r'\cos(\theta') \\ y = r'\sin(\theta') \end{cases}$$

转换为 x、y 坐标，按顺序分别取出直角坐标系下量测，并将量测进行坐标转换，将坐标平移到观测区域的左下角得到新的量测坐标 $[x_k, y_k]$，对于每一个新的量测坐标，将分辨单元中点坐标 $[r, \theta] = [B(i), C(j)]$（$i$ 从1到 N 变化，j 从1到 M 变化）逐一带入下式比较：

$$|r_i - [x_k \cdot \cos(\theta_j) + y_k \cdot \sin(\theta_j)]| < \Delta r$$

如果上式成立，则参数空间利用如下公式进行积累：

$$A(i,j) = A(i,j) + E_k$$

式中：E_k 为量测 $[x_k, y_k]$ 的信号能量。

a3）提取能量积累矩阵 A 中最大值，获得该最大值对应的 i_{max}、j_{max}，并根据 i_{max}、j_{max} 得到一条直线的参数 $[r_{i_{max}}, \theta_{j_{max}}]$。

a4) 将所有雷达二维伪量测点坐标 $[x_k, y_k]$ 逐一带入下式：
$$|r_{i_{\max}} - [x_k \cdot \cos(\theta_{j_{\max}}) + y_k \cdot \sin(\theta_{j_{\max}})]| < \Delta r$$
找出满足上式的三维量测集 $[Z_1, Z_2, \cdots, Z_n]$。

(3) 将步骤二中形成的三维量测 $[Z_1, Z_2, \cdots, Z_n]$ 坐标转换到以直线 $r_{i_{\max}} = x\cos(\theta_{j_{\max}}) + y\sin(\theta_{j_{\max}})$ 为 x 轴、$[Z_1, Z_2, \cdots, Z_n]$ 量测中任意一点为原点、竖直方向为 z 轴的 x-y-z 直角坐标系，得到新的量测集 $[Z_1', Z_2', \cdots, Z_n']$，转换步骤如下。

b1) 将三维量测 $[Z_1, Z_2, \cdots, Z_n]$ 由极坐标 $[r, \theta, \varepsilon]$ 转化为直角坐标 $[x, y, z]$，应用转换公式为
$$\begin{cases} x = r\cos(\theta)\cos(\varepsilon) \\ y = r\sin(\theta)\cos(\varepsilon) \\ z = r\sin(\varepsilon) \end{cases}$$

b2) 将转换后的直角坐标系量测平移到量测集 $[Z_1, Z_2, \cdots, Z_n]$ 中的任意一个点，假设平移到 Z_1 点，Z_1 的直角坐标为 $[x_1, y_2, z_3]$，则 $[Z_1, Z_2, \cdots, Z_n]$ 中任意点 $[x, y, z]$ 平移后的坐标为
$$\begin{cases} x' = x - x_1 \\ y' = y - y_1 \\ z' = z - z_1 \end{cases}$$

b3) 将 b2) 转换后的量测坐标旋转到 x 轴与直线 $r_{i_{\max}} = x\cos(\theta_{j_{\max}}) + y\sin(\theta_{j_{\max}})$ 重合，各个量测 $[Z_1, Z_2, \cdots, Z_n]$ 旋转后坐标 $[x'', y'', z'']$ 按如下公式进行转化：
$$\begin{cases} [x'', y'', z''] = [x', y'] \cdot \begin{bmatrix} \cos\theta_{j_{\max}} & \sin\theta_{j_{\max}} \\ -\sin\theta_{j_{\max}} & \cos\theta_{j_{\max}} \end{bmatrix} \\ z'' = z' \end{cases}$$

全部转换完毕后，得到新的量测集 $[Z_1', Z_2', \cdots, Z_n']$。

(4) 将新的量测集进行多假设抛物线 Hough 变换，具体步骤如下。

c1) 根据量测集 $[Z_1', Z_2', \cdots, Z_n']$ 所有量测点在 x-z 平面内分布的最大范围，将 x-z 坐标平面划分成边长为 Δr 的 $N \times M$ 个正方形单元格，各正方形单元格的中心 x 坐标分别为 $B(i) i=1,2,\cdots,N$，z 坐标分别为 $C(j) j=1,2,\cdots,M$，定义一个元素初始化全为 0 的 $N \times M$ 矩阵 $A(i,j)$，$i=1,2,\cdots,N, j=1,2,\cdots,M$，用于存放参数空间的能量积累值。

c2) 选取临近空间高超声速目标多个假设速度 V_1，V_2，$\cdots$，V_i，构造多个假设通道的并行处理，每一个假设通道的处理过程如下（以目标假设速度 V_i

为例）。

c3）令顶点坐标 $[x_P, z_P] = [B(i), C(j)]$，使 i 从 1 到 N 变化，j 从 1 到 M 变化，将量测集 $[Z'_1, \cdots, Z'_k, \cdots, Z'_n]$ 中的 x、z 坐标 $[x_k, z_k]$ 逐一带入下式：

$$\left| z_p - \left(z_k + \frac{g}{2V_i^2}(x_p - x_k)^2\right) \right| < \Delta r$$

式中：V_i 为假定的目标速度（为常量）；g 为重力加速度常量。如果某一组 i、j 对应的抛物线顶点坐标 $[x_p, z_p]$ 满足上式，则 i、j 对应的参数空间用下式进行能量积累

$$A(i,j) = A(i,j) + E_k$$

式中：E_k 为量测 Z'_k 的信号能量。

c4）量测集 $Z'_1, \cdots, Z'_k, \cdots, Z'_n$ 全部经过 c3）步处理后，找出积累矩阵 A 中最大值，并判断出该最大值对应的矩阵行列标号，计为 $i_{\max}$、$j_{\max}$，并根据行列标号 $i_{\max}$、$j_{\max}$ 得到抛物线的顶点坐标 $[B(i_{\max}), C(j_{\max})]$。

c5）将所有量测点集 $[Z'_1, Z'_2, \cdots, Z'_n]$ 的 x、z 坐标 $[x_k, z_k]$ 分别带入下式进行判断：

$$\left| C(j_{\max}) - \left(z_k + \frac{g}{2V_i^2}(B(i_{\max}) - x_k)^2\right) \right| < \Delta r$$

满足上式的量测提取出来组成可能航迹 $[Z''_1, Z''_2, \cdots, Z''_n]$。

步骤三：在所有波束簇对应的处理通道中找出经过多假设抛物线 Hough 变换得到的信号能量最大的那个通道，认为该通道是目标存在的通道。

步骤四：目标所在的波束簇内的多假设抛物线 Hough 变换检测结果加权融合，具体如下。

1. 首先将多假设抛物线 Hough 变换后得到的能量积累矩阵 A_m，$m = 1$，$2, \cdots, p$（p 表示椭圆模型个数，A_m 表示第 m 个椭圆模型对应的能量积累矩阵）中能量最大值 $A_m(i_{\max}, j_{\max})$ 与某一预定门限 E_th 进行比较，如果 $A_m(i_{\max}, j_{\max})$ 小于预定门限，则认为该能量最大值 $A_m(i_{\max}, j_{\max})$ 对应的量测不可能是目标，不再参与余下的步骤。

2. 将剩余的量测按照时标进行集中，并利用下式：

$$d_{\max} = \arg \max_{m=1,2,\cdots,p'} [A_m(i_{\max}, j_{\max})]$$

获得多个速度假设抛物线模型中积累能量最大的模型编号 $d_{\max}$，式中 p' 表示经过 b1）步后剩下的抛物线模型数。然后提取编号 $d_{\max}$ 对应抛物线的各个时刻量测集 $Z_{\max}\{t_i\}$，$i = 1, 2, \cdots, l$（式中 l 表示用于积累雷达帧数，t_i 表示第 i 帧数据的时标）。

3. 分别计算获得的量测 $Z_{\max}\{t_i\}$ 与除模型 $d_{\max}$ 以外的其他模型检测出来

的同一时标量测之间的距离,若它们的距离小于某一预定门限 R_th,则认为这两个量测可以融合,融合过程为:先令 $v_{(jj)} = -V_{\max} + (jj-1)\Delta v$ 时刻融合航迹 $z_f\{t_i\} = Z_{\max}\{t_i\}$,然后利用下式将这两点融合为一点:

$$z_f\{t_i\} = z_f\{t_i\} \cdot a_1 + z_m^j\{t_i\} \cdot (1 - a_1)$$

式中:$z_m^j\{t_i\}$ 为第 m 个椭圆模型 Hough 变换检测出来的第 j 个量测的坐标;$z_f\{t_i\}$ 为 t_i 时刻融合量测的坐标;a_1 为权重,其大小为

$$a_1 = \frac{A_{d_{\max}}(i_{\max},j_{\max})}{A_m(i_{\max},j_{\max}) + A_{d_{\max}}(i_{\max},j_{\max})}$$

式中:$A_m(i_{\max},j_{\max})$ 为能量积累矩阵 A_m 中的最大值;$A_{d_{\max}}(i_{\max},j_{\max})$ 为能量积累矩阵 $A_{d_{\max}}$ 中的最大值。

4. 找出每个时刻量测数大于 1 的量测集,拿出这些量测集中的量测逐一与每个时刻只有一个量测的量测点进行如下的判断:

$$R(Z_1,Z_2) < V_{\min} \cdot (t_2 - t_1)$$
$$R(Z_1,Z_2) > V_{\max} \cdot (t_2 - t_1)$$

式中:Z_1、Z_2 为用于判断的两个量测点的坐标;$R(\cdot,\cdot)$ 为求两个量测之间的欧式距离;$V_{\min}$、$V_{\max}$ 分别为临近空间高超声速飞行器最小和最大可能速度;t_2、t_1 分别为两个量测对应的时标,如果上两式均成立,则认为该时刻的该量测是杂波,予以剔除,剩下的量测点作为最终的目标检测结果输出。

本方法提高了临近空间高超声速目标的发现能力,将雷达俯仰波束分成交错叠加的波束簇,每个波束簇对应一个处理通道,在每个处理通道内分别利用多速度假设的抛物线 Hough 变换实现滑跃式机动目标信号能量按轨迹非相参积累,然后提取所有波束簇处理通道中信号能量积累最大的通道作为目标所在通道,并对该通道多假设抛物线模型检测出来的量测进行加权融合作为最终的检测结果。本方法通过多波束交错投影,降低了杂波密度,提高了检测概率,同时多假设抛物线 Hough 变换 TBD 技术与普通抛物线 Hough 变换相比,参数空间由五维变为二维,极大降低了计算量和复杂度,适合工程应用。

6.2.3 仿真实验

仿真环境:设有临近空间高超声速飞行器初始的速度大小为 3000m/s,航向角为 270°(逆时针为正),俯仰角为 10°,初始位置坐标为 [0, 300000m, 70000m],质量为 1000kg,假设飞行器飞行过程中受四个力作用,即重力、推力、升力、阻力,式中推力主要用于克服阻力,在飞行器冲压阶段以间歇的方式加力,力的方向与阻力相反。飞行器飞行过程中受到升力的计算公式为

$$L = 0.5 \cdot C_l \rho S V^2$$
$$\rho = \rho_0 e^{-Bh}$$

式中：升力系数 $C_l = 1$；飞行器迎风面积 $S = 1\mathrm{m}^2$；V 为飞行器的速度大小；ρ 为空气密度；ρ_0 为地表的空气密度（等于 $0.0034\mathrm{lb/ft}^3$）；B 为常数（等于 $\frac{1}{22000}\mathrm{ft}^{-1}$），$h$ 为飞行器离地高度（单位英尺），升力与飞行器速度方向垂直且向上。阻力计算公式为

$$D = 0.5 \cdot C_d \rho S V^2$$

式中：阻力系数 $C_d = 0.48$，ρ、S、V 意义与升力公式相同。利用以上的仿真参数生成临近空间目标的三维空间"打水漂式"飞行轨迹（图6.14），间歇 2s 在该轨迹的滑跃段取点，共取 7 个点（图6.15），以这 7 个点为目标真实位置产生雷达量测并加入杂波（以雷达分辨率为距离 100m，方位角为 1°、信噪比为 6dB 的条件随机产生杂波）构成微弱目标检测场景来验证本方法的有效性。

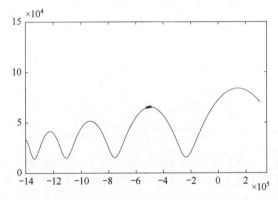

图 6.14　用本方法进行仿真实验时临近空间冲压滑跃式飞行器轨迹图，曲线表示目标整体飞行过程轨迹图，加粗部分表示截取的一段滑跃段轨迹

仿真结果及分析：用本方法，将波束进行交错分簇后，得到的量测图如图6.16~图6.20所示，目标的量测落在某一个波束簇内（波束簇6~8），可以看出，通过波束分簇极大地减少了投影后 Hough 变换时的杂波数。对多个波束簇通道进行多假设抛物线 Hough 变换后，通过提取能量积累的最大值，得到目标存在于波束簇6~8，并提取波束簇6~8处理通道内的3个抛物线模型 Hough 变换（图6.21~图6.23）检测出的量测，通过对3个模型检测出的量测进行加权融合处理，得到最终的检测结果（图6.24），可以看出，目标对应的量测被正确检测出来了，证明了算法的有效性。

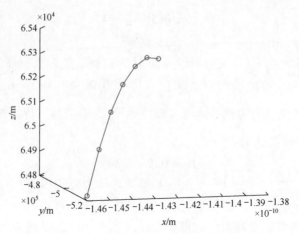

图 6.15 用本方法进行仿真实验时在图 6.14 的轨迹中截取的 7 个时刻量测，
（量测的间隔时间为 2s）

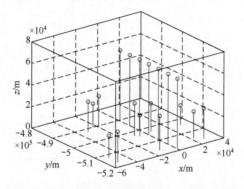

图 6.16 用本方法进行仿真实验时波束簇 2~4 探测到的三维量测图
（蓝色圆表示量测值，红色圆表示临近空间目标的真实量测位置，见彩插）

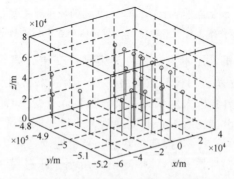

图 6.17 用本方法进行仿真实验时波束簇 3~5 探测到的三维量测图
（蓝色圆表示量测值，红色圆表示临近空间目标的真实量测位置，见彩插）

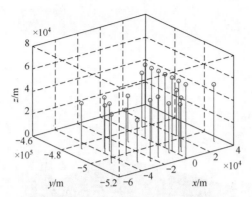

图 6.18 用本方法进行仿真实验时波束簇 4~6 探测到的三维量测图
(蓝色圆表示量测值,红色圆表示临近空间目标的真实量测位置,见彩插)

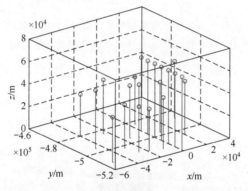

图 6.19 用本方法进行仿真实验时波束簇 5~7 探测到的三维量测图
(蓝色圆表示量测值,红色圆表示临近空间目标的真实量测位置,见彩插)

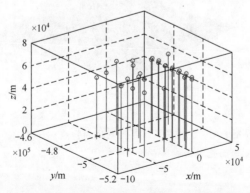

图 6.20 用本方法进行仿真实验时波束簇 6~8 探测到的三维量测图
(蓝色圆表示量测值,红色圆表示临近空间目标的真实量测位置,见彩插)

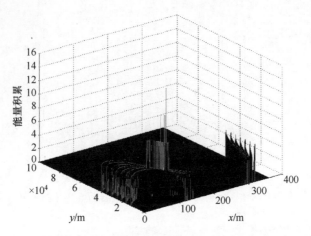

图 6.21 用本方法进行仿真实验时波束簇 7~8 探测到的三维量测图
(蓝色圆表示量测值,红色圆表示临近空间目标的真实量测位置,见彩插)

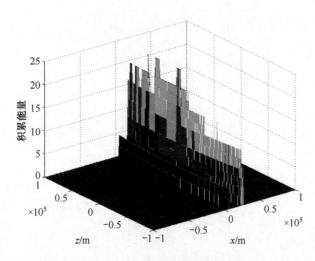

图 6.22 用本方法进行仿真实验时在目标所在波束簇对应的通道内,利用抛物线模型 1——直线(直线是抛物线的特例)进行 Hough 变换时能量积累图,x-y 平面是抛物线顶点的参数空间,z 轴是参数空间的能量积累值

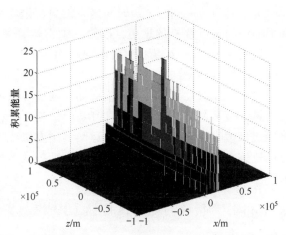

图 6.23 用本方法进行仿真实验时在目标所在波束簇对应通道内，利用抛物线模型 2——假设目标在抛物线顶点时的水平速度为 3000m/s² 时对应的抛物线，进行 Hough 变换时能量积累图，x-y 平面是抛物线顶点的参数空间，z 轴是参数空间的能量积累值

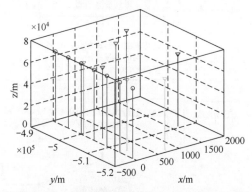

图 6.24 用本方法进行仿真实验时在目标所在波束簇对应通道内，利用抛物线模型 2——假设目标在抛物线顶点时的水平速度为 3500m/s² 时对应的抛物线，进行 Hough 变换时能量积累图，x-y 平面是抛物线顶点的参数空间，z 轴是参数空间的能量积累值

6.3 多项式 Hough 变换的高超声速目标 TBD 检测方法

6.3.1 总体思路

考虑到雷达距离误差与目标远近无关，可以考虑利用多项式对目标距离上

的运动建模；同时考虑到目标距离远，短时间内方位角变化范围比较小，综合这两点，可以利用借用 Hough 变换的思想，以第一帧雷达每个量测点为起点，在方位上利用波门进行关联，在距离上利用多项式 Hough 变换来进行能量积累，并在参数空间完成信号检测。

针对临近空间高超声速机动目标雷达扫描周期间的信号积累检测问题，提供了一种多项式 Hough 变换的高超声速目标 TBD 检测方法[114]，用以速度、加速度为参数的多项式来搜索匹配目标径向维的运动，用方位波门在方位上进行关联，从而将目标轨迹上的能量映射到多项式 Hough 变换的参数空间，通过参数空间的能量最大值与恒虚警门限比较来实现检测。

6.3.2 多项式 Hough 变换的高超声速目标 TBD 检测实施步骤

采用技术方案步骤如下。

下面结合图 6.25，详细描述本方法的技术方案，本方法的具体步骤如下。

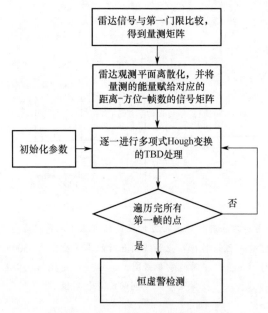

图 6.25 多项式 Hough 变换流程图

步骤一：将经过雷达信号处理后的 I 个扫描帧的雷达信号分别与第一门限 h_1 比较，得到对应的三维量测矩阵 $\boldsymbol{R}_m(k, n, i)$，式中第一维 k 表示雷达的距离、方位、俯仰角、径向速度、信号能量、时标等量测，$k=1,2,\cdots,K$，若雷达量测中没有某项量测，则对应位置置零；第二维 n 表示量测的个数标号，

$n=1,2,\cdots,N$；第三维 i 表示雷达扫描帧数号，$i=1,2,\cdots,I$。

步骤二：将雷达观测平面用距离 – 方位进行离散化，将雷达量测的能量赋给对应的距离、方位、帧数的信号矩阵 $\boldsymbol{R}_s(q,p,i)$，式中 $\boldsymbol{R}_s$ 大小为 $Q \times P \times I$，第一维 q 表示方位单元编号，$q=1,2,\cdots,Q$，第二维 p 表示距离单元编号 $p=1,2,\cdots,P$，第三维 i 表示雷达扫描帧数号，$i=1,2,\cdots,I$，初始化时矩阵元素全为 0，将量测矩阵 $\boldsymbol{R}_m$ 各帧中各个量测的信号能量 $\boldsymbol{R}_m(5,n,i)$ 赋给矩阵 $\boldsymbol{R}_s$ 中对应的点 $\boldsymbol{R}_s(p,q,i)$，式中 p 表示与距离量测 $\boldsymbol{R}_m(1,n,i)$ 对应的最近距离单元编号，q 表示与方位量测 $\boldsymbol{R}_m(2,n,i)$ 对应的最近方位单元编号；若雷达量测中不包含信号能量信息，则认为各个量测点能量相同，将对应的点 $\boldsymbol{R}_s(p,q,i)$ 赋一个相同的能量值。

步骤三：初始化参数，设置参数搜索范围和搜索步进。

步骤四：选取 $\boldsymbol{R}_s$ 中第 1 帧的任一不为零的点 $\boldsymbol{R}_s(q,p,1)$，并假定该点为目标运动的起点，利用多项式 Hough 变换的高超声速目标 TBD 检测方法，在参数空间进行能量积累，提取参数空间能量最大值，赋给 $\boldsymbol{E}(q,p)$，式中 $\boldsymbol{E}$ 是信号积累矩阵，大小为 $Q \times P$，元素初始化全为零，并记录下取得最大值时对应的多项式参数。具体地，多项式 Hough 变换的高超声速目标 TBD 检测方法具体又可分为以下步骤。

(1) 搜索参数初始化。确定速度步进 Δv，速度搜索的起点 $V_{-\max}$，速度搜索数目 N_v，加速度步进 Δa，加速度搜索的起点 $a_{-\max}$。

(2) 利用 5 层 for 循环，实现对 I 个扫描周期的目标能量积累。

① 第 1 层 for 循环：遍历搜索距离单元 i，$i=i_0,i_0+1,\cdots,i_0+N_r-1$，$i_0$ 为距离单元搜索起点，N_r 为搜索距离单元的总个数。

② 第 2 层 for 循环：遍历搜索方位单元 j，$j=j_0,j_0+1,\cdots,j_0+N_e-1$，$j_0$ 为方位单元搜索起点，N_e 为搜索距离单元的总个数。

③ 如果 $\boldsymbol{R}_s(j,i,1)$ 等于 0，回到第②步；否则进入下一步。

④ 定义一个 $N_v \times N_a$ 的元胞数组 S。

⑤ 第 3 层 for 循环：遍历搜索径向速度步进数 k，$k=1,2,\cdots,N_v$，遍历所有 k，N_v 为搜索速度步进的总个数，$N_v = \text{round}(V_{-\max}/\Delta v) \times 2 + 1$。

⑥ 第 4 层 for 循环：遍历搜索径向加速度步进数 t，$t=1,2,\cdots,N_a$，N_a 为搜索加速度步进的总个数，$N_a = \text{round}(a_{-\max}/\Delta a) \times 2 + 1$。

⑦ 定义为一个 $3 \times I$ 的矩阵 F，初始化时元素全为 0。

⑧ 第 5 层 for 循环：雷达扫描帧号 u 循环，$u=1,2,\cdots,I$，遍历所有 u。

搜索的速度为：$v_u = V_{-\max} + (k-1) \cdot T \cdot \Delta v$。

搜索的加速度为：$a_u = a_{-\max} + (t-1) \cdot T \cdot \Delta a$。

对应的距离为：$r_u = \Delta r \cdot i + v_u \cdot u \cdot T + \frac{1}{2}a_u(u \cdot T)^2$，式中 T 为雷达量测数据周期。

如果雷达量测存在距离模糊，且目标运动时可能跨距离模糊区间，则需要加入⑨和⑩这两步，否则不需要运行这两步，具体如下。

⑨ 如果 $r_u \leq 0$，令 $r_u = \text{rem}(r_u, R_{\max}) + R_{\max}$，式中 $R_{\max}$ 为最大不模糊距离。

⑩ 如果 $r_u > 0$，令 $r_u = \text{rem}(r_u, R_{\max})$，函数 $\text{rem}(A, B)$ 表示取 A 除以 B 后的余数。

对应的距离单元编号为：$N_r = \text{round}(r_u/\Delta\rho)$。

设置距离波门：$N_\rho = \frac{i-b}{i+b}$，b 为整数，其大小决定距离波门大小，若 $i \leq b$，则 $N_\rho = \frac{1}{i+a}$，若 $i + b > N_{\rho\max}$，$N_\beta = \frac{i-b}{N_{\rho\max}}$，$N_{\rho\max}$ 为距离搜索时的最大距离单元编号。

设置方位波门：$N_\beta = \frac{j-a}{j+a}$，$a$ 为整数，其大小决定的方位波门大小，若 $j \leq a$，则 $N_\beta = \frac{1}{j+a}$，若 $j+a > N_{\beta\max}$，$N_\beta = \frac{j-a}{N_{\beta\max}}$，$N_{\beta\max}$ 为方位搜索时的最大方位单元编号。

找出第 u 帧雷达信号对应的信号矩阵中以 $\boldsymbol{R}_s(j, i, u)$ 为中心的距离波门 N_ρ 和方位波门 N_β 内量测点能量最大值 P_0 及其对应的角度编号 $N_{\beta u}$ 和距离单元编号 $N_{\rho u}$。

令 $F(1, u) = \beta_{N_{\beta u}}$，式中 $\beta_{N_{\beta u}}$ 为第 $N_{\beta u}$ 个角度单元中心对应的角度。

令 $F(2, u) = r_{N_{\rho u}}$，式中 $r_{N_{\rho u}}$ 为第 $N_{\rho u}$ 个距离单元对应的距离。

令 $F(3, 1) = F(3, 1) + P_0$。

⑪ 第 5 层 for 循环结束；

⑫ 令 $S\{k, t\} = F$；

⑬ 第 4 层 for 循环结束；

⑭ 第 3 层 for 循环结束；

⑮ 找出矩阵 S 中每个元素中矩阵 F 的元素 $F(3, 1)$ 的最大值和对应 k 和 t，假设找到的最大点 P_1，对应的 k 和 t 分别为 k_1 和 t_1，令
$$E(j, i) = P_1$$
并根据 k_1、t_1 计算出对应的径向速度、径向加速度：
$$v_r(j, i) = V_{-\max} + (k_1 - 1) \cdot \Delta v$$
$$a_r(j, i) = a_{-\max} + (t_1 - 1) \cdot \Delta a$$

⑯ 第 2 层 for 循环结束；

⑰ 第 1 层 for 循环结束；

步骤五：重复第四步，遍历所有第一帧的点，得到信号积累 E。

步骤六：对信号积累 E 的每个元素进行恒虚警检测，超过门限认为是目标，并进一步根据该点对应的多项式参数和距离、方位波门，找到该点在信号矩阵 $\boldsymbol{R}_s$ 的 $2 \sim I$ 帧对应的坐标点 (q_i, p_i, i_i)，并根据这一系列的坐标点，找到量测矩阵 $\boldsymbol{R}_m$ 中对应的雷达量测，连同径向速度和径向加速度估计一起作为目标检测结果输出。

对比现有技术，本技术方案所述的多项式 Hough 变换的高超声速目标 TBD 检测方法，有益效果如下。

（1）算法计算效率高。通过设置方位波门的方法，将距离和方位二维参数搜索问题降为距离一维搜索和方位小范围关联的问题，极大减少了计算量。通过设置距离波门的方法，能够一定程度上减小多项式模型与目标实际运动失配造成的积累能量损失，降低了多项式搜索的阶次，进而减少了计算量。

（2）算法适应性强。既能实现直线运动目标的积累检测，也能实现对曲线运动目标的积累检测；既能实现距离不模糊条件下的积累，也能实现距离模糊量测跨距离模糊区间时的能量积累；既能实现单目标的积累检测，也能实现多目标的积累检测；既能实现雷达量测中包含信号能量时的积累检测，也能实现雷达量测不包含信号能量时的积累检测。

6.3.3 仿真实验

仿真实验场景设置如下。

假设临近空间高超声速目标起始点 x、y、z 坐标为 [0, 700km, 70km]，初始速度为 2600m/s，速度方位角为 270°，初始速度倾角为 0，飞行器受到重力、升力、阻力的作用下，在大气中滑翔，轨迹图 6.26 所示，按时间间隔 2s 取一段轨迹用于本仿真实验，共 7 个点，用圆圈表示。图 6.27 和图 6.28 分别表示这 7 个点对应的速度和加速度大小，雷达距离分辨力为 150m，每帧量测中杂波数为 216，随机分布于雷达探测范围内，杂波点能量设置为相同值，全为 1。为了验证本方法算法在量测不模糊和量测模糊情况下的性能，最大不模糊距离分别取 79km 和 1000km。

仿真结果及分析：由图 6.29 可以看出，SNR 为 8dB 时，杂波随机分布在整个雷达探测范围内，无法分辨出目标，从图 6.30 可以看出，利用本方法提出的方法，使得雷达量测在距离、方位上实现了能量积累，通过 7 次 TBD 非相参积累后能量最大值为 7，说明 7 个时刻量测点的能量全部积累起来了，证明了该方法的有效性。由图 6.30 可以看出，由于距离测量模糊的影响，整个雷达探测范围内的量测被"压缩"到第一个距离最大不模糊区间内，杂波密度增加了数倍。由于目标最大不模糊距离为 79km，在 7 个雷达扫描周期内目标运动轨迹跨了两个模糊区间，利用本方法提出的方法进行 TBD 积累后，对应的能量积累分布图 6.32 所示，可以看出，目标的能量同样被积累起来，最大能量值也同样为 7，说明了参数空间能量积累时没有因为跨模糊区间而丢点，证明了本方法在距离测量模糊条件下的适用性。

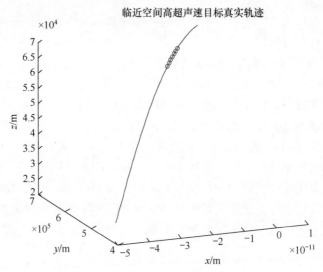

图 6.26　临近空间高超声速目标飞行轨迹

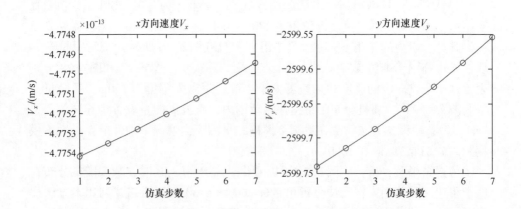

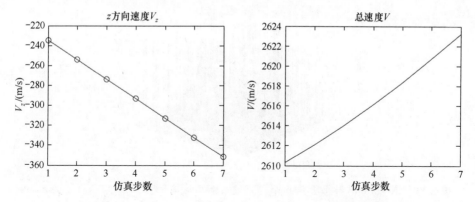

图 6.27 7个时刻临近空间高超声速目标对应的真实速度

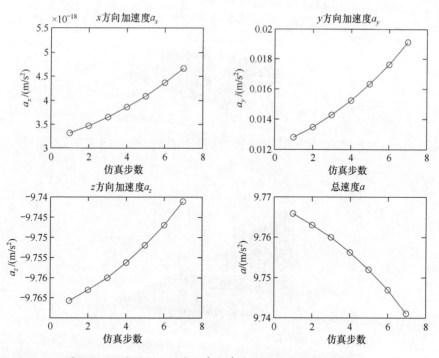

图 6.28 7个时刻临近空间高超声速目标对应的真实加速度

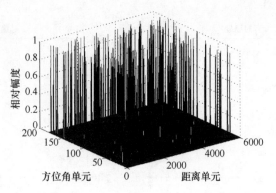

图 6.29　SNR 为 8dB 时距离不模糊情况下第 1 帧雷达信号超过第一门限的信号分布图

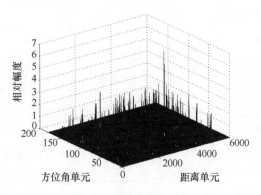

图 6.30　距离不模糊情况下扫描期间非相参积累后的能量分布图

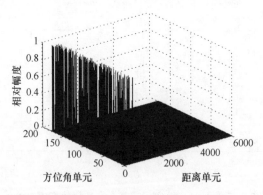

图 6.31　SNR 为 8dB 时距离模糊情况下第 1 帧雷达信号超过第一门限的信号分布图

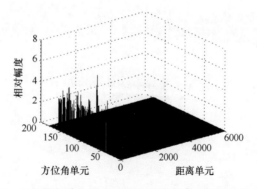

图 6.32 距离模糊情况下扫描周期间非相参积累后的能量分布

6.4 多项式 Radon 变换的高超声速目标 TBD 积累检测方法

6.4.1 总体思路

针对临近空间高超声速目标的距离远、速度快、加速度大等特点,提出并研究空时多项式 Radon 变换的高超声速目标 TBD 检测方法[115],在极坐标系对目标进行帧间积累,并通过多项式对目标方位角的运动和径向距离维的运动进行建模,利用 Radon 变换的思想,在方位角、俯仰角和径向距离维的空时三维参数空间的搜索。主要研究思路如下。

1. 空时多项式 Radon 变换的雷达非相参积累检测方案

临近空间高超声速目标与传统的弹道目标轨迹不同,其距离远、机动性大,且轨迹未知,将椭圆轨迹分解为距离 – 时间平面、方位 – 时间平面、俯仰 – 时间平面,其分解后的轨迹如图 6.33 所示。

选取三个投影轨迹的任一段,利用泰勒级数展开可得如下函数。

距离 – 时间投影函数:

$$R(t) = \sum_{l=0}^{\infty} \frac{R^{(l)}(0)}{l!} t^l \approx \sum_{l=0}^{k} \frac{R^{(l)}(0)}{l!} t^l = \alpha_0 + \alpha_1 t + \cdots + \alpha_k t^k \quad (6.1)$$

方位 – 时间投影函数:

$$A(t) = \sum_{l=0}^{\infty} \frac{A^{(l)}(0)}{l!} t^l \approx \sum_{l=0}^{k} \frac{A^{(l)}(0)}{l!} t^l = \beta_0 + \beta_1 t + \cdots + \beta_k t^{k'} \quad (6.2)$$

俯仰 – 时间投影函数:

$$E(t) = \sum_{l=0}^{\infty} \frac{E^{(l)}(0)}{l!} t^l \approx \sum_{l=0}^{k} \frac{E^{(l)}(0)}{l!} t^l = \gamma_0 + \gamma_1 t + \cdots + \gamma_k t^{k'} \quad (6.3)$$

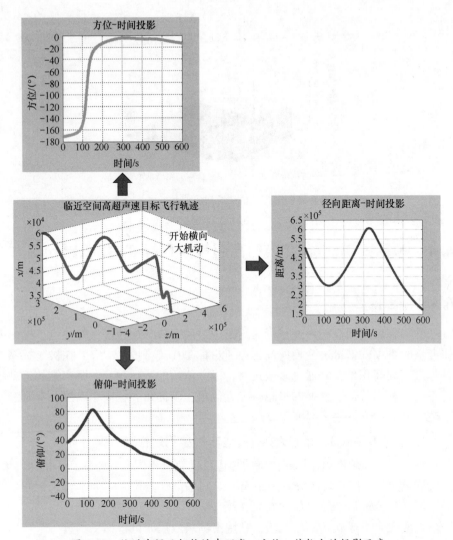

图 6.33 临近空间目标轨迹在距离、方位、俯仰上的投影示意

式中：$(\alpha_0, \alpha_1, \cdots, \alpha_k)$、$(\beta_0, \beta_1, \cdots, \beta_k)$、$(\gamma_0, \gamma_1, \cdots, \gamma_k)$ 分别表示多项式第 k 次的系数。

由于目标的椭圆轨迹在距离-时间、方位-时间、俯仰-时间上分别近似为多项式曲线，则利用 Hough 变换思想对由距离、方位、俯仰构成的三维空间内对以时间为自变量的多项式参数进行搜索和能量（或点数）积累，将临近空间目标量测空间的曲线机动轨迹转换到三维空间多项式参数域分辨单元内的能量积累，得到关于距离、方位和俯仰参数的多项式参数域能量分布：

$$R[(\alpha_0,\alpha_1,\cdots,\alpha_k),(\beta_0,\beta_1,\cdots,\beta_k),(\gamma_0,\gamma_1,\cdots,\gamma''_k)] =$$
$$\sum_{t=1}^{N} I_t(R,A,E) \cdot \delta[R = f_R(\alpha_1,\alpha_2,\cdots,\alpha_k,t),$$
$$A = f_A(\beta_1,\beta_2,\cdots,\beta'_k,t), E = f_E(\gamma_1,\gamma_2,\cdots,\gamma_k,t)] \quad (6.4)$$

式中：$f_R(\cdot)$、$f_A(\cdot)$、$f_E(\cdot)$ 分别为目标在距离 – 时间域、方位 – 时间域、俯仰 – 时间域上的多项式轨迹模型函数。

对 $R[(\alpha_0,\alpha_1,\cdots,\alpha_k),(\beta_0,\beta_1,\cdots,\beta_{k'}),(\gamma_0,\gamma_1,\cdots,\gamma_{k''})]$ 进行门限检测：

$$R[(\alpha_0,\alpha_1,\cdots,\alpha_k),(\beta_0,\beta_1,\cdots,\beta'_k),(\gamma_0,\gamma_1,\cdots,\gamma''_k)] \underset{H_0}{\overset{H_1}{\gtrless}} \eta \quad (6.5)$$

超过门限的能量点认为是目标可能点迹积累形成的，并通过该能量点，回溯找到对应的量测点，从而实现检测。

由式（6.5）可以看出，参数空间的大小与距离 – 时间、方位 – 时间、俯仰 – 时间多项式阶数有关，阶数越大，对应的参数越多。若采用多维联合搜索，一方面计算复杂度大，将影响实时性；另一方面，过多的参数搜索会使得噪声能量增加，从而导致相同虚假航迹数条件下需要更高的检测门限，造成检测性能下降。因此，具体实现的时候，需要进行降维处理。

拟采用降维处理基本思路：利用跟踪波门的思想，将搜索积累过程中方位、俯仰用关联波门代替，避免方位、俯仰维的多项式搜索，将三维空间机动轨迹匹配问题降维为方位和俯仰波门限制搜索范围的以距离时间多项式为主的参数搜索，实现临近空间高超声速目标机动轨迹的快速匹配与积累检测。

6.4.2 多项式 Radon 变换的高超声速目标 TBD 积累检测实施步骤

采用技术方案步骤如下。

下面结合图 6.34，详细描述本方法的技术方案，本方法的具体步骤如下。

步骤一：提取经过雷达信号处理后的 K 个扫描帧的雷达信号，对各个信号进行离散化处理，得到各个扫描帧对应的距离单元 – 波位编号的三维信号矩阵 $s(m,n,k)$，式中 m 代表波位编号，$m=1,2,\cdots,M$，M 为波位的总数，n 为回波信号的距离单元标号，$n=1,2,\cdots,N$，N 为距离单元的总数，k 代表扫描帧的标号，$k=1,2,\cdots,K$，矩阵里元素为该检测单元对应的信号幅度。

步骤二：设定预处理门限，将第 1 帧信号矩阵中每一个元素 $s(m,n,1)$ 与第一门限比较，找出大于第一门限的点。

步骤三：逐一以大于第一门限的点为起点，以目标的径向速度、径向加速度、以及角速度、角加速度为搜索参数，进行搜索参数的初始化，初始化方法具体如下。

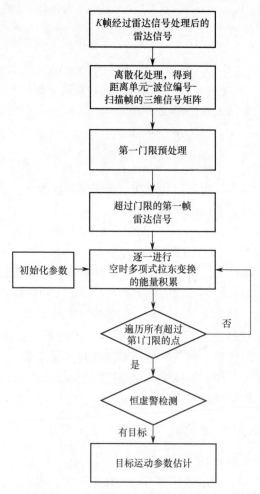

图 6.34 多项式 Radon 变换的高超声速目标 TBD 积累流程图

假设雷达帧间时间间隔为 T，高超声速目标所在位置的最大可能径向速度为 v_{max}，最大可能径向加速度为 a_{max}，最大可能角速度为 ω_{max}，最大可能角加速度为 $\dot{\omega}_{max}$，雷达距离分辨单元为 Δr，雷达角度分辨单元为 $\Delta \beta$，则目标径向速度的搜索步进 $\Delta v = \delta \cdot \Delta r / (TK)$，$\delta$ 为比例系数，径向速度的搜索起点 $v_{-max} = -\text{round}(v_{max}/\Delta v) \cdot \Delta v$，径向速度的搜索总数 $N_v = 2 \times \text{round}(v_{max}/\Delta v) + 1$，式中 round（·）表示取与括号内实数最近的整数，径向加速度的搜索步进 $\Delta a = \delta \cdot 2\Delta r / (TK)^2$，径向加速度的搜索起点 $a_{-max} = -\text{round}(a_{max}/\Delta a) \cdot \Delta a$，径向加速度的搜索总数 $N_a = 2 \times \text{round}(a_{max}/\Delta a) + 1$，角速度的搜索步进 $\Delta \omega = \delta' \cdot \Delta \beta / (TK)$，$\delta'$ 为比例系数，角速度的搜索起点 $\omega_{-max} = -\text{round}(\omega_{max}/\Delta \omega) \cdot \Delta \omega$，

角速度的搜索总数 $N_\omega = 2 \times \text{round}(\omega_{\max}/\Delta\omega) + 1$，角加速度的搜索步进 $\Delta\dot\omega = \delta' \cdot 2\Delta\beta/(TK)^2$，角加速度的搜索起点 $\dot\omega_{-\max} = -\text{round}(\dot\omega_{\max}/\Delta\dot\omega) \cdot \Delta\dot\omega$，角加速度的搜索总数 $N_{\dot\omega} = 2 \times \text{round}(\dot\omega_{\max}/\Delta\dot\omega) + 1$。

步骤四：在距离和方位角的二维空间内进行空时多项式拉东变换的能量积累，具体如下。

（1）假设超过第一门限检测的点处于第 m 个波位和第 n 个距离单元，其信号幅度为 $S(m,n,1)$，根据该点所在位置的最大可能径向速度、最大可能径向加速度、最大可能角速度，最大可能角加速度，利用搜索参数的初始化方法获得目标径向速度搜索步进 Δv、径向速度的搜索起点 $v_{-\max}$、径向速度的搜索总数 N_v、目标径向加速度的搜索步进 Δa、径向加速度的搜索起点 $a_{-\max}$、径向加速度的搜索总数 N_a、角速度的搜索步进 $\Delta\omega$、角速度的搜索起点 $\omega_{-\max}$、角速度的搜索的总数 N_ω、角加速度的搜索步进 $\Delta\dot\omega$、角加速度的搜索起点 $\dot\omega_{-\max}$、角加速度的搜索的总数 $N_{\dot\omega}$。

（2）将高超声速目标在雷达距离、方位二维平面的运动分解为径向距离维的运动和方位维的运动，分别用多项式对目标运动建模，忽略三次以上的运动，在径向距离维，仅考虑目标的速度和加速度，在角度维，仅考虑目标的角速度和角加速度，在径向距离维和方位维联合搜索，搜索过程用 4 层 For 循环来实现，具体如下。

FOR：搜索径向速度，对任意 i，$i = 1, 2, \cdots, N_v$，遍历所有 i

令 $v_i \leftarrow v_{-\max} + (i-1) \cdot \Delta v$

FOR：搜索径向加速度，对任意 u，$u = 1, 2, \cdots, N_a$，遍历所有 u

令 $a_u \leftarrow a_{-\max} + (u-1) \cdot \Delta a$

FOR：搜索角速度，对任意 q，$q = 1, 2, \cdots, N_\omega$，遍历所有 q

令 $\omega_q \leftarrow \omega_{-\max} + (q-1) \cdot \Delta\omega$

FOR：搜索角加速度，对任意 l，$l = 1, 2, \cdots, N_{\dot\omega}$，遍历所有 l

令 $\dot\omega_q \leftarrow \dot\omega_{-\max} + (l-1) \cdot \Delta\dot\omega$

FOR：对雷达扫描帧进行循环，$k = 1, 2, \cdots, K$，遍历所有 k

计算以第 n 个距离单元为起点，径向速度为 v_i，径向加速度为 a_u，第 k 雷达帧目标应该所处的距离：

$$r = n \cdot \Delta r + v_i \cdot (k-1) \cdot T + 1/2 \cdot a_u \cdot [(k-1)T]^2$$

对应的距离单元编号：

$$n_i = \text{round}(r/\Delta r)$$

计算以第 m 个波位的中心为起点，角速度为 ω_q，角加速度为 $\dot\omega_l$，第 k 雷达帧目标的方位角：

$$\theta = (m - 0.5) \cdot \theta_\beta + \omega_q \cdot (k - 1) \cdot T + 1/2 \cdot \dot{\omega}_l \cdot [(k - 1)T]^2$$

式中：θ_β 为波位的宽度。

对应的波位编号：

$$m_i = \text{ceil}(\theta/\theta_\beta)$$

式中：ceil(·) 表示取括号内实数与正无穷方向最近的整数。

保存第 k 帧波位 m_i 和距离单元 n_i 对应的信号幅度：

$$F(k) = s(m_i, n_i, k)$$

式中：F 为大小为 K 的向量，初始化时元素全为 0。

ENDFOR

累加幅度 F 中的所有信号幅度，存入对应的 4 维矩阵 $G(i,u,q,l)$

$$G(i,u,q,l) = \text{sum}(F)$$

式中：sum(·) 表示对向量 F 取和；G 为大小为 $N_v \times N_a \times N_\omega \times N_{\dot{\omega}}$ 的矩阵，初始化时矩阵元素全为 0。

    ENDFOR
   ENDFOR
  ENDFOR
ENDFOR

（3）找出矩阵 G 中最大值对应的参数：

$$(i_I, u_I, q_I, l_I) = \arg\max_{(i,u,q,l)} G$$

式中：并将 $F(i_I, u_I, q_I, l_I)$ 作为第 n 个距离单元和第 m 个波位对应的信号积累，得到

$$s'(m,n) = G(i_I, u_I, q_I, l_I)$$

式中：$G(i_I, u_I, q_I, l_I)$ 为 4 维矩阵 G 中的最大值，s' 是大小为 $M \times N$ 的矩阵，初始化时矩阵元素全为 0。

步骤五：重复步骤四中的空时多项式拉东变换的能量积累，遍历所有第 1 帧信号矩阵大于第一门限的点，得到关于距离单元和波位编号的矩阵 s'。

步骤六：对矩阵 s' 中的元素进行恒虚警检测，判断目标有无，具体方法如下。

对 s' 中不为零的点分别与恒虚警门限比较：

$$s'(m_i, n_i) \underset{H_0}{\overset{H_1}{\gtrless}} \eta$$

式中：η 为恒虚警检测门限，如果检测单元的幅度高于该门限值，判决为存在目标信号，否则判决为没有目标信号，继续处理后续的检查单元。

步骤七：若有目标，则将该目标对应的参数作为目标的运动参数估计，具体方法如下。

若某一目标最大值对应的参数为 (i_I,u_I,q_I,l_I)，则其径向速度估计 $\hat{v}_I = v_{-\max} + (i_I - 1)\cdot\Delta v$，径向加速度估计 $a_{u_I} \leftarrow a_{-\max} + (u_I - 1)\cdot\Delta a$，角速度估计 $\omega_{q_I} \leftarrow \omega_{-\max} + (q_I - 1)\cdot\Delta\omega$，角加速度估计 $\dot{\omega}_{l_I} \leftarrow \dot{\omega}_{-\max} + (l_I - 1)\cdot\Delta\dot{\omega}$。

对比现有技术，本技术方案所述的空时多项式拉东变换的高超声速目标TBD 积累检测方法，有益效果如下。

（1）将目标运动划分为方位角维和径向距离维的空时二维运动，在极坐标系下进行信号积累，克服了量测轨迹拓扑在直角坐标系下严重变形而难以与真实轨迹匹配的问题。

（2）克服了传统 Hough 变换 TBD 方法要求目标运动必须为直线的缺点，利用多项式对目标径向运动和方位角运动进行建模，能实现曲线运动目标的检测。

（3）克服了传统 Hough 变换对雷达信号 0-1 二值化处理带来的积累误差，利用 Radon 变换，在目标运动的曲线上直接利用信号的幅度进行积累，提高了检测性能。

（4）克服了传统 Hough 变换需要将所有雷达帧数据叠加在一起进行处理导致的虚警问题。

6.4.3 仿真分析

本方法的效果可以通过以下 matlab 仿真结果进一步说明。

仿真环境：假设临近空间高超声速目标的初始距离为 500km，初始方位为 90°，x 方向速度 $v_x = 0$m/s，x 方向加速度 $a_x = 0$m/s^2，y 方向速度 $v_y = 1659$m/s，y 方向加速度 $a_y = 20$m/s^2，TBD 积累总帧数为 7，雷达帧之间的时间间隔为 2s，雷达波位宽度为 2°，每帧雷达数据角度范围为 360°，共有 360/2 = 180 个波位，距离单元有 4000 个，距离单元间隔为 150m，等于雷达分辨率，雷达信噪比 SNR = 8dB，目标信号幅度 $A = \sqrt{2\cdot 10^{\frac{\text{SNR}}{10}}}$，噪声是标准差等于 1 的高斯白噪声，利用本方法提供的方法对 7 帧雷达信号进行处理，得到结果如图 6.37、图 6.38、图 6.39 所示。

仿真结果及分析：由图 6.35 和图 6.36 可以看出，SNR 为 8dB 时，信号与噪声幅度区别不明显，直接检测容易出现虚警和漏警，由图 6.37 和图 6.38 可以看出，经过本方法提供方法的处理后，信号信噪比提高了，能明显区分噪声和信号，因而降低了虚警概率，提高目标的发现概率。图 6.39 可以看出，在空时多项式拉东变换的参数空间,当搜索参数与目标实际运动相匹配时,在参数空间的信号幅度分布图中出现了尖峰,进一步证明了算法的有效性。

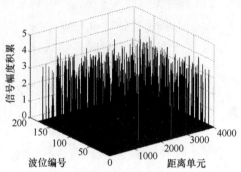

图 6.35　SNR 为 8dB 时第 1 帧雷达信号超过第一门限的信号分布图

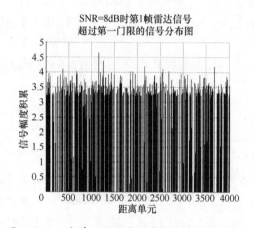

图 6.36　距离单元和信号幅度积累的二维视角图

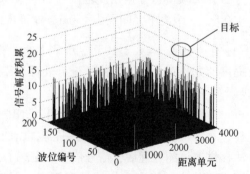

图 6.37　SNR 为 8dB 时处理后雷达信号积累分布图

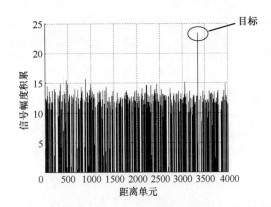

图 6.38 关于距离单元和信号幅度积累的二维视角图

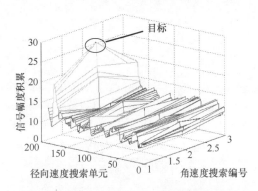

图 6.39 空时多项式拉东变换的径向速度和角速度参数空间中信号积累分布图

6.5 变径圆弧螺旋线 Radon 变换的高超声速机动目标检测方法

6.5.1 总体思路

针对这一问题，提出了一种基于变径圆弧螺旋线 Radon 变换的高速机动目标检测方法[116]，该方法将目标的一段机动轨迹用一个变径圆弧螺旋线来建模，不同的机动轨迹为不同参数的变径圆弧螺旋线，通过搜索不同螺旋线的参数，找到与目标轨迹相匹配的螺旋线，然后进行能量积累，目标所在的螺旋线参数空间会出现一个能量峰值，通过门限检测，获取这个峰值，进一步通过这个峰值回溯找出取得该能量峰值的量测点迹。从而实现了能量的检测。图 6.40、图 6.41 所示为利用变径圆弧匹配搜索的示意图。图 6.42 所示为基于变径圆弧螺旋线 Radon 变换的高速机动目标检测方法步骤流程图。

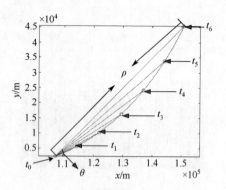

图 6.40 二维平面圆弧轨迹示意图

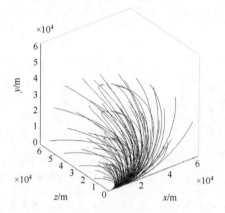

图 6.41 三维空间圆弧匹配搜索示意图

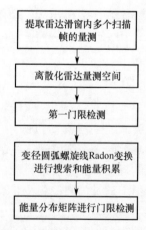

图 6.42 基于变径圆弧螺旋线 Radon 变换的高速机动目标检测方法步骤流程图

6.5.2 变径圆弧螺旋线 Radon 变换的高超声速机动目标检测流程

参照图 6.42，变径圆弧螺旋线 Radon 变换的高速机动目标检测方法，其特征在于包括以下具体步骤如下。

步骤一：提取雷达一段时间滑窗内多个扫描帧的量测，离散化雷达量测空间，获取距离 – 方位 – 俯仰 – 帧编号的四维矩阵 $s(m,n,d,k)$，式中 m 代表距离分辨单元编号，$m=1,2,\cdots,M$，M 代表距离分辨单元的总数，n 代表方位分辨单元编号，$n=1,2,\cdots,N$，N 代表方位分辨单元总数，d 代表俯仰分辨单元编号，$d=1,2,\cdots,D$，D 代表俯仰分辨单元总数，k 代表扫描帧编号，$k=1,2,\cdots,K$，K 代表扫描帧的总数。

步骤二：预先设定一个第一门限，将时间滑窗内所有帧的量测与第一门限比较，找出大于第一门限的量测。

步骤三：将径向速度、径向加速度、方位角速度、方位角加速度、俯仰角速度、俯仰角加速度作为搜索参数，以超过第一检测门限的量测作为搜索起点，在扫描帧之间距离 – 方位 – 俯仰维度上进行变径圆弧螺旋线 Radon 变换进行搜索和能量积累，得到能量分布矩阵 $\boldsymbol{R}(n,m,d)$，并进行门限检测。式中变径圆弧螺旋线 Radon 变换具体步骤如下。

(1) 假设 N 帧的机动目标轨迹在笛卡儿坐标系下的量测为 $(x(t),y(t),z(t))$，该轨迹分别在距离 – 时间 $\rho-t_m$ 平面、方位角 – 时间平面 $\theta-t_m$、俯仰角 – 时间平面 $\varphi-t_m$ 投影，可以分别得到解耦函数 $\rho(t)$、$\theta(t)$、$\varphi(t)$，分别对这三个函数进行泰勒展开可得

$$p(t) = \sum_{l=0}^{\infty} \frac{\rho^{(l)}(0)}{l!} t^l \approx \sum_{l=0}^{k} \frac{\rho^{(1)}(0)}{l!} t^l = a_0 + a_1 t + \cdots + a_k t^{k-1} \quad (6.6)$$

$$\theta(t) = \sum_{l=0}^{\infty} \frac{\omega^{(l)}(0)}{l!} t^l \approx \sum_{l=0}^{k} \frac{\rho^{(1)}(0)}{l!} t^l = \beta_0 + \beta_1 t + \cdots + \beta_k t^{k-1} \quad (6.7)$$

$$\varphi(t) = \sum_{l=0}^{\infty} \frac{\varphi^{(l)}(0)}{l!} t^l \approx \sum_{l=0}^{k} \frac{\varphi^{(1)}(0)}{l!} t^l = \gamma_0 + \gamma_1 t + \cdots + \gamma_k t^{k'} \quad (6.8)$$

(2) 假设轨迹起点对应的时间 t 为 0，初始距离、方位、俯仰分别用 r_0、θ_0、φ_0 表示，则搜索轨迹可以表示为

$$x(t) = r_0(n)\cos\theta_0(m)\cos\varphi_0(k) + \sum_{l=0}^{k} \frac{\rho^{(l)}(0)}{l!} t^l \cos\left(\sum_{l=0}^{k} \frac{\theta^{(l)}(0)}{l!} t^l\right) \cos\left(\sum_{l=0}^{k} \frac{\varphi^{(l)}(0)}{l!} t^l\right)$$

$$(6.9)$$

$$y(t) = r_0(n)\sin\theta_0(m)\cos\varphi_0(k) + \sum_{l=0}^{k} \frac{\rho^{(l)}(0)}{l!} t^l \sin\left(\sum_{l=0}^{k} \frac{\theta^{(l)}(0)}{l!} t^l\right) \cos\left(\sum_{l=0}^{k} \frac{\varphi^{(l)}(0)}{l!} t^l\right)$$

$$(6.10)$$

$$z(t) = r_0(n)\sin\varphi_0(k) + \sum_{l=0}^{k}\frac{\rho^{(l)}(0)}{l!}t^l \sin\left(\sum_{l=0}^{k}\frac{\varphi^{(l)}(0)}{l!}t^l\right) \quad (6.11)$$

式中：$x(t)$、$y(t)$、$y(t)$ 为一条变径圆弧螺旋线轨迹

$$[x(t)-r_0(n)\cos\theta_0(m)\varphi_0(k)]^2 + [y(t)-r_0(n)\sin\theta_0(m)\cos\varphi_0(k)]^2 +$$
$$[z(t)-r_0(n)\sin\varphi_0(k)]^2 = \left(\sum_{l=0}^{k}\frac{\rho^{(1)}(0)}{l!}t^l\right)^2 \quad (6.12)$$

（3）将目标机动轨迹在各个方向上的解耦函数用二次多项式近似，可得

$$\rho(t) = v_r t + a_r t^2 \quad (6.13)$$
$$\theta(t) = v_\theta t + a_\theta t^2 \quad (6.14)$$
$$\varphi(t) = v_\varphi t + a_\varphi t^2 \quad (6.15)$$

则搜索轨迹可以近似为

$$x(t) = r_0(n)\cos\theta_0(m)\cos\varphi_0(k) + (v_r t + \alpha_r t^2)\cos(v_\theta t + a_\theta t^2)\cos(v_\varphi t + a_\varphi t^2) \quad (6.16)$$

$$y(t) = r_0(n)\sin\theta_0(m)\cos\varphi_0(k) + (v_r t + \alpha_r t^2)\sin(v_\theta t + a_\theta t^2)\cos(v_\varphi t + a_\varphi t^2) \quad (6.17)$$

$$z(t) = r_0(n)\sin\varphi_0(k) + (v_r t + \alpha_r t^2)\sin(v_\theta t + a_\theta t^2) \quad (6.18)$$

式（6.16）~式（6.18）中：v_r 为径向速度；a_r 为径向加速度；v_θ 为方位角速度；a_θ 为方位角加速度；v_φ 为俯仰角速度；a_φ 为俯仰角加速度。

（4）选取不同的参数，假设对应的搜索轨迹为 $h(t)$，则可以在参数空间得到能量分布矩阵 $\boldsymbol{R}(n,m,d,v_r,a_r,v_\theta,a_\theta,v_\varphi a_\varphi)$

$$\boldsymbol{R}(n,m,d,v_r,a_r,v_\theta,a_\theta,v_\varphi,a_\varphi) = \int_{h(t)} g(x(t),y(t),z(t))\mathrm{d}_{h(t)} \quad (6.19)$$

（5）求 $\boldsymbol{R}(n,m,d,v_r,a_r,v_\theta,a_\theta,v_\varphi a_\varphi)$ 中每组 (n,m,d) 参数对应的不同 $(v_r, a_r,v_\theta,a_\theta,v_\varphi,a_\varphi)$ 参数的最大值，得到对应的 $\boldsymbol{R}(n,m,d)$ 为

$$\boldsymbol{R}(n,m,d) = \max_{\pi_m \in \Pi_D} \int_{\pi_m(t)} g(x(t),y(t),z(t))\mathrm{d}_{\pi_m(t)} \quad (6.20)$$

（6）对 $\boldsymbol{R}(n,m,d)$ 进行门限检测：

$$\boldsymbol{R}(n,m,d) \underset{H_0}{\overset{H_1}{\gtrless}} \eta \quad (7.21)$$

步骤四：对能量分布矩阵 $\boldsymbol{R}(n,m,d)$ 进行门限检测，如果有超过门限的信号，则依据该信号回溯找到对应的目标航迹，完成检测。

6.5.3 仿真实验

假设雷达最大作用距离为600km，方位观测范围为0°~360°，最大俯仰角为20°，距离分辨单元取500m，距离测量误差为200m，方位波束宽度为5°，

俯仰波束宽度为5°，方位角测量误差为0.2°，俯仰角测量误差为0.2°，扫描帧数为7帧，目标初始距离为550km，目标径向速度为3400m/s，目标径向加速度为98m/s^2，目标RCS为0.05m^2，回波信号信噪比SNR为10dB。图6.46所示为SNR为7dB的三维空间量测图。

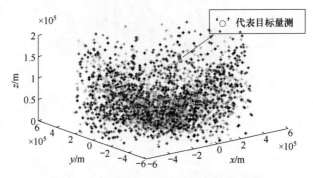

图6.43 SNR为7dB的三维空间量测图

图6.44中，目标淹没在噪声中，利用变径圆弧螺旋线Radon变换处理后，可以从图6.45中明显看出能量峰值，图6.46可以看出目标被全部正确检测出来，证明了方法的有效性。

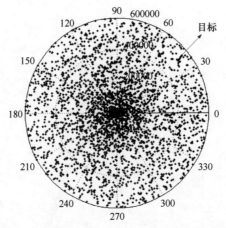

图6.44 SNR为7dB三维空间量测二维投影图

外场实验采用某P波段相控阵雷达和雷达信号模拟器。相关结果如下：雷达目标模拟器产生速度为10Ma、加速度约为10g的纵向滑跃和水平机动目标。三维轨迹如图6.47所示。通过调整雷达目标模拟器的功率，经过32脉冲相参积累后，信噪比低于10dB。模拟器的信号由外场雷达获得，超过第一门限的7帧雷达测量如图6.48所示。

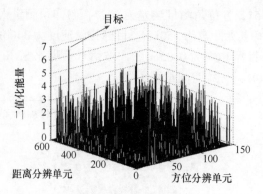

图 6.45 VDAH-Radon 变换处理后的能量分布

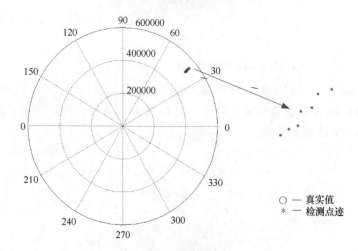

图 6.46 目标检测结果

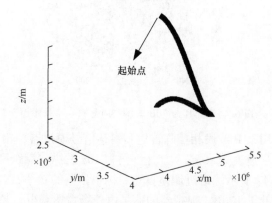

图 6.47 高超声速目标三维空间机动轨迹图

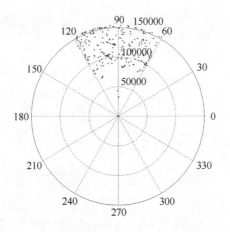

图 6.48　某外场试验 7 帧实测数据图

目标运动时间为 200s。采用所提出的 VDAH-RT 方法对雷达真实数据进行处理，数据间隔分别为 0.064s 和 2.048s，结果分别如图 6.49 和图 6.50 所示。图 6.51 所示为不同方法的检测性能比较。

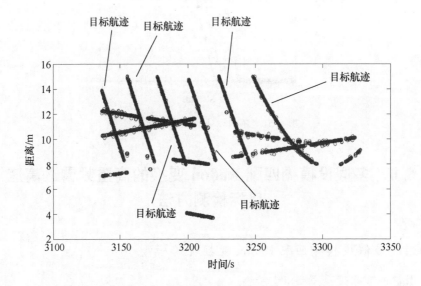

图 6.49　数据周期为 0.064s 情况下的检测结果

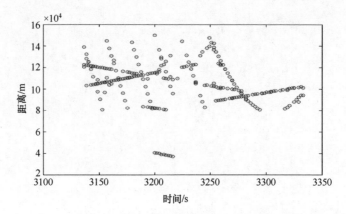

图 6.50　数据周期为 2.048s 情况下的检测结果

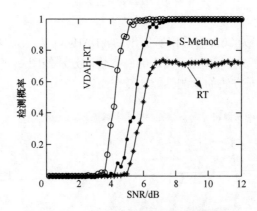

图 6.51　不同方法的检测性能比较

6.6　多假设模糊匹配 Radon 变换的高重频雷达高速目标检测方法

6.6.1　多假设模糊匹配 Radon 变换理论模型

Radon 变换理论模型可表示为

$$R(\rho,\theta) = \int_s g(x,y)\,\mathrm{d}_s \qquad (6.22)$$

利用 Radon 变换，可以实现直线轨迹上的点迹能量（或二值）积累。对于曲线运动目标的变径圆弧螺旋 Radon 变换：

$$R(n,m,k) = \max_{\pi_m \in \Pi_D} \int_{\pi_{m(t)}} g(x(t),y(t),z(t)) \mathrm{d}_{\pi_{m(t)}} \qquad (6.23)$$

VHDA-Radon 变换将传统 Radon 变换直线轨迹限制推广到任意机动轨迹。但是对于高重频情况下目标跨距离模糊单元时，显然传统的 Radon 变换和 VHDA-Radon 变换只能实现一个最大不模糊区间内的轨迹能量积累。解决高重频情况距离模糊时的跨区间积累的典型做法是将模糊量测进行周期延拓，但是这种方法增加了量测的数据量，同时会导致虚假航迹率增加。

考虑到高重频雷达的量测出现了折叠，使得测量的轨迹数据不连续，呈锯齿状。因此，在 Radon 变换进行能量积累时，也按照距离模糊的规律进行折叠，用模糊折叠的 Radon 变换域去匹配模糊的目标轨迹，实现距离模糊情况下的锯齿轨迹的能量（或二值）积累。对于单重频雷达，锯齿 Radon 变换可用下式表示：

$$R(r_m, \alpha_1, \cdots, \alpha_l) = \int_{\pi_{m(t)}} S(r_m, t) \mathrm{d}(t) \qquad (6.24)$$

$$\pi_m(t) = \rho(t) - \mathrm{floor}(\rho(t), r_{\max}) \cdot r_{\max} = r_m(t') \qquad (6.25)$$

假设用二进制去近似目标径向运动，则

$$R(r_m, v, \alpha) = \int_{r_0+vt+\frac{1}{2}at^2-\mathrm{floor}(r_0+vt+\frac{1}{2}at^2, r_{\max}) \cdot r_{\max}} S(r_m, t) \mathrm{d}(t) \qquad (6.26)$$

门限检测

$$R(r_m, (v, \alpha)) \underset{H_0}{\overset{H_1}{\gtrless}} \eta \qquad (6.27)$$

如果对于多重频情况，由于

$$\pi_k(t) = r_m + k \cdot r_{\max}(0) + vt + \frac{1}{2}at^2 -$$

$$\mathrm{floor}(r_m + k \cdot r_{\max}(0) + vt + \frac{1}{2}at^2, r_{\max}(t')) \cdot r_{\max}(t') \qquad (6.28)$$

式中：$r_{\max}(0)$ 为慢时间 $t'=0$ 时的最大不模糊距离，也就是第一帧数据对应的最大不模糊距离；k 为第一帧量测模糊的假设数，即

$$k = \mathrm{floor}(\rho(t), r_{\max}(0)) \qquad (6.29)$$

那么，利用模糊折叠匹配 Radon 变换，可以获得距离与运动参数决定的能量分布矩阵：

$$R_k(r_m, (v, \alpha)) = \int_{\pi_{k(t)}} S(r_m, t) \mathrm{d}(t) \qquad (6.30)$$

考虑到模糊数 k 是未知的，则对模糊数 k 进行多假设，选取获得最大假设的能量作为可能的目标轨迹能量积累，与检测门限进行比较：

$$\max_{k=0,1,2,\cdots,l} R_k(r_m,(v,a)) \underset{H_0}{\overset{H_1}{\gtrless}} \eta \qquad (6.31)$$

如果有能量超过门限，则有目标被检测，并通过该能量点对应的参数 $[r_m, k,(v,\alpha)]$，回溯获得对应的距离量测点，并利用参数 $[r_m,k,(v,\alpha)]$ 实现量测的解模糊，从而实现了对目标轨迹量测数据（或信号）的检测。利用这些量测可以进一步进行数据关联或滤波跟踪等。

从上面可以看出，单重频下的模糊折叠匹配 Radon 变换是多重频情况下的特例，即假设多个重频都相等，多重频情况下的模糊折叠匹配 Radon 变换就退化为单重频情况。此外，单重频情况下，无法利用参差法解决距离问题，因此假设模糊数 k 可以设定为 0，即可以检测出目标，但是得到的量测可能是模糊量测，对于主需要进行方位跟踪的雷达可以选用。如果要获得真实距离，需要选用多重频的方式一体化的检测目标和解模糊。上面的分析中没有考虑方位角度的因素，实际执行的时候要按照变径圆弧螺旋线 Radon 变换的方式来执行距离、角度上的运动。

6.6.2 多假设模糊匹配 Radon 变换的高重频雷达高速目标检测实施步骤

让雷达在每个波束驻留期间保持重频不变，目标波束照射期间利用同一重频发射脉冲信号，并完成回波信号相参积累，在雷达扫描帧之间采用参差重频控制脉冲发射，例如采用三个重频顺序更替发射，再在雷达帧之间利用参差重频下距离模糊数多假设的 TBD 积累检测与解模糊一体化方法实现目标的积累检测和解距离模糊。总体思路如图 6.52 所示。

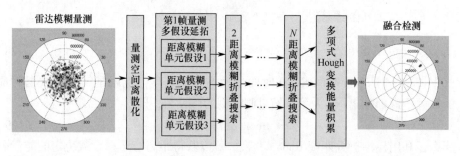

图 6.52 距离多假设的 TBD 积累检测与解模糊一体化方法总体思路

1. 量测空间离散化处理

提取经过雷达信号处理后经过第一门限检测后的 K 个扫描帧的雷达信号，对各个信号进行离散化处理，得到各个扫描帧对应的距离分辨单元 – 方位分辨编号的三维信号矩阵 $s(m,n,k)$，式中 m 代表方位分辨单元编号，$m=1,2,\cdots,M$，M 为方位分辨单元的总数，n 代表距离分辨单元标号，$n=1,2,\cdots,N$，N 为距离分辨单元的总数，k 代表扫描帧的标号，$k=1,2,\cdots,K$，矩阵里元素为该检测单元对应的信号幅度，如果该检测单元有多个点，则取能量最大的量测为该分辨单元的量测，并将该单元的量测保存为 $M_{i,j,k}=(r_{i,j,k},\theta_{i,j,k},\mathrm{SNR}_{i,j,k},\cdots,N_{i,j,k})$，式中 i 代表距离分辨单元，j 代表角度分辨单元，k 代表量测对应的帧号。

2. 模糊数多假设的距离量测延拓处理

取出将第一帧的每个雷达量测，进行距离模糊量测多假设延拓。以某一个量测为例，设目标的量测为 $M_{i,j,k}=(r_{i,j,k},\theta_{i,j,k},\mathrm{SNR}_{i,j,k},\cdots,N_{i,j,k})$，则将该量测进行的多假设延拓的数目为

$$U = \mathrm{ceil}(R_{\max}/r_{\max}) \tag{6.32}$$

式中：ceil($\cdot$) 代表取向无穷方向的最近整数；$R_{\max}$ 为雷达的最大作用距离；$r_{\max}$ 为第一帧量测对应的最大不模糊距离，即

$$r_{\max} = \mathrm{PET}_1 \cdot c/2 \tag{6.33}$$

式中：PRT_1 为第一帧量测对应的脉冲重复周期；c 为光速，大小不等于 $3 \times 10^8 \mathrm{m/s}$。

量测延拓后的量测：

$$\begin{cases} (r_{i,j,k}+r_{\max},\theta_{i,j,k},\mathrm{SNR}_{i,j,k},\cdots,n_{i,j,k}) \\ (r_{i,j,k}+2r_{\max},\theta_{i,j,k},\mathrm{SNR}_{i,j,k},\cdots,n_{i,j,k}) \\ \cdots \\ (r_{i,j,k}+U\cdot r_{\max},\theta_{i,j,k},\mathrm{SNR}_{i,j,k},\cdots,n_{i,j,k}) \end{cases} \tag{6.34}$$

3. 距离模糊折叠匹配搜索的多项式 Hough 变换 TBD 能量积累

将某一点对应的所有模糊量测逐一取出，假设取出的量测为 $(r_{i,j,k}+n\cdot r_{\max},\theta_{i,j,k},\mathrm{SNR}_{i,j,k},\cdots,n_{i,j,k})$，其对应的距离分辨单元和方位分辨编号为 n_x、n_y，以该量测为多项式 Hough 变换的起点，以多项式 Hough 变换的方法，以 Δ_v 和 Δ_a 为步进进行搜索（式中，$\Delta v = 2\Delta r/(T\cdot N_{\mathrm{TBD}})$，$\Delta a = 2\Delta r/(T\cdot N_{\mathrm{TBD}})^2$），第 $k(k=1,2,\cdots,K)$ 帧对应的距离为

$$r_{i,j,k} = n_x \cdot \Delta r + (k-1)r_{\max 1} + (k-1)\cdot v_{(jj)}\cdot T + \frac{1}{2}a_{(u)}\left[(k-1)\cdot T\right]^2 \tag{6.35}$$

$v_{(jj)}$ 代表第 jj 个速度搜索值：

$$v_{(jj)} = -V_{\max} + (jj-1)\Delta v \tag{6.36}$$

$a_{(jj)}$ 代表第 tt 个速度搜索值：

$$a_{(jj)} = -a_{\max} + (tt-1)\Delta a \tag{6.37}$$

由于第 $2 \sim K$ 帧量测数据为模糊数据，因此，对 $r_{i,j,k}$ 进行模糊折叠可以得到

$$r'_{i,j,k} = \text{rem}(r_{i,j,k}, r_{\max k}) \tag{6.38}$$

$r_{\max k}$ 代表第 k 帧量测对应的最大不模糊距离：

$$r_{\max k} = \text{PRT}_k \cdot c/2 \tag{6.39}$$

式中：PRT_k 代表第 k 帧雷达量测对应的脉冲重复周期。则目标可能的距离分辨单元：

$$n'_x = \text{round}(r'_{i,j,k}, \Delta r) \tag{6.40}$$

round(·) 代表求最近的整数，如果 n'_x 等于 0，则用 ceil($r_{\max k}$, Δr) 代替 0。

由于多项式存在误差，因此，选取一定大小的距离和方位波门来套住可能的目标。

对应的距离波门：

$$W_{r_k} = f_{\text{win}}(n'_x, D, N_k) \tag{6.41}$$

式中：N_k 为第 k 帧最大不模糊距离对应的距离分辨单元数。$f_{\text{win}}(i, D, N)$ 表示求取波门宽度，其中：ii 表示窗中心点；D 为窗的单边长度；N 为数据总长度的距离分辨单元编号波门。$f_{\text{win}}(i, D, N)$ 表达式为

$$f_{\text{win}}(i, D, N) = \begin{cases} [1:i+D, N-D+i:N] &, i \leq D \\ [i-D:i+D] &, i > D, i \leq N-D \\ [i-D:N, 1:N-(i-D)] &, i > N-D, i \leq N \end{cases} \tag{6.42}$$

对应的方位角波门：

$$W_{\theta_k} = f_{\text{win}}(N_{\theta_{k-1}} D', N_y) \tag{6.43}$$

式中：$N_{\theta_{k-1}}$ 为上一帧被检测出来的量测点对应的方位角单元，初始化时为第一帧量测点对应的方位分辨单元；D' 为角度窗的单边长度；N_y 为方位角度分辨单元总数。

保存第 k 帧波位波门 W_{θ_k} 和距离波门 W_{r_k} 对应的信号幅度最大值对应的

$$P_0 = \max[s(W_{r_k}, W_{\theta_k}, k)] \tag{6.44}$$

$$[n_r, n_\theta] = \text{argmax}[s(W_{r_k}, W_{\theta_k}, k)] \tag{6.45}$$

将最大值记录下来：

$$F(k) = P_0 \tag{6.46}$$

将最大值对应的量测记录下来:

$$JM_u\{k,n_r,n_\theta\} = (r_{n_r,n_\theta,k},\theta_{n_r,n_\theta,k},\mathrm{SNR}_{n_r,n_\theta,k},\cdots,N_{in_r,n_\theta,k}) \tag{6.47}$$

同时记录下该量测:

$$JM'_u\{k,n_r,n_\theta\} = (\mathrm{round}(r_{i,j,k},r_{\mathrm{max}k})\cdot r_{\mathrm{max}k}+r_{n_r,n_\theta,k},\theta_{n_r,n_\theta,k},\mathrm{SNR}_{n_r,n_\theta,k},\cdots,N_{in_r,n_\theta,k}) \tag{6.48}$$

并记录取得该最大值的量测点对应的角度单元 N_{θ_k},作为下一帧数据角度波门的中心。

对于每一个 $v_{(jj)}$ 和每一个加速度 $a_{(tt)}$ 完成 $1\sim K$ 帧的量测搜索后,将搜索到的点积累到对应的速度、加速度参数空间的能量矩阵里:

$$P(jj,tt) = \mathrm{sum}(F) \tag{6.49}$$

式中:sum(·) 为求向量中元素之和。

遍历完所有的 $v_{(jj)}$ 和 $a_{(tt)}$ 后,取 $P(jj,tt)$ 最大值赋给第一帧量测点在某一模糊数下对应的分辨单元内:

$$G(m,n,u) = \max(P) \tag{6.50}$$

式中:max(·) 为求向量中元素最大值。

4. 门限检测

遍历完所有第一帧延拓后的量测后,得到不同模糊假设下对应的能量分布矩阵 $G(m,n,u)$,设置恒虚假航迹率检测门限,分别对 $1\sim n$ 对应的能量分布矩阵 $G(m,n,u)$ 进行门限检测:

$$G(m,n,u) \underset{H_2}{\overset{H_1}{\gtrless}} Th \tag{6.51}$$

式中: Th 为根据恒虚假航迹率方法计算出来的门限。

5. 解模糊量测输出

经过恒虚警检测后,找出超过门限的点对应的距离分辨单元 m_I、方位分辨单元 u_I、模糊数 u_I,并在 JM'_u 存储数组中找到对应量测点输出,完成检测。

6.6.3 仿真实验

1. 仿真环境设置

假设临近空间高超声速目标 RCS 为 $0.05\mathrm{m}^2$,初始距离为 550km,初始方位角为 50°,雷达测距误差为 200m,测角误差为 0.2°,速度 $v_r=10Ma$,面向雷达飞行,加速度 $a_r=10g$,TBD 积累总帧数为 7,雷达帧之间的时间间隔为 2s,雷达波位宽度为 5°,每帧雷达数据角度范围为 360°,共有 360/5 = 72 个波位,雷达最大作用距离 600km,距离单元间隔为 150m,对应的距离单元有 4000 个。雷达信噪比 SNR = 8dB,目标信号幅度 $A = \sqrt{2 \cdot 10^{SNR/10}}$,噪声是标准差等于 1 的高斯白噪声。

雷达在帧间采用三个参差重频交替周期使用,脉冲重复周期分别为 2ms、2.5ms、3ms。距离分辨单元设置为 1000m,方位分辨单元设置为 5°。

2. 仿真结果与分析

信噪比 SNR = 8dB 时,仿真结果如图 6.53 ~ 图 6.58 所示。

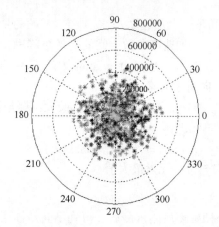

图 6.53　SNR = 8dB 时整个雷达探测范围内 7 帧量测数据

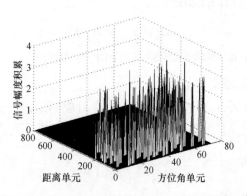

图 6.54　SNR = 8dB 时模糊假设 1 对应的能量分布

从仿真结果可以看出,目标 RCS 为 0.05m²、速度为 10*Ma*、加速度为 10g、数据帧周期为 2s、距离为 500 ~ 600km、信噪比为 8dB 时,重复周期分别为 2ms、2.5ms、3ms,提出的算法能很好地检测目标。

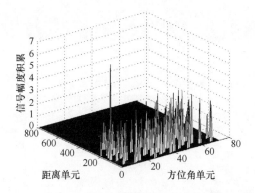

图 6.55　SNR=8dB 时模糊假设 2 对应的能量分布

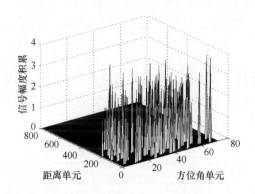

图 6.56　SNR=8dB 时模糊假设 3 对应的能量分布

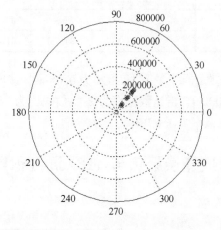

图 6.57　SNR=8dB 时检测出的模糊量测
（注：○表示检测出来的模糊量测，∗表示真实模糊量测）

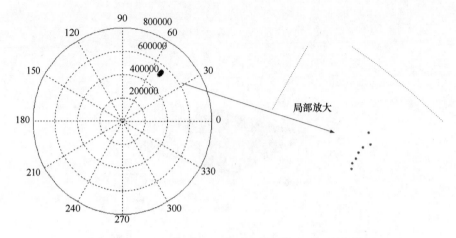

图 6.58 SNR = 8dB 时 TBD 检测与解模糊后的不模糊量测
（注：○表示检测出来的量测，＊表示真实量测）

通过 100 次蒙特卡罗仿真，让目标初始位置在 550~600km 范围随机分布，角度初始位置在 10~50 范围内随机分布，速度固定为 $10Ma$，加速度为 $10g$，其他条件不变，得出如下结果（表 6.1）。

表 6.1 不同性信噪比情况下的检测概率与虚假航迹数

	距离分辨单元/m	方位分辨单元/(°)	运行时间	检测概率	平均虚假航迹数
8dB	2000	5	4.9167	97.1%	0.06
8dB	1000	5	20.4	98.6%	0.02
7dB	1000	5	90.4	89.5%	3.12
7dB	500	5	341.3	91.4%	0.13

通过蒙特卡罗仿真结果，在目标 RCS 为 $0.05m^2$、速度为 $10Ma$、加速度为 $10g$、距离为 500~600km、雷达数据率为 2s、信噪比为 8dB 条件下，7 个周期积累对目标正确发现概率大于 97%。

6.7 多通道补偿聚焦与 TBD 混合积累检测方法

6.7.1 总体思路

针对现有雷达对高超声速隐身机动目标发现能力低的问题，提供一种高速目标多通道补偿聚焦与 TBD 混合积累检测方法[110]，总体框图如图 6.59 所示。

通过多个通道并行对高超声速目标回波信号进行距离走动补偿和相位补偿的聚焦处理,现实信号的相参积累,通过各个通道在雷达的扫描周期间进行 TBD 处理,实现沿着目标运动轨迹的非相参积累,并通过两级之间的交互减少计算量,通过多通道选优的方法实现目标的检测,提高雷达对高超声速隐身目标的持续、快速检测。

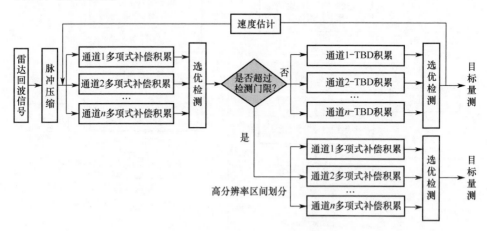

图 6.59 多通道补偿聚焦与 TBD 混合积累检测总体构图

6.7.2 多通道补偿聚焦与 TBD 混合积累检测方法实施步骤

本方法解决所述技术问题,流程如图 6.60 所示,采用技术方案步骤如下。

步骤一:雷达处于搜索模式,对雷达距离波门内的回波数据先脉冲压缩后,以速度、加速度等为参数,分区间进行多通道补偿相参积累。

对脉冲压缩后的回波信号以较大的速度间隔 d_{vr} 在区间 $[-V_{max}, V_{max}]$(V_{max} 为目标最大可能速度)进行分段多通道并行补偿积累处理,在每一个速度分段通道内再进行以较大的加速度搜索间隔 d_{ka} 在 $[-a_{max}, a_{max}]$(a_{max} 为目标最大可能加速度)进行分段多通道并行补偿积累处理,各个通道按照速度、加速度的中值对输入信号进行走动补偿和相位校正,补偿后的信号利用 FFT 实现相参积累。式中,速度间隔 d_v 为

$$d_v = 0.5 d_r / (M/\text{PRE})$$

式中:M 为积累的脉冲数;PRE 为脉冲重复频率;d_r 为距离采样间隔,即

$$d_r = c / (2 \cdot F_s)$$

式中:$c = 3 \times 10^8$ m/s,为光速;F_s 为回波信号的采样频率。加速度间隔 d_a 为

$$d_a = 5 d_{fa} / (M/\text{PRF})$$

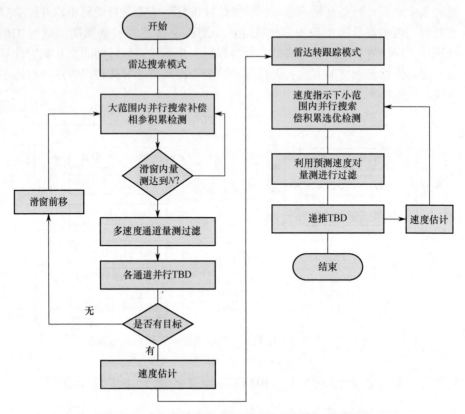

图6.60 多通道补偿聚焦与TBD混合积累检测流程图

式中：d_{fa}为多普勒采样间隔；M为积累的脉冲数；PRE为脉冲重复频率；

$$d_{fa} = \text{PEF}/M$$

利用频域补偿校正法实现距离走动补偿，具体如下。

以第m个周期的脉冲信号为例，补偿后的信号为$S''(m,:)$，有：

$$S'(:,m) = \text{IFFT}(\text{FFT}(S'(:,m)) \cdot \exp(j4\pi f_r v_1 T(m)/c))$$

$$f_r = \left[\frac{-f_s}{2}, \frac{-f_s}{2} + \frac{f_s}{N}, \frac{-f_s}{2} + 2\frac{f_s}{N_s}, \frac{-f_s}{2} + 3\frac{f_s}{N_s}, \cdots, \frac{-f_s}{2} + (N-1)\frac{f_s}{N}\right]$$

$$T = [0, T_{\text{PRF}}, 2T_{\text{PRF}}, 3T_{\text{PRF}}, \cdots, (M-1)T_{\text{PRF}}]$$

式中：j为虚数单位；IFFT( )表示对括号中的信号进行快速傅里叶逆变换；FFT( )表示对括号中的信号进行快速傅里叶变换；$S'(m,:)$为第m个脉冲重复周期信号的采样序列；f_s为采样频率；c为光速；T_{TPRE}为脉冲重复周期。

相位校正利用Dechirp法实现多普勒扩展补偿，具体如下。

对1~M个脉冲重复周期的信号进行加速度为a_k的相位补偿，以M个脉

冲周期信号序列的同一点第 n 点为例，相位补偿后的信号为 $S''(:,n)$，有

$$S''(:,n) = S'(:,n) \cdot e\left(-j\pi \frac{a_k}{\lambda}T^2\right)$$

式中：λ 为雷达波长。

步骤二：比较所有速度、加速度组合补偿积累后的信号能量，找出最大能量值，如果最大能量值大于检测门限，则完成检测，得到能量最大值对应的速度 v_{re}、加速度参数 a_{re}，进入步骤三；如果最大能量值小于检测门限，则进入步骤四。

步骤三：这些通道中能量最大值对应的点为目标量测点，以该量测点所在通道中心对应的速度、加速度参数进行更精确的补偿积累，完成该扫描帧的目标检测，进入步骤五。更精确的搜索补偿积累具体如下。

在该速度、加速度参数的较小区间范围内（速度范围为 $[v_{re}-d_v, v_{re}+d_v]$，加速度范围为 $[a_{re}-d_v, a_{re}+d_v]$），分别对速度、加速度进行更高分辨率划分，把原来的速度分段间隔 d_v 和加速度分段间隔 d_a 按比例缩小，得到更小的速度分段间隔 $d'_v = d_v/n$ 和更小的加速度分段间隔 $d'_a = d_a/n'$，式中，n、n' 为大于 1 的实数，比较所有速度、加速度参数补偿积累后的信号能量，找出能量最大值对应的速度 v'_{re}、加速度 a'_{re}，得到的速度、加速度分别利用频域补偿校正法和 Dechirp 法进行补偿，对补偿后的信号利用 FFT 进行相参积累。

步骤四：将所有通道量测先与一个较低门限进行比较，实现各个通道信号初始检测。较低门限求法如下。

假设较低门限为 t'_d，有：

$$t'_d = t_d - I(n_p)$$

式中：t_d 为雷达在恒虚警概率条件下正常检测目标的门限（单位为 dB）；n_p 为 TBD 积累的周期数；$I(n_p)$ 为在恒虚警概率条件下 n_p 个脉冲非相参积累信噪比提高的理论值（单位 dB）；$I(n_p)$ 可以根据经验公式求出，即

$$I(n_p) = 6.49(1 + 0.235P_D)\left[1 + \frac{\lg(1/P_{fa})}{46.6}\right]\lg(n_p)$$

$$\{1 - 0.140\lg(n_p) + 0.018310(\lg n_p)^2\}$$

式中：P_{fa} 为雷达正常恒虚警检测时对应的虚警概率；P_D 为雷达正常检测目标时的检测概率。

步骤五：连续 n（$n \geq 2$）次扫描周期后，在每个通道内利用 TBD 方法对这 n 帧扫描周期的信号进行沿着目标轨迹的非相参积累，各通道并行积累检测，各个通道的信号能量进行比较。具体的 TBD 方法如下。

（1）将雷达的俯仰方向划分成多个相邻的波位，每个波束簇对应一个处

理通道，计算每个量测的俯仰角，按俯仰角落归属的波位对量测进行分簇。

（2）对相关区域内的每一个波位内量测向水平面投影，得到投影的距离、方位伪量测，对伪量测进行 Hough 变换，所有的通道中积累能量最大的通道认为是可能目标量测点，找出这些目标点对应的原始量测点。

（3）然后取所有这些量测点的距离、俯仰信息并转化成二维直角坐标，对这些坐标再进行 Hough 变换，检测出目标所在直线，通过直线找到目标的坐标，进而找出对应原始的目标量测，从而实现了目标的 TBD 检测。

步骤六：雷达进入跟踪模式，利用 TBD 检测出来的量测估计出目标径向速度、径向加速度等运动参数。

步骤七：目标的下一次相参积累时，利用估计的径向速度和加速度等运动参数为区间中心进行小范围内的多通道补偿相参能量积累，具体方法与步骤三"更精确的搜索补偿积累"处理方法类似。

步骤八：如果各个通道内对应距离波门内能量最大值大于检测门限，则这些通道中能量最大值对应的点为目标量测点，完成该扫描帧的目标检测，进入步骤七，否则，进入步骤九。

步骤九：所有通道量测先与一个较低门限进行比较，实现各个通道信号初始检测，利用目标的径向速度量测对通过第一门限检测后的数据进行过滤，以去除杂波。

步骤十：量测滑窗前移，对新的滑窗内的量测进行 TBD 积累检测，得到目标的量测，回到步骤六。具体地，量测滑窗前移，不考虑原滑窗中的第 1 帧数据在 Hough 变换参数空间所积累的能量，在原滑窗的第 2 帧至第 $n-1$ 帧数据在 Hough 变换参数空间积累能量的基础上，将新一帧的数据进行 Hough 变换，将量测对应的能量积累到同一参数空间，在参数空间进行能量最大化检测，根据最大值对应参数所确定的直线可以检测出目标的量测。

该方法可以提高雷达对高超声速隐身机动目标的检测概率和实时性。在雷达搜索目标阶段，首先在大范围内对速度、加速度分段并行搜索补偿相参积累检测，然后设计多个径向速度通道，按径向速度将量测划分到不同的通道，多速度通道并行 TBD 检测，检测出的量测估计出目标的径向速度；雷达进入搜索模式，在径向速度指示下小范围分段并行搜索补偿相参积累检测，利用径向速度估计去除杂波，再将 TBD 处理的滑窗后移，通过递推 Hough 变换 TBD 实现目标的积累检测。与传统相参积累方法相比，具有更低的最小可检测信噪比，并通过相参非相参积累之间的信息交互，降低了计算量、存储量和复杂度，便于工程实现。

6.7.3 仿真分析

仿真实验条件：设高超声速隐身机动飞行器初始的速度为3400m/s，航向角为270°、俯仰角为10°，初始位置为[0, 300000m, 70000m]，雷达坐标为[0,0,0]，目标在重力、推力、升力、阻力的作用下在三维空间"打水漂式"飞行，雷达发射信号为线性调频信号，雷达载频为3G，雷达带宽为1MHz，信号采样频率为2MHz，信号时宽为500μs，脉冲重复频率为1250Hz，方位和俯仰角度误差均为0.2°，噪声为0，均值方差为1，脉冲重复频率为500Hz，雷达数据率为2s。

在以上仿真场景下，选取临近空间目标飞行轨迹的一段进行检测，如图6.61所示。假设单个回波信号的信噪比为-36dB，信号脉冲压缩后的信号如图6.62所示。

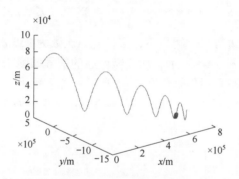

图6.61 目标飞行轨迹图
（注：加粗线条为选取的检测区域）

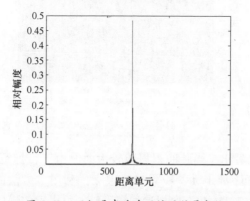

图6.62 不加噪声脉冲压缩后信号包络

图 6.63 中脉压后信号幅度为 1.2109，幅度仍然很低，无法实现检测。

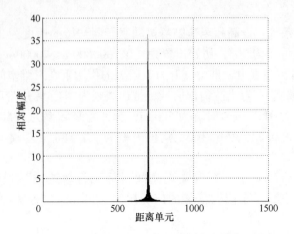

图 6.63 不加噪声时传统 FFT 积累 256 次后的信号包络

对回波信号再进行长时间积累，假设积累次数为 256 次，利用传统的 FFT 积累后的信号图如图 6.63 所示，加入噪声后的信号如图 6.64 所示；利用本方法的补偿积累方法积累后信号如图 6.65 所示，加入噪声后的信号如图 6.66 所示。对 −36dB 信号相参积累 256 次处理的仿真结果进行分析，可得表 6.2 所列结果。

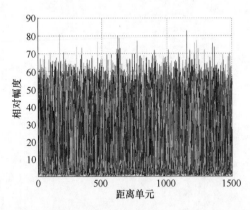

图 6.64 加噪声时传统 FFT 积累 256 次后的信号包络

由表 6.2 可以看出，当脉冲积累数较大时，由于目标距离走动比较严重，传统 FFT 方法由于距离走动，积累瞬时很大，利用本方法的方法信噪比改善比较明显，如表 6.2 中，256 次相参积累，FFT 积累后信噪比是 4.0882dB，本方法补偿积累发法信噪比提高到 13.6351dB，提高了约 9.6dB。

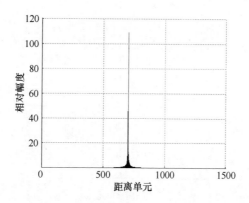

图 6.65 不加噪声时本方法的补偿积累方法积累 256 次后信号包络

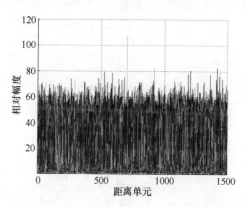

图 6.66 加噪声时本方法的补偿积累方法积累 256 次后信号包络

表 6.2 −36dB 信号相参积累 256 次处理相关结果

	原始信号信噪比	脉缩后信噪比	FFT 相参积累	多通道补偿相参积累信噪比
理论值	−36dB	−9.0104dB	—	14.7952dB
实际值	−36dB	−9.2872dB	3.2581dB	13.4515dB
检测概率（虚警概率 10^{-3}）	0	0	0.0698	0.9988
检测概率（虚警概率 10^{-6}）	0	0	0.0011	0.9309

由于雷达搜索目标时，波束驻留时间有限，因而脉冲积累次数受到限制。假设脉冲积累次数为 60 次时，不加噪声时利用传统的 FFT 积累后的信号图如图 6.67 所示，利用本方法的补偿积累方法积累后信号如图 6.68 所示。

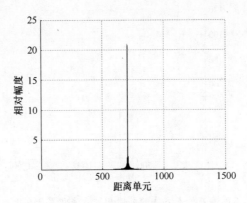

图 6.67　不加噪声时传统 FFT 积累 60 次后的信号包络

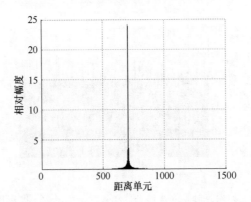

图 6.68　不加噪声时本方法的补偿积累方法积累 60 次后信号包络

将 -36dB 信号相参积累 60 次处理的仿真结果进行分析,可得表 6.3 所列结果。

表 6.3　-36dB 信号 60 次相参积累处理相关结果

	原始信号信噪比	脉缩后信噪比	FFT 相参积累	多通道补偿相参积累信噪比
理论值	-36dB	-9.0104dB	—	8.7711dB
实际值	-36dB	-9.2872dB	7.1999dB	8.3128dB
检测概率（虚警概率 10^{-3}）	0	0	0.3703	0.46
检测概率（虚警概率 10^{-6}）	0	0	0.0290	0.0481

从图 6.67、图 6.68 可以看出，脉冲积累 60 次时本方法补偿积累后信号幅度略高于直接 FFT 积累的幅度。由于积累 60 次后信噪比也只有 8.3128dB，对应检测概率只有 0.0481（假设虚警为 10^{-6} 时），无法满足检测要求，因此再利用 TBD 进行轨迹积累。利用本方法 TBD 积累时对应的目标量测在水平面的投影如图 6.69 所示，参数空间峰值检测如图 6.70 所示，检测出的航迹如图 6.71 所示。蒙特卡罗仿真 100 次，对于 8.3128dB 的回波信号，正确检测出目标航迹的概率约为 0.73，证明了本方法的有效性。

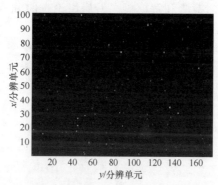

图 6.69 TBD 积累时对应的目标量测在水平面的投影

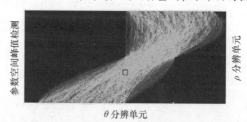

图 6.70 TBD 积累时参数空间峰值检测图

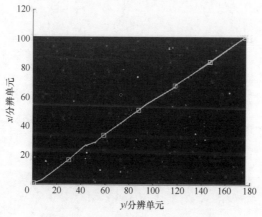

图 6.71 TBD 积累检测出的航迹图

本 章 小 结

本章主要讨论了变速目标曲线运动时如何进行轨迹能量积累和检测,将目标机动轨迹用椭圆、抛物线、多项式、圆弧螺旋线等模型进行建模,利用 Hough 变换、Radon 变换的思想实现曲线轨迹的量程学并针对远距离带来的距离模糊。提出并研究了多假设的思路对不同模糊距离进行假设,对多个假设通道进行检测,实现目标检测和解模糊。最后讨论长时间相等积累和 TBD 混合积累方法。

第 7 章 高速机动微弱目标连续跟踪及误差补偿技术

前两章主要讨论了针对高超声速目标如何开展信号处理和检测，在经过门限检测后，进入数据处理环节。跟踪环节面临两个问题，第一个问题是如何连续跟踪，第二个问题是如何实现高精度跟踪。针对这两个问题，本章研究了多维数字化波门帧间递进关联的逻辑 TBD 检测前跟踪和基于速度 - 距离耦合误差补偿的高超声速机动目标跟踪方法，仿真结果证明了方法的有效性。

7.1 低可观测高超声速目标连续跟踪技术

7.1.1 总体思路

利用雷达跟踪航迹与雷达量测构成数据滑窗，滑窗内利用 TBD 技术进行检测，将检测出的量测利用基于 Singer 或 IMM 的跟踪方法进行跟踪，并实时进行滑窗更新，实现低检测概率下的连续跟踪。低检测概率情况下的机动目标跟踪方案如图 7.1 所示。

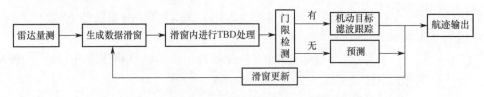

图 7.1 低检测概率情况下的机动目标跟踪方案

7.1.2 多维数字化波门帧间递进关联的逻辑 TBD 检测前跟踪方法

1. 背景技术

现代战争中，雷达面临着海杂波、噪声干扰和隐身目标等复杂环境，使得雷达面临着低信杂比、低信干比和低信噪比中检测目标的难题。回波信号能量积累检测是一种复杂情况下小目标检测的有效的方法，积累检测一般分为相参积累、非相参积累等。多维数字化波门帧间递进关联的逻辑 TBD 检测方法是一种扫描帧间非相参积累检测的方法。

对于复杂情况下的目标检测与跟踪中，常用的方法有逻辑法航迹起始，其基本思想是利用关联波门以及目标速度的范围对扫描帧间的量测进行关联处理，以起始航迹，常用的方法有3/4逻辑、2/3逻辑等。传统的逻辑法需要用前一帧的量测或预测的量测与所有量测进行比较，判断是否有量测落入关联波门，对于低信噪比或信杂比情况，由于需要进行关联判断的量测数目比较大，因此，在长时间阵间积累时传统逻辑法需要的存储空间剧增、计算量剧增，难以满足雷达工程需要和实时性需求。

TBD技术是一种用于雷达帧间能量积累检测的有效方法，Hough变换是一种研究最多的方法，它通过离散化参数空间，使得密级杂波情况下计算量得到有效控制。但是该方法需要量测的轨迹在一条直线上，由于机动目标在一个较长时间内轨迹可能为一曲线，因此，Hough变换无法将所有轨迹能量有效积累。并且现有Hough变换TBD的实现方式比较复杂，不利于工程实现。

结合逻辑法和Hough变换TBD的优点，提出了多维数字化波门帧间递进关联的逻辑TBD检测方法，首先离散化量测空间，然后在离散空间内利用数字化波门对相邻帧之间的可能量测进行关联，通过关联递进实现了多帧之间长时间的关联，并将关联上的点迹序列进行二值化积累，赋值给对应的离散化参数空间，对积累的能量进行门限检测，则可以检测出目标轨迹序列。该方法相比现有TBD方法结构简单、计算量小，适合工程应用。适用于任何运动形式的目标检测。同时，该方法也可以推广用于密级杂波情况下目标跟踪时的数据关联。

2. 方法具体步骤

提出了多维数字化波门帧间递进关联的逻辑TBD检测前跟踪方法，包括以下步骤。

步骤一：将雷达量测空间进行离散化处理，获得距离离散单元总数x_n和方位离散单元总数y_n：

$$x_n = 2\text{fix}\left(\frac{r_{\max}}{\Delta_r}\right)$$

$$y_n = \frac{360}{\Delta_\theta} \quad (7.1)$$

式中：$r_{\max}$为雷达的探测距离；Δ_r为距离离散单元；Δ_θ为角度离散单元。

依据x_n、y_n和扫描帧K建立三维矩阵$\boldsymbol{D}_r$，矩阵大小为$x_n \times y_n \times K$，元素初始化全为0；对应地建立存放量测的元胞数组$\boldsymbol{D}_m$，元胞数组大小为$x_n \times y_n \times K$。

步骤二：将雷达信号进行第一门限检测，获得带有虚假点迹的雷达量测数据。

步骤三：将获得的雷达量测数据进行离散化处理，具体方法如下。

将获得的 K 帧的雷达量测分别存放于元胞数组 D_f 中，D_f 大小为 $1 \times K$，式中 $D_f\{1,k\}$ 存在第 k 帧的量测，$1 \leqslant k \leqslant K$，量测数据按行向量的方式排列成一个矩阵，每个量测为一个行向量，分别存储距离、方位角、信号能量，分别计算元胞数组 D_f 中的各个量测对应的距离离散单元编号、方位离散单元编号和帧编号，并将对应的矩阵 D_r 中的元素值赋为1，然后将该量测存放在该距离离散单元编号、方位离散单元编号和帧编号对应的元胞 $D_m\{\cdot,\cdot,\cdot\}$ 中。

步骤四：将所有第一帧的量测点设定为需要进行航迹搜索的起点，具体方法为：

找出 $D_r[:,:,1]$ 中不为零的点，分别记录其对应的距离离散单元编号、方位离散单元编号，找到的第一个不为零的数时对应的编号用行向量 [距离离散单元编号 方位离散单元编号] 记录，再找到其他的不为零的数时，排在第二排，依此类推，构成一个数据矩阵 S_p。

步骤五：分别取出矩阵 S_p 中的每一行，以该行对应的距离离散单元编号、方位离散单元编号为搜索起点，利用距离 - 方位二维数字化波门在帧间递进的关联搜索航迹，并将搜索到的航迹点进行二值化积累，并将积累的结果赋给对应的能量积累矩阵 J，并将对应的量测利用元胞数组 J_m 进行存储。具体地，步骤五中利用距离 - 方位二维数字化波门在帧间递进的关联搜索航迹，并将搜索到的航迹点进行二值化积累，具体又可分为以下步骤。

（1）初始化第一帧第 i 个量测的距离离散单元编号，方位离散单元编号对应的能量 E_i 为1，定义变量 $x_{n,\text{old}}$、$y_{n,\text{old}}$ 为记录上一帧关联上的量测的距离离散单元编号、方位离散单元编号，初始化时 $x_{n,\text{old}}$、$y_{n,\text{old}}$ 分别为第一帧量测的距离离散单元编号、方位离散单元编号。

（2）以上一帧距离离散单元编号 $x_{n,\text{old}}$、方位离散单元编号 $y_{n,\text{old}}$ 所在的雷达分辨单元为圆点，按照圆点附近一定数量区域设置为波门，判断下一帧数字化波门内有无量测点：判断方法为 D_r 在对应帧内数字化波门内是否有为1的点：如果有，则认为该点为关联上的点迹；如果有多个点，则将数字化波门内能量最大的量测点作为关联上的点迹；如果数字波门内没有为1的点，说明没有量测点迹被关联上，则选取圆点所在单元作为关联上的虚拟点迹；找到关联上点迹对应的距离离散单元编号、方位离散单元编号。

（3）如果关联上的点迹存在，则能量 E_i 加1。

（4）搜索波门中心递进，将上一帧找到关联上点迹对应的距离离散单元编号、方位离散单元编号对应赋给 $x_{n,\text{old}}$、$y_{n,\text{old}}$。

（5）依次执行类似（2）、（3）的步骤，直到第 K 帧的数据执行完。

步骤六：将矩阵 J 的元素进行门限检测，对于超过门限的元素，分别记录其对应的距离离散单元编号、方位离散单元编号，并依据该组编号在元胞数组 J_m 中找出对应的量测点系列，将检测出来的量测点系列作为检测出来的航迹输出。

7.1.3 仿真实验

1. 仿真实验场景设置

假设雷达扫描帧间隔为 2s，积累帧数为 7 帧，目标径向速度为 3400m/s，面向雷达飞行，径向加速度为 $100m/s^2$，距离离散单元设为 10000m，方位离散单元设为 5°，雷达量测的距离误差为 200m，角度误差为 0.2°，假设雷达各个分辨单元噪声信噪比为 8dB，检测门限为 7，距离数字波门和方位波门分别为圆点左右各 1 格的范围，雷达采用参差重频分别为 2ms、2.5ms、3ms；利用本方法进行 matlab 仿真实验，得到图 7.2 的 7 帧雷达量测和图 7.3、图 7.4 所示的实验结果，式中图 7.3 是离散化量测空间能量积累图，图 7.4 是检测结果图。

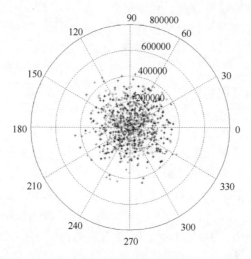

图 7.2　7 帧雷达量测

2. 仿真结果及分析

由图 7.3 可以看出，目标点迹二值化积累后，由量测空间能量积累图可以看出目标的能量最高；经过门限检测后从图 7.4 可以看出，目标的点迹也全部正确检测出来了。

本方法还可以用于复杂情况下目标跟踪前的量测预处理，减小或消除虚假点迹，让后续的跟踪滤波更稳定。

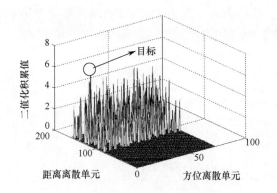

图 7.3 离散化量测空间能量积累图

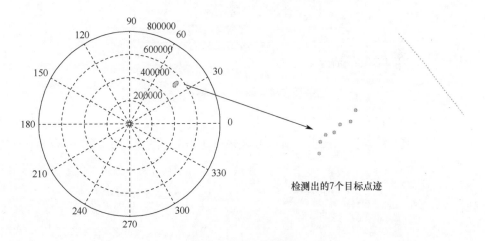

图 7.4 检测结果图

7.2 临近空间目标高超声速和强机动带来的测量误差处理问题

高超声速运动可能会产生较大的多普勒频率，使脉冲压缩输出波形的包络发生平移，使峰值不对应真实目标位置，从而产生较大脉冲压缩时延误差，即距离误差为

$$\Delta t_d = \frac{2\pi f_d}{\mu} = \frac{f_d T}{B}$$

例如：假设目标径向速度为 5km/s，雷达波长为 0.1m，线性调频脉冲信

号宽度为500us，线性调频带宽为1MHz，则脉冲压缩导致的距离延迟测量误差达7.5km，对应50个距离单元，示意图如图7.5所示。

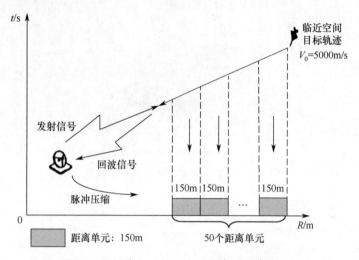

图7.5 临近空间目标回波积累跨距离单元示意

另外，强机动产生的多普勒变化率以及多普勒二阶变化率，导致多普勒频率测量误差，示意图如图7.6所示（蓝色—多普勒频率为零，红色—有多普勒频率）。

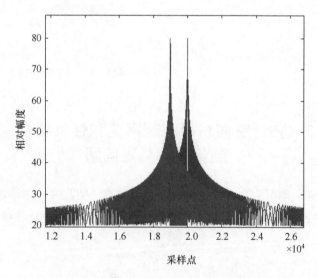

图7.6 多普勒频率误差示意图（见彩插）

7.2.1 基于 Singer 模型跟踪模型

Singer 模型算法认为机动模型是相关模型，将目标加速度 θ_1 作为具有指数自相关的零均值随机过程建模：

$$R(\tau) = E[a(t)a(t+\tau)] = \sigma^2 e^{-a|\tau|} \qquad (7.2)$$

式中：σ^2、a 为在区间 $[t, t+\tau]$ 内决定目标机动特性的待定参数。

$$\sigma^2 = \frac{a_{\max}^2}{3}(1 + 4P_{\max} - P_0) \qquad (7.3)$$

式中：$a_{\max}$ 为最大机动加速度；$P_{\max}$ 为其发生概率；P_0 为非机动概率。a 为机动频率，其典型经验取值范围：大气扰动 $a_1 = 1$，慢速转弯 $a_2 = 1/60$，逃避机动 $a_3 = 1/20$，确切值需通过实时测量才能确定。

对于采样间隔为 T，与一阶时间相关模型状态方程对应的离散时间状态方程为

$$X_i(k+1) = F_i(k)X_i(k) + V_i(k) \qquad (7.4)$$

式中

$$F_i(k) = \begin{bmatrix} F_i & 0_{3\times3} \\ 0_{3\times3} & F_i \end{bmatrix} \qquad (7.5)$$

$$F_i = e^{A_i T} = \begin{bmatrix} 1 & T & (a_i T - 1 + e^{-a_i t})/a_i^2 \\ 0 & 1 & (1 - e^{-a_i t})/a_i \\ 0 & 0 & e^{-a_i t} \end{bmatrix} \qquad (7.6)$$

离散时间过程噪声 $V_i(k)$ 具有协方差：

$$Q_i(k) = \begin{bmatrix} Q_i & Q_{3\times3} \\ Q_{3\times3} & Q_i \end{bmatrix} \qquad (7.7)$$

$$Q_i = 2\alpha_i \sigma_i^2 \begin{bmatrix} q_{11}^i & q_{12}^i & q_{13}^i \\ q_{21}^i & q_{22}^i & q_{23}^i \\ q_{31}^i & q_{32}^i & q_{33}^i \end{bmatrix} \qquad (7.8)$$

式（7.5）中：$0_{3\times3}$ 为 3×3 的零矩阵。

对于高超声速目标的跟踪，应该使用三维情况下的 Singer 模型。

7.2.2 基于速度－距离耦合误差补偿的高超声速机动目标跟踪方法

利用径向速度补偿动态误差技术可分为以下几步。

步骤一：利用多维数字化波门帧间递进关联的逻辑 TBD 方法进行航迹起始和滤波初始化，获得目标的初始状态估计 $[x \ \dot{x} \ y \ \dot{y} \ z \ \dot{z} \ \ddot{x} \ \ddot{y} \ \ddot{z}]$，假设 7 帧量测为一个周期。

步骤二：TBD 滑窗移动一格，再次进行多维数字化波门帧间递进关联的逻辑 TBD 处理，并将检测出来的量测的最后一帧输出，利用波门关联方法与状态预测值进行关联。

步骤三：将关联后的量测利用 Singer 模型进行三维状态下的跟踪，获得新的状态估计。

步骤四：对状态值进行距离误差补偿，补偿方法如下。

（1）计算距离估计：

$$\hat{r} = \sqrt{\hat{x}^2 + \hat{y}^2 + \hat{z}^2} \tag{7.9}$$

（2）利用状态向量 $[x \ y \ z]$ 和三个方向对应的速度状态 $[\dot{x} \ \dot{y} \ \dot{z}]$ 求取此时的径向速度估计：

$$\hat{v}_r = \text{sum}([x \ y \ z] \cdot [\dot{x} \ \dot{y} \ \dot{z}]) / \sqrt{x^2 + y^2 + z^2} \tag{7.10}$$

（3）然后利用径向速度与动态误差的关系，求出由于径向速度引起的动态误差：

$$\Delta r = \hat{v}_r \cdot f_c \cdot T_B / B \tag{7.11}$$

式中：f_c 为雷达频率；T_B 为线性调频信号的时宽；B 为信号带宽。

（4）对距离进行补偿：

$$\hat{r} = \hat{r} - \Delta r \tag{7.12}$$

（5）根据补偿后的距离求出补偿后的状态向量 $[x \ y \ z]$：

$$\hat{x} \cdot \cos\theta\cos\gamma \tag{7.13}$$

$$\hat{y} = \hat{r} \cdot \sin\theta\cos\gamma \tag{7.14}$$

$$\hat{z} = \hat{r} \cdot \sin\gamma \tag{7.15}$$

（6）获得新的状态向量 $[x \ \dot{x} \ y \ \dot{y} \ z \ \dot{z} \ \ddot{x} \ \ddot{y} \ \ddot{z}]$ 后，回到步骤二。

7.2.3 仿真实验

从图 7.7、图 7.8 可以看出，对于高超声速目标，通过速度补偿后，距离跟踪误差大幅减小，基本消除了高速带来的距离多普勒耦合问题，位置跟踪在滤波开始时有些波动，在 20 步以后跟踪误差稳定降低。

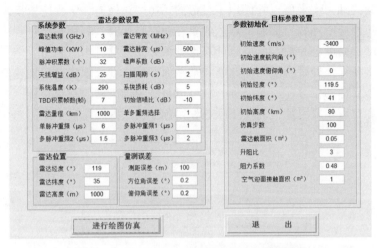

图 7.7 利用仿真系统软件总体仿真参数设置

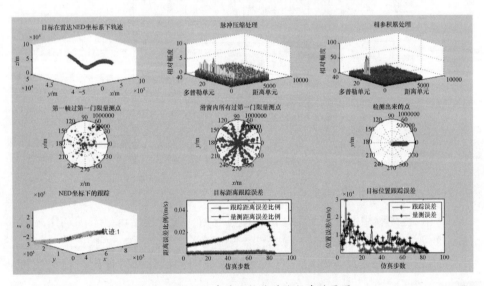

图 7.8 利用仿真系统软件总体仿真结果图

7.3 基于升－阻－重三力作用的滑翔跳跃式机动跟踪模型

7.3.1 总体思路

在第 2 章中，通过升－阻－重三力作用条件下的受力分析，得到了滑翔跳

223

跃式机动的动力学模型，并模拟了目标的轨迹。该轨迹一定程度上反映了临近空间高超声速滑翔式目标的特点。如果在跟踪目标时，利用跟踪过程中估计获得的速度、高度等参数，就可以计算得到该处受到的升力-阻力，结合重力可以进一步获得该处垂直面的加速度和水平面的加速度，根据这个加速度可以预测下一步目标的位置，依此类推，就可以得到更加准确的跟踪目标。

与之对应，要更加精确地跟踪这种目标，选用的跟踪模型如图7.9所示。

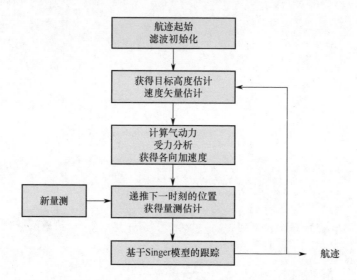

图7.9 基于升-阻-重三力作用的滑翔跳跃式机动跟踪模型

7.3.2 基于升-阻-重的机动跟踪模型

（1）首先利用航迹起始方法进行航迹起始，航迹起始可以考虑利用7.1.2节中的方法，如果目标不属于微弱目标，则可以采用逻辑法航迹起始。

（2）起始完成后，利用三点法进行滤波的初始化，估计出目标的速度、位置等状态信息 $[x \ \dot{x} \ y \ \dot{y} \ z \ \dot{z} \ \ddot{x} \ \ddot{y} \ \ddot{z}]$。

（3）计算目标的速度估计

$$V = \sqrt{\dot{x}^2 + \dot{y}^2 + \dot{z}^2} \tag{7.16}$$

（4）将 z 作为高度估计，根据目标高度，计算对应的大气密度 ρ。计算大气密度时采用1976年美国标准大气层模型计算不同高度时的大气密度（略）。

（5）根据目标的速度和目标所处的大气密度，计算气动升力 L 和气动阻力 D。具体计算公式如下：

$$L = \frac{1}{2}C_L\rho AV^2 \tag{7.17}$$

$$D = \frac{1}{2}C_D\rho AV^2 \tag{7.18}$$

式中：C_L 为气动升力系数；C_D 为气动阻力系数；A 为飞行器空气迎面接触的面积，单位为平方米；ρ 为大气密度。

(6) 将气动升力和气动阻力沿着 x、y、z 方向分解。具体地，将飞行器受到的气动升力在 x、y、z 三个方向进行分解，得

$$L_x = L\cos\theta_L\cos\varphi_L \tag{7.19}$$

$$L_y = L\cos\theta_L\sin\varphi_L \tag{7.20}$$

$$L_y = L\sin\theta_L \tag{7.21}$$

将飞行器受到的气动阻力在 x、y、z 三个方向进行分解，得

$$D_x = D\cos\theta_D\cos\varphi_D \tag{7.22}$$

$$D_y = D\cos\theta_D\sin\varphi_D \tag{7.23}$$

$$D_z = D\sin\theta_D \tag{7.24}$$

(7) 通过求出重力、升力、阻力在 x、y、z 各个方向的合力，进而得到飞行器在 x、y、z 三个方向上的加速度：

$$a_x(k) = (L_x + D_x)/m \tag{7.25}$$

$$a_y(k) = (L_y + D_y)/m \tag{7.26}$$

$$a_z(k) = (L_z + D_z - mg)/m \tag{7.27}$$

(8) 根据 x、y、z 三个方向上的加速度估计，以匀加速度直线运动近似得到下一时刻飞行器的状态，下一时刻 x 位置 $x(k+1)$ 为

$$x(k+1) = x(k) + v_x(k)t + \frac{1}{2}a_x(k)t \tag{7.28}$$

下一时刻 x 速度 $v_x(k+1)$ 为

$$v_x(k+1) = v_x(k) + a_x(k) \cdot t \tag{7.29}$$

下一时刻 y 位置 $y(k+1)$ 为

$$y(k+1) = y(k) + v_y(k)t + \frac{1}{2}a_y(k)t \tag{7.30}$$

下一时刻 z 位置 $z(k+1)$ 为

$$z(k+1) = z(k) + v_z(k)t + \frac{1}{2}a_z(k)t \tag{7.31}$$

式中：t 为时间间隔。

(9) 利用获得的雷达距离、方位、俯仰量测，换算成 x、y、z 的量测估计，两者相减得到新息，利用扩展卡尔曼滤波对其进行跟踪。

（10）由于目标的空气迎面面积进行多假设，形成迎面面积多假设交互多模型跟踪算法。

本 章 小 结

本章首先讨论了高超声速目标等离子鞘套等引起的目标微弱情况下高超声速连续跟踪问题，提出了多维数字化波门帧间递进关联的逻辑 TBD 检测方法；然后讨论了利用数据处理解决目标高速运动引起的距离 – 多普勒耦合问题，提出了基于速度 – 距离耦合误差补偿高超声速机动目标跟踪方法；最后讨论了基于升 – 阻 – 重三力作用的机动目标跟踪模型，解决滑跃滑翔跳跃式轨迹的高精度跟踪问题。

第8章　高速目标雷达探测跟踪仿真系统

本书针对高超声速目标雷达探测关键技术构建了一种雷达探测跟踪原理验证系统。本章简要介绍该系统的组成和基本功能。

8.1　系统组成

雷达探测跟踪原理验证系统软件主要包括：基于 LabVIEW 开发 1~6 号台位的系统框架程序、利用 Matlab 和 LabVIEW 交互完成对雷达探测跟踪原理仿真。高超声速目标雷达探测跟踪原理验证系统如图 8.1 所示。

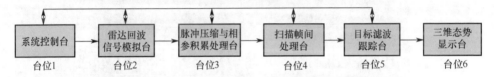

图 8.1　高超声速目标雷达探测跟踪原理验证系统框图

该系统由 6 个台位组成（图 8.2），每个台位为一台 inter i5 以上处理器的计算机，台位 1~5 界面为 LabVIEW 开发，后台运行 matlab 程序，两个程序利用通信协议在后台实时交互和显示。台位 6 三维态势显示台软件为 Visual Studio 2014 开发的三维数字化地图，主要接收台位 5 的数据，显示出真实轨迹和估计轨迹的态势。

图 8.2　高超声速目标雷达探测跟踪原理验证系统

8.2 LabVIEW 系统框架软件

LabVIEW 系统框架软件主要包含6个显控界面：系统控制台、雷达回波信号模拟台、脉冲压缩和相参积累处理台、扫描帧间积累处理台、目标滤波跟踪台和三维态势显示台。

上述6个显控界面中，除去系统控制台和三维态势显示台，其余4个界面都需要和 Matlab 进行交互，下面分别对6个软件的功能及使用进行说明。

8.2.1 系统控制台

系统控制台位主要进行仿真参数的设置以及仿真流程的控制，其界面如图8.3所示。主要包含以下4个区域：雷达参数设置、目标参数设置、系统控制和网络连接状态显示。

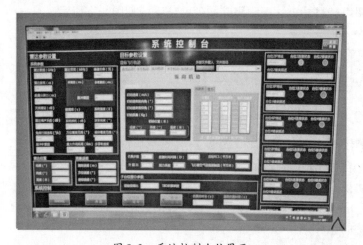

图 8.3 系统控制台位界面

8.2.2 雷达信号模拟台

本台位主要完成目标真实轨迹和雷达回波的生成，接收来自主控台位的雷达参数、目标参数和仿真参数，并将这些参数传送至 Matlab 轨迹生成和回波产生程序，待 Matlab 产生好轨迹和回波后显示在对应的画图面板上，2号台位的界面如图8.4所示。

主控台位连接指示灯用于指示主控台位和本台位的连接，深绿色代表未连接，亮绿色代表已连接。三号台位的连接指示灯用于指示三号台位和本台位的连接，深绿色代表未连接，亮绿色代表已连接。数据连接指示灯用于指示三维态势软件和本台位的连接，深绿色代表未连接，亮绿色代表已连接。

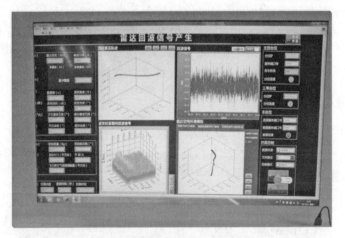

图8.4 雷达信号模拟台位

8.2.3 脉压压缩和相参积累处理台

本台位主要完成将雷达回波数据送入Matlab进行脉压以及相参积累处理，同时将脉压结果和相参积累结果在前端界面上显示出来，同时发往4号TBD非相参积累台位。本台位的界面如图8.5所示，主要包含三个区域：本台位参数配置区域、结果显示区域和网络连接显示区域。

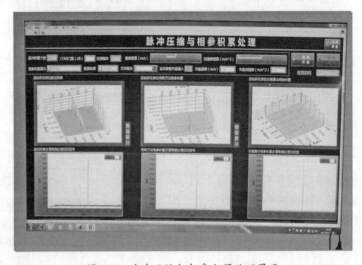

图8.5 脉冲压缩与相参积累处理界面

本台位需要同时连接三个台位，分别是主控本台位、2号雷达信号模拟台位和4号TBD非相参积累台位。作为主控台位的客户端，用于接收主控台位的仿真流程控制命令；作为2号台位的数据客户端，用于接收台位2产生的雷达回波模拟数据；作为4号台位的数据服务端，用于将本台位的相参积累处理结果传送至4号台位。连接指示灯，暗绿色代表未连接，亮绿色代表已连接。如果出现连接状态异常，作为本台位的错误信息上报主控台位。

8.2.4 扫描帧间积累处理台

本台位主要完成以雷达帧为单位的雷达信号能量帧间积累，其界面如图8.6所示，主要分为参数设置区域、结果输出显示区域、网络连接显示区域和仿真控制区域。

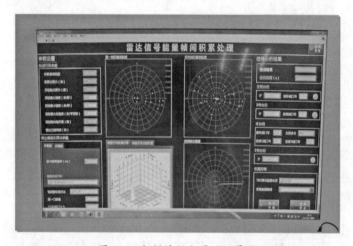

图8.6 扫描帧间积累处理界面

本台位的参数设置区域可设置的参数有：积累量测帧数、雷达重频及算法参数设置，大部分的参数在主控台位和3号台位已经设置好，本台位只负责显示。

8.2.5 目标滤波跟踪台

高精度跟踪处理台位主要用于对TBD非相参积累的量测结果进行跟踪，形成目标航迹，同时形成跟踪图及跟踪误差，并把最终的跟踪结果送往雷达显示屏台位进行结果显示。本台位界面如图8.7所示，主要包括参数设置区域、仿真控制区域、结果显示区域、网络连接状态区域，本台位的数据来自4号台位的TBD相参结果。

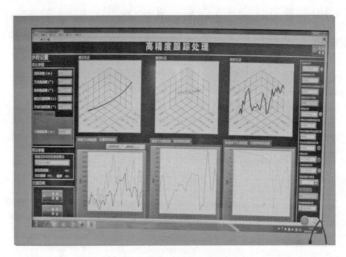

图 8.7 目标滤波跟踪界面

8.2.6 三维态势显示台

图 8.8 所示为三维态势显示界面,先双击启动 CSocket_Serve.exe,并单击"启动服务器"。

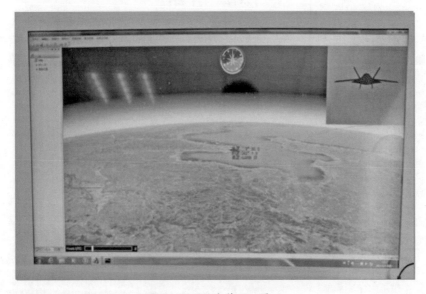

图 8.8 三维态势显示界面

单击 CSocket_Serve 的对话框的"定时发送数据"按钮,服务器端向三维

231

客户端系统发送数据，目标开始运动，单击 CSocket_Serve 的对话框的"停止发送数据"按钮，服务器端停止向三维客户端系统发送数据，目标开始静止。

8.3 软件操作流程

第一步：打开 6 台计算机，利用路由器连接好 6 台计算机，分别设置其 IP 地址为：192.168.0.1、192.168.0.2、192.168.0.3、192.168.0.4、192.168.0.5、192.168.0.6。

第二步：以 1、2、3、4、5 的顺序依次打开台位 1~5 的 Labview 软件界面。

第三步：台位 2~5 依次打开 Matlab 的 main 函数，并单击运行，让 Matlab 挂机等待接收开始命令，打开台位 6 的软件，处于等待接收数据状态。

第四步：在台位 1 上设置雷达参数、目标参数等。

第五步：依次从台位 1 到台位 5，单击 Labview 界面上的仿真开始按钮，台位 2 和台位 6 将依次得到仿真的结果图。

第六步：仿真结束后，依次关闭 Matlab 和 Labview 界面。

本 章 小 结

本章介绍了作者团队开发的高超声速目标雷达探测跟踪原理验证系统的组成和工作原理，介绍了各个台位的界面和仿真结果示意图，给后续相关领域学习者和研究者提供参考。

第9章 高超声速飞行器分类识别技术

雷达目标识别是模式识别技术的一个具体应用领域，模式识别理论中两种基本的模式识别方法是统计模式识别方法和结构模式识别方法，在雷达目标识别中应用较多的是前者。统计模式识别系统主要由四个环节组成：数据采集与处理、特征获取、识别器设计及识别器评估，模式识别系统设计的基本流程如图9.1所示。

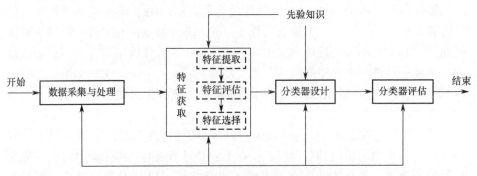

图9.1 模式识别系统设计的基本流程图

数据采集与处理是目标识别的基础，对于雷达而言，即获取目标RCS序列、一维像、二维像、微多普勒信息，通过噪声的去除、野值的剔除等事后处理工作得到数据源。从数据源提取特征，并通过特征评估、特征选择等多个环节的工作，将样本表示成特征空间上的一个点。识别器设计是模式识别中的中心环节，其基本任务是在样本训练集或先验知识基础上确定某种规则，使按该规则进行识别所引起的损失最小。识别器评估是模式识别系统必不可少的一个环节，它不仅是识别系统与外界联系的需要，而且根据其评估反馈可以调整识别系统设计的多个环节，进行系统优化。由此可知，评估与识别不是两个分开的阶段，而是互不可分、密切相关的，它们均是广义上识别系统设计中必不可少的环节。正因如此，识别器设计与识别评估问题必须纳入到一起考虑。目标识别中有多种模式决策分类方法，这些方法均可看成从特征空间到模式空间的一种映射。由于识别背景的不同，先验知识多少的差异，不同场景下对具体的识别方法会有不同的选择。高超声速目标识别是典型的非合作目标识别，呈现出如下特点：首先，由于识别对象的特殊军事地位，较难获得待识别对象的完全特征数据库；其次，对高超声速目标的识别不是一次就完成，而是要通过多次、连续的识别，以保证识别系统的可靠性，因此，识别不仅要利用当前信息，而且要利用历史信息；另外，高超声速目标识别的实时性要求较强，识别器应当设计得简洁、物理意义清晰，而且具有较强的推广能力。考虑到这几点，作者所在团队设计了隐马尔可夫模型、朴素贝叶斯、判别式分类及支持向量机四种典型的分类器。在识别评估中采用了两种方法，即基于置信度的评估方法和基于 ROC 曲线的评估方法。

9.1　隐马尔可夫模型分类器

隐马尔可夫模型（HMM）是一种用参数表示的用于描述随机过程统计特性的概率模型，是一个双重随机过程，由两个部分组成：马尔可夫链和一般随机过程。其中马尔可夫链用来描述状态的转移，用转移概率描述。一般随机过程用来描述状态与观测序列间的关系，用观测值概率描述。HMM 是一个时间序列模型，它是一个无记忆的非平稳随机过程，具有很强的表征时变信号的能力，非常适合用作动态模式分类器。

RCS 序列是高超声速飞行器运动特性和散射特性的集中反映，同类目标 RCS 序列具有相对稳定的变化模式，而不同类目标之间，由于运动特性和散射特性有所差别，其 RCS 序列的变化模式也有差异。把 RCS 序列看作与高超声速飞行器运动状态相联系的观测序列，RCS 序列的变化规律反映目标运动状态的变化，就可以用 HMM 对高超声速飞行器运动变化规律进行描述，进而根据目标的运动规律的差异，对不同的目标进行分类识别。

9.1.1　识别流程与步骤

隐马尔可夫模型分类器主要针对 RCS 变化特征进行分类识别。变化特征参数包括初始分布概率向量、状态转移概率矩阵和观测值概率矩阵。在建立每一类目标的识别特征模板后，对待识别样本，分别计算各类模型生成该样本的概率，通过比较生成概率的大小，就可以确定待分类样本所属类别。图 9.2 为 K 类目标的 HMM 识别系统原理图。

基于隐马尔可夫模型的高超声速飞行器目标识别步骤如下。

（1）确定观测状态数和 HMM 模式数；

（2）对试验目标 1、目标 2 和目标 3 等类型目标的 RCS 序列进行数据预处理；

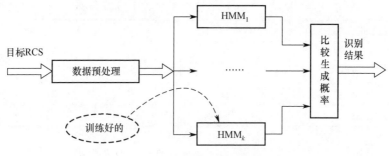

图 9.2 HMM 识别系统原理图

(3) 利用预处理后的目标 1、目标 2 和目标 3 等各类型目标样本对 HMM 进行训练，分别得到表征各自类型目标特征的隐马尔可夫模型特征参数；

(4) 对待识别样本，分别计算各类模型生成该样本的概率。概率越大，表明样本与该类目标匹配程度越好；

(5) 比较各个生成概率的大小，最大概率对应的类别即为该样本所属类别。

9.1.2 测量数据验证

识别测试验证实验中采用某型高超声速飞行器试验任务实测 RCS 数据。选取的观测状态数为 30，HMM 模式数为 20，训练样本在每次任务的目标 1 段 RCS 和目标 2 段 RCS 中各自随机截取，测试样本在目标 1 RCS 序列中相隔一定的数据点依次截取，每个样本长度为 120 个点，样本中每 6 个连续点依其均值划分为某个状态。每个类别的样本经过数据预处理后，按训练样本和测试样本分组待用。

1. 目标 1 识别结果

首先在每次任务目标 1RCS 序列和目标 2 RCS 序列中各随机截取 300 个样本，经过数据预处理后分别对 HMM 进行训练，得到目标模型。然后对每次任务的目标 1 RCS 序列按时间顺序依次截取测试样本进行分类识别测试。通过统计正确分类样本数与测试样本总数的比值得到该次任务的目标 1 分类正确率。表 9.1 给出了各次任务目标 1 分类结果。从表中可以看出，该型号系列分类测试结果极好，试验中所有目标 1 样本分类正确。

2. 目标 2 识别结果

对每次任务的目标 2RCS 序列按时间顺序依次截取测试样本进行分类测试，表 9.2 给出了各次任务目标 2 分类结果。

表 9.1 雷达 1 测量数据目标 1 分类结果

任务代号	目标 1 样本数	分类正确率/%
S2	386	100
S3	271	100
S4	217	100
S5	500	100

表 9.2 雷达 1 测量数据目标 2 分类结果

任务代号	目标 2 样本数	分类正确率/%
S2	234	100
S3	206	91.26
S4	357	85.43
S5	238	97.06

本节采用隐马尔可夫模型参数作为高超声速飞行目标 RCS 序列幅值变化特征，利用靶场雷达 1、雷达 2 实测数据对变化特征的分类识别性能进行了测试检验。测试结果表明，短时段 RCS 变化特征可以对飞行目标进行有效分类，其中目标 1 的识别正确率在大多数应用中均较高。

9.2 朴素贝叶斯分类器

9.2.1 识别算法

1. 贝叶斯分类器

贝叶斯分类是一类分类算法的总称，这类算法均以贝叶斯定理为基础，故统称为贝叶斯分类。贝叶斯分类器的分类原理是通过某对象的先验概率，利用贝叶斯公式计算出其后验概率，即该对象属于某一类的概率，选择具有最大后验概率的类作为该对象所属的类。目前研究较多的贝叶斯分类器主要有四种，分别是：Naive Bayes、TAN、BAN 和 GBN。贝叶斯网络是一个带有概率注释的有向无环图，网络图中的每一个结点均表示一个随机变量，两结点间若存在一条弧，则表示这两结点相对应的随机变量是概率相依的，反之则说明这两个随机变量是条件独立的。网络中任意一个结点 X 均有一个相应的条件概率表 (Conditional Probability Table，CPT)，用以表示结点 X 在其父结点取各可能值时的条件概率。若结点 X 无父结点，则 X 的 CPT 为其先验概率分布。贝叶斯网络的结构及各结点的 CPT 定义了网络中各变量的概率分布。

贝叶斯分类器是用于分类的贝叶斯网络。该网络中应包含类结点 C，C 的取值来自于类集合 $(c_1,c_2,\cdots,c_m)$，还包含一组结点 $X=(X_1,X_2,\cdots,X_n)$，表示用于分类的特征。对于贝叶斯网络分类器，若某一待分类的样本 D，其分类特征值 $X=(x_1,x_2,\cdots,x_n)$，则样本 D 属于类别 c_i 的概率：

$$p(C=c_i\mid x_1=X_{i1},x_2=X_{i2},\cdots,x_n=X_{in}), i=1,2,\cdots,m \quad (9.1)$$

应满足下式：

$$p(C=c_i\mid X=X_i)=\max(p(C=c_j\mid X=X_j)), j=1,2,\cdots,m \quad (9.2)$$

而由贝叶斯公式：

$$p(C=c_j\mid X=X_j)=p(X=X_j\mid C=c_j)p(C=c_j)/p(X=X_j) \quad (9.3)$$

式中：$p(C=c_j)$ 可由领域专家的经验得到；$p(X=X_j\mid C=c_j)$ 和 $p(X=X_j)$ 的计算则较困难。

应用贝叶斯网络分类器进行分类主要分成两阶段。第一阶段是贝叶斯网络分类器的学习，即从样本数据中构造分类器，包括结构学习和 CPT 学习；第二阶段是贝叶斯网络分类器的推理，即计算类结点的条件概率，对分类数据进行分类。这两个阶段的时间复杂性均取决于特征值间的依赖程度，甚至可以是 NP 完全问题，因而在实际应用中，往往需要对贝叶斯网络分类器进行简化。根据对特征值间不同关联程度的假设，可以得出各种贝叶斯分类器，Naive Bayes、TAN、BAN、GBN 就是其中较典型、研究较深入的贝叶斯分类器。

2. 朴素贝叶斯分类器（NBC）

朴素贝叶斯（Naïve Bayes）分类器是贝叶斯分类器的一个简单实现，是一种简单的分类算法，叫它朴素贝叶斯分类是因为这种方法的思想很朴素。对于给出的待分类项，求解在此项出现的条件下各个类别出现的概率，哪个最大，就认为此待分类项属于哪个类别。

朴素贝叶斯分类器有着坚实的数学基础，以及稳定的分类效率。同时，NBC 模型所需估计的参数很少，对缺失数据不太敏感，算法也比较简单。理论上，NBC 模型与其他分类方法相比具有最小的误差率，但是实际上并非总是如此，这是因为 NBC 模型假设属性之间相互独立，这个假设在实际应用中往往是不成立的，这给 NBC 模型的正确分类带来了一定影响。在属性个数比较多或者属性之间相关性较大时，NBC 模型的分类效率比不上其他模型，而在属性相关性较小时，NBC 模型的性能最为良好。当分类器所使用的各特征

间的依赖关系未知时，常常假设：给定类别下各特征量是条件独立的，即

$$p(c_i \mid X) \propto \prod_{j=1}^{n} p(x_j \mid c_i) \tag{9.4}$$

朴素贝叶斯分类的正式定义如下。

设 $x(x_1, x_2, \cdots, x_n)$ 为一个待分类项，而每个 x_i 为 x 的一个特征属性。有类别集合 $C = \{c_1, c_2, \cdots, c_m\}$，计算 $p(c_1 \mid x)$、$p(c_m \mid x)$、$\cdots$、$p(c_2 \mid x)$，如果 $p(c_j \mid x) = \max(p(c_1 \mid x), p(c_2 \mid x), \cdots, p(c_m \mid x))$，则 $x \in c_j$。

朴素贝叶斯分类的关键就是如何计算各个条件概率。可以这么做：

找到一个已知分类的待分类项集合，这个集合叫作训练样本集；

统计得到在各类别下各个特征属性的条件概率估计，即 $p(x_j \mid c_i)$；

假设各个特征属性是条件独立的，根据贝叶斯定理计算 $p(c_i \mid c_i) = \dfrac{p(x \mid c_i) p(c_j)}{p(x)}$，所有类别的分母为常数，所以只要将分子最大化皆可。又因为各特征属性是条件独立的，所以有 $p(x_i \mid c_i) p(c_i) = p(c_i) \prod_{j=1}^{n} p(x_j \mid c_i)$。

根据上述分析，朴素贝叶斯分类的流程可以由图 9.3 表示。

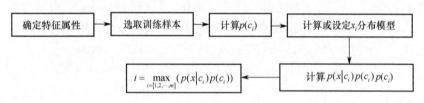

图 9.3 朴素贝叶斯分类的流程

可以看到，整个朴素贝叶斯分类分为三个阶段。

第一阶段：准备工作阶段，这个阶段的任务是为朴素贝叶斯分类做必要的准备，主要工作是根据具体情况确定特征属性，并对每个特征属性进行适当划分，然后由人工对一部分待分类项进行分类，形成训练样本集合。这一阶段的输入是所有待分类数据，输出是特征属性和训练样本。这一阶段是整个朴素贝叶斯分类中唯一需要人工完成的阶段，其质量对整个过程将有重要影响，分类器的质量很大程度上由特征属性、特征属性划分及训练样本质量决定。

第二阶段：分类器训练阶段，这个阶段的任务就是生成分类器，主要工作是计算每个类别在训练样本中的出现频率及每个特征属性划分对每个类别的条件概率估计，并将结果记录。其输入是特征属性和训练样本，输出是分类器。这一阶段是机械性阶段，根据前面讨论的公式可以由程序自动计算完成。

第三阶段：应用阶段，这个阶段的任务是使用分类器对待分类项进行分

类，其输入是分类器和待分类项，输出是待分类项与类别的映射关系。这一阶段也是机械性阶段，由程序完成。

9.2.2 测量数据验证

1. 雷达 1 测量数据验证

选取 S2 和 S4 任务的目标 1 测量 RCS 序列，S1、S5、S2 和 S4 任务的目标 2 测量 RCS 序列、S2 任务的目标 3 目标测量 RCS 序列，生成测试样本。对三个分类器分类效果进行测试（表 9.3）。

表 9.3 Naive Bayes 分类结果（一）

序号	任务编号	目标类型	测试样本数	识别结果				正确率
				目标 1	目标 2	目标 31	目标 32	
1	S2	目标 1	359	275	2	10	72	76.6%
2	S4	目标 1	809	634	4	41	130	78.3%
3	S1	目标 2	1052	75	976	1	0	92.7%
4	S5	目标 2	807	33	774	0	0	95.9%
5	S2	目标 2	915	24	891	0	0	97.3%
6	S4	目标 2	993	19	974	0	0	98.0%
7	S2	目标 3	746	41	0	149	556	74.5%

2. 雷达 2 测试数据验证

选取 S1、S3 和 S4 任务的目标 1 测量 RCS 序列，S1 任务的目标 2 测量 RCS 序列、S2 和 S4 任务的目标 3 目标测量 RCS 序列，生成测试样本。对 Naive Bayes 分类器分类效果进行测试（表 9.4）。

表 9.4 Naive Bayes 分类结果（二）

序号	任务编号	目标类型	测试样本数	识别结果			正确率
				目标 1	目标 2	目标 3	
1	S1	目标 1	294	286	0	8	97.3%
2	S3	目标 1	630	619	0	11	98.3%
3	S4	目标 1	660	632	9	19	95.8%
4	S1	目标 2	373	11	362	0	97.1%
5	S2	目标 3	303	0	0	303	100.0%
6	S4	目标 3	660	1	0	659	99.8%

本节利用雷达1和雷达2测量的6次试验RCS数据，对识别方法进行了训练和验证。从试验数据的验证结果表明：贝叶斯识别算法对目标1的准确率在89.3%以上，目标2在96.2%以上，诱饵在91.43%以上。

9.3 判别式分类器

9.3.1 识别算法

朴素贝叶斯分类器设计方法是在已知类条件概率密度 $p(x|c_i)$ 的参数表达式和先验概率 $p(c_i)$ 的前提下，利用样本估计 $p(x|c_i)$ 的未知参数，再用贝叶斯定理将其转换成后验率 $p(c_i|x)$，并根据后验概率的大小进行分类决策的方法。在实际问题中，由于样本特征空间的类条件概率密度的形式常常很难确定，利用Parzen窗等非参数方法估计分布又往往需要大量样本，而且随着特征集维数的增加，所需样本数急剧增加。因此，往往不恢复类条件概率密度，而是利用样本集直接设计分类器。具体说就是，首先给定某个判别函数类，然后利用样本集确定出判别函数中的未知参数。

1. 线性判别函数

在 n 维特征空间中，特征矢量 $\boldsymbol{x}=(x_1,x_2,\cdots,x_n)^{\mathrm{T}}$，线性判别函数的一般形式为

$$f(x) = w_1 x_1 + w_2 x_2 + \cdots + w_n x_n + b \tag{9.5}$$

$\boldsymbol{w}=(w_1,w_2,\cdots,w_n)^{\mathrm{T}}$，称为权矢量或系数矢量。写成矢量形式：

$$f(x) = \boldsymbol{w}^{\mathrm{T}}\boldsymbol{x} + b \tag{9.6}$$

式中：$\boldsymbol{x}$ 为特征矢量；$\boldsymbol{w}$ 为权矢量。此时特征矢量的全体称为特征空间。

对于两类问题，待识模式特征矢量 $\boldsymbol{x}$ 可通过下面的判别规则进行分类。

判别规则：设 $f(x)$ 为判别函数，即

$$f(x) = \boldsymbol{w}^{\mathrm{T}}\boldsymbol{x} + b = \begin{cases} > 0 \Rightarrow x \in c_1 \\ < 0 \Rightarrow x \in c_2 \\ = 0 \Rightarrow x \in c_i \text{ 或拒判} \end{cases} \tag{9.7}$$

上述规则中，$A \Rightarrow B$ 表示若 A 成立，则 B 成立。

两类判别方法可推广到多类问题，有三个技术途径。

1) $c_i/\bar{c}_i$ 两分法

判别函数将 c_i 类和 $\bar{c}$ 类的模式分开，于是 M 类问题转变为 $M-1$ 个二分类问题。如果模式是线性可分的，一般需要建立 $M-1$ 个独立的判别函数。为了

方便，可建立 M 个判别函数：
$$f_i(x) = \mathbf{w}_i^T \mathbf{x} + b, \quad (i = 1, 2, \cdots, M) \tag{9.8}$$

其中，每个判别函数都具有下面的性质：
$$f_i(x) = \begin{cases} > 0 \Rightarrow x \in c_i \\ < 0 \Rightarrow x \notin c_i \end{cases} \quad (i = 1, 2, \cdots, M) \tag{9.9}$$

所以对于 M 类问题，判决规则为

如果 $\begin{cases} f_i(x) > 0 \\ f_j(x) \leq 0 \end{cases} \forall j \neq i$，则判 $x \in c_i$ \qquad(9.10)

两个界面 $f_i(x) = 0$ 和 $f_j(0) = 0$ 所分划的类域 Ω_i 和类域 Ω_j 可能会有部分重叠，类域 $\overline{\Omega}_i$ 和类域 $\overline{\Omega}_j$ 也可能会重叠，即可能会同时出现两个或两个以上的判别式都大于零或所有的判别式都小于零的情况。出现在这种情况的区域中的点将不能判别出它们的类别，称这样的区域为不确定区，类别越多，不确定区也就越多。由于不确定区的存在，仅用一个判别函数 $f_i(x) > 0$ 不能可靠地判别出 $x \in c_i$，还必须有 $f_j(x) < 0\ \forall j \neq i$，通过多个不等式的联立，才能可靠地判别出 $x \in c_i$。

2) c_i / c_j 两分法

对 M 类中的任意两类 c_i 和 c_j 都建立一个判别函数，它将属于 c_i 类的模式与属于 c_j 类的模式区分开。由于从 M 元中取 2 元的组合数为 $M(M-1)/2$，所以要分开 M 类，需要有 $M(M-1)/2$ 个判别函数。通过训练得到的区分两类 c_i 和 c_j 的判别函数为
$$f_{ij}(x) = \mathbf{w}_{ij}^T \mathbf{x} + b \quad (i, j = 1, 2, \cdots, M, i \neq j) \tag{9.11}$$

它具有性质：
$$f_{ij}(x) = \begin{cases} > 0, & x \in x_i \\ < 0, & x \in x_j \end{cases} \tag{9.12}$$
$$f_{ij}(x) = -f_{ji}(x)$$

根据 $f_{ij}(x)$ 的正负不能判断出 x 是属于 c_i 类还是属于 c_j 类的判别，只能判断出 x 是位于含有 c_i 类的半空间中还是位于含有 c_j 类的半空间中，而在其中某一个半空间中还可能含有其他的类域。因此，除 $f_{ij}(x)$ 之外还要根据其他的判别函数才能做出正确的判决，所以这种方法的判别规则是：如果 $f_{ij}(x) > 0$，则判 $x \in c_i$。这类方法仍然有不确定区。

3) 没有不确定区的 c_i / c_j 两分法

对方法 27 判别函数做如下形式处理，令：

$$f_{ij}(x) = f_i(x) - f_j(x) = (\boldsymbol{w}_i^\mathrm{T} - \boldsymbol{w}_j^\mathrm{T})x + b_i - b_j \quad (9.13)$$

则 $f_{ij}(x) > 0$ 等价于 $f_i(x) > f_j(x)$。于是，对 M 类中的每一类 c_i 均建立一个判别函数 $f_i(x)$，M 类问题有 M 个判别函数：

$$f_i(x) = \boldsymbol{w}_i^\mathrm{T}\boldsymbol{x} + b_j, \quad (i = 1,2,\cdots,M) \quad (9.14)$$

此种情况下，判别规则为：如果 $f_i(x) > f_j(x)$ $\forall j \neq i$，则 $x \in c_i$。

这种判别规则的另一种表述形式为：如果 $f_i(x) = \max\limits_{j=1,2,\cdots,M} f_j(x)$，则 $x \in c_i$。

易知，$f_i(x) > f_j(x)$（$\forall j \neq i$；$i = 1, 2, \cdots, M$）将特征空间分划成 c 个判别类域 $\Omega_1, \Omega_2, \cdots, \Omega_M$，当 x 在 Ω_i 中时，则有 $f_i(x) > f_j(x)$（$\forall j \neq i$）。实际上，有的判别类域可能并不相邻。如果 Ω_i 和 Ω_j 相邻，则它们的界面方程为 $f_i(x) = f_j(x)$。如同方法1），此方法也只有 $M-1$ 个判别式是独立的。

当 $M > 3$ 时，c_i/c_j 法比 $c_i/\bar{c}_i$ 法需要更多的判别函数式，这是一个缺点。但是 $c_i/\bar{c}_i$ 法是将 c_i 类与其余的 $M-1$ 类区分开，而 c_i/c_j 法是将 c_i 类和 c_j 类分开，显然 c_i/c_j 法使模式更容易线性可分，这是它的优点。方法3）判别函数的数目和方法1）相同，但没有不确定区，分析简单，是最常用的一种方法。

2. 非线性判别函数

在实际中有很多模式识别问题并不是线性可分的，这时就需要采用非线性分类器，比如当两类样本分布具有多峰性质并互相交错时，简单的线性判别函数往往会带来较大的分类错误。这时，分段线性函数和二次判别函数分类器常常能有效地应用于这种情况。二次判别函数是一种常用的非线性判别函数，适用范围比简单的线性判别函数要广。二次判别函数的一般表达式为

$$\begin{aligned}g(x) &= \boldsymbol{x}^\mathrm{T}\boldsymbol{W}\boldsymbol{x} + \boldsymbol{w}^\mathrm{T}\boldsymbol{x} + w_0 \\ &= \sum_{k=1}^{n} W_{kk}x_k^2 + 2\sum_{j=1}^{n-1}\sum_{k=j+1}^{n} W_{jk}x_j x_k + \sum_{j=1}^{n} w_j x_j + w_0\end{aligned} \quad (9.15)$$

式中：W 为 $n \times n$ 实对称矩阵；w 为 n 维向量。为确定判别函数 $g(x)$，需要确定 $n(n+3)/2 + 1$ 个不同的系数。因此，计算起来非常复杂。

二次判别函数确定的决策面是一个超二次曲面，包括超球面、超椭球面、超双曲面等。

9.3.2 测量数据验证

1. 雷达 1 测量数据验证

选取 S2 和 S4 任务的目标 1 测量 RCS 序列，S1、S5、S2 和 S4 任务的目标

2测量RCS序列、S2和任务的目标3测量RCS序列，生成测试样本。对判别式分类器分类效果进行测试（表9.5）。

表9.5 Discriminant Classifier 分类结果（一）

序号	任务编号	目标类型	测试样本数	识别结果				正确率
				目标1	目标2	目标31	目标32	
1	S2	目标1	359	273	2	11	73	76.0%
2	S4	目标1	809	632	4	40	133	78.1%
3	S1	目标2	1052	76	974	2	0	92.5%
4	S5	目标2	807	34	773	0	0	95.7%
5	S2	目标2	915	25	890	0	0	97.2%
6	S4	目标2	993	19	974	0	0	98.0%
7	S2	目标3	746	38	0	147	561	75.2%

2. 雷达2测量数据验证

选取S1、S3和S4任务的目标1测量RCS序列，S1任务的目标2测量RCS序列、S2和S4任务的目标3测量RCS序列，生成测试样本。对判别式分类器分类效果进行测试（表9.6）。

表9.6 Discriminant Classifier 分类结果（二）

序号	任务编号	目标类型	测试样本数	识别结果			正确率
				目标1	目标2	目标3	
1	S1	目标1	294	272	1	21	92.5%
2	S3	目标1	580	567	3	10	97.8%
3	S4	目标1	610	601	0	9	98.5%
4	S1	目标2	373	12	361	0	96.8%
5	S2	目标3	253	0	41	212	83.8%
6	S4	目标3	610	57	0	553	90.7%

本节利用雷达1和雷达2测量的6次飞行RCS数据，对识别方法进行了训练和验证。从试验数据的验证结果表明：判决函数识别算法对目标1的准确率平均在89%以上，目标2在96%以上，诱饵在82.95%以上。

9.4 支持向量机分类器

9.4.1 识别算法

1. 支持向量机（SVM）概述

支持向量机（SVM）是在统计学习理论的 VC（Vapnik & Chervonenkis）理论框架和结构风险最小化原则下提出的一种通用的机器学习方法，较好地实现了有序风险最小化思想。对于模式识别问题，最大化分类间隔，以及使用核函数将观测样本从输入空间映射到高维的特征空间是支持向量机两个最为重要的思想。支持向量机较好地解决了以往机器学习方法中存在的小样本、非线性、过学习、高维数、局部极小值点等实际问题，且具有很强的泛化性能。支持向量机根据有限的样本信息，在模型的复杂性（即对特定训练样本的学习精度）和学习能力（即无错误地识别样本的能力）之间寻求最佳折衷，以期获得最好的推广能力。支持向量机主要优点有以下几个方面：支持向量机专门针对小样本情况，其目标是得到现有信息下的最优解，而不仅仅是样本数趋于无穷大时的最优值，具有坚实的数学和理论基础；支持向量机算法最终将转化成为一个二次型寻优问题，从理论上说，得到的解将是全局最优解，解决了在神经网络方法中无法避免的局部极值问题；支持向量机巧妙地解决了维数问题，其算法复杂度与样本维数无关。在支持向量机方法中，只要选取不同的核函数，就可以实现多项式逼近、径向基函数（RBP）方法、多层感知器网络等许多现有的学习算法。支持向量机非常适合处理非线性问题，由于结构风险最小化原则的应用，支持向量机具有非常好的推广能力。

2. 最优分类面

支持向量机方法是从线性可分情形下求解最优分类面提出的。考虑图 9.4 所示的二维线性可分情形，图中实心点和空心点分别表示两类训练样本，H_0 为把两类完全正确区分的分类线，H_1 和 H_{-1} 分别为各类样本中离分类线最近的点且平行于分类线 H_0，H_1 和 H_{-1} 之间的直线距离称为分类间隔。最优分类线就是要求分类线不但能将两类样本无错误地分开，还要使两类分类间隔最大。推广到高维空间，最优分类线就成为最优分类面。

设有 l 个线性可分训练样本 $D = \{(x_i, y_i), i = 1, 2, \cdots, l\}$，其中，$x_i \in R^n$，$y_i \in \{1, -1\}$ 为类别标识符。R^n 空间中线性决策函数的一般形式为

$$f(x) = w^T x + b \tag{9.16}$$

式中：w 为特征空间中分类超平面的法向矢量；b 为平移分量。将决策函数归一化，使得对于两类样本都满足 $\|f(x)\| \geq 1$，即对于离分类面最近的样本，有 $\|f(x)\| = 1$，此时分类间隔等于 $2/\|w\|$。因此，使分类间隔最大就等价于使 $\|w\|$ 最小，另外，要求分类面对所有样本均正确分类，则须满足：

$$y_i(w^T x + b) \geq 1, \quad i = 1, 2, \cdots, l \tag{9.17}$$

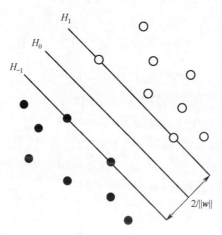

图 9.4 最优分类面

因此，满足上述条件且使 $\|w\|$ 最小的分类面就是最优分类面。这两类样本中离分类面最近的点且平行于最优分类超平面 H_1 和 H_{-1} 的训练样本就是式 (9.17) 中使等号成立的样本，称之为支撑向量。在图 9.4 中，用圆圈标出的点就是支撑向量。根据上述讨论，最优分类面问题可以表示成如下最优化问题：

$$\min \frac{1}{2} w^T w \quad \text{s.t.} \quad y_i(w^T x + b) \geq 1, \quad i = 1, 2, \cdots, l \tag{9.18}$$

根据 Wolfe 对偶理论，上述二次规划问题可以等价于在其对偶空间（即拉格朗日乘子空间）来求解。令拉格朗日函数：

$$L(w, b, a) = \frac{1}{2} w^T w + \sum_{i=1}^{l} a_i (1 - y_i(w^T x + b)) \tag{9.19}$$

式中：$a_i \geq 0$ 为非负拉格朗日乘子。原二次规划问题就可转化为求解泛函 $L(w, b, a)$ 的鞍点，即令式 (9.19) 对变量 w、b 取最小值而对拉格朗日乘子 a 取最大值。由 Fermat 定理可知，泛函 $L(w, b, a)$ 关于 w、b 的最小值点须满足：

$$\begin{cases} \dfrac{\partial L}{\partial W} = w - \sum_{i=1}^{l} a_i y_i x_i = 0 \\ \dfrac{\partial L}{\partial b} = -\sum_{i=1}^{l} a_i y_i = 0 \end{cases} \tag{9.20}$$

可得

$$L(a) = \sum_{i=1}^{l} a_i - \frac{1}{2}\sum_{i,j=1}^{l} a_i a_j y_i y_j \boldsymbol{x}_i^T \boldsymbol{x}_j \tag{9.21}$$

因此，由 Wolfe 对偶理论可知，二次规划问题的对偶形式为

$$\min \frac{1}{2}\sum_{i,j=1}^{l} a_i a_j y_i y_j \boldsymbol{x}_i^T \boldsymbol{x}_j - \sum_{i=1}^{l} a_i$$
$$\text{s.t} \quad -\sum_{i=1}^{l} a_i y_i = 0, \quad a_i \geq 0, \quad i = 1,2,\cdots,l \tag{9.22}$$

这是一个等式约束下的二次凸规划问题，存在唯一解，且根据 Kuhn - Tucker 定理可知，对偶问题的最优解必须满足：

$$a_i(1 - y_i(\boldsymbol{w}^T \boldsymbol{x} + b)), \quad i = 1,2,\cdots,l \tag{9.23}$$

因此，对于多数的训练样本，其相应的拉格朗日乘子 a_i 将为零，而少数取值不为零的 a_i 对应于使式（9.23）成立的训练样本，即支撑向量。求解上述对偶问题后，最优决策函数为

$$f(x) = \boldsymbol{w}^T \boldsymbol{x} + b = \sum_{i=1}^{l} a_i y_i \boldsymbol{x}_i^T \boldsymbol{x} + b \tag{9.24}$$

由于非支撑向量对应的拉格朗日乘子 a_i 为零，因此式中的求和实际上只对支撑向量进行。

上述最优分类面是在线性可分的前提下讨论的，在线性不可分时，可在约束条件中增加一个非负松弛项 ξ，令

$$y_i(\boldsymbol{w}^T \boldsymbol{x} + b) \geq 1 - \xi_i, \quad i = 1,2,\cdots,l \tag{9.25}$$

式中：ξ_i 为引入的松弛变量，因此，广义最优分类面可通过下述最优化问题求解。

$$\min \frac{1}{2}\boldsymbol{w}^T \boldsymbol{w} + C\sum_{l=1}^{L} \xi_l \quad \text{s.t.} \quad y_i(\boldsymbol{w}^T \boldsymbol{x} + b) \geq 1 - \xi_i, \quad \xi_i \geq 0, \quad i = 1,2,\cdots,l$$

式中：C 为正则化参数，C 越大表示对错误分类的惩罚越大。类似地，通过对比最优分类面的求解过程，可以得到二次凸规划问题的对偶形式为

$$\min \frac{1}{2}\sum_{i,j=1}^{l} a_i a_j y_i y_j \boldsymbol{x}_i^T \boldsymbol{x}_j - \sum_{i=1}^{l} a_i \tag{9.26}$$

$$\text{s.t} \quad -\sum_{i=1}^{l} a_i y_i = 0, \quad 0 \leq a_i \leq C, \quad i = 1,2,\cdots,l$$

其决策函数为

$$f(x) = \boldsymbol{w}^\mathrm{T}\boldsymbol{x} + b = \sum_{i=1}^{l} a_i y_i \boldsymbol{x}_i^\mathrm{T}\boldsymbol{x} + b \tag{9.27}$$

对比求解线性可分下的最优分类与求解线性不可分下的广义最优分类面，其对偶问题的差别仅在于拉格朗日乘子 a_i 的寻优范围，这极大地增强了支持向量机方法的适应性和应用范围。

3. 核变换

如果一个问题在其定义的空间中不是线性可分的，则可以考虑通过构造新的特征向量，把问题转换到一个新的特征空间中，这个空间一般比原空间的维数要大，但却可以用线性决策函数实现原空间中的非线性分类识别。比如构造新的高维特征 $\boldsymbol{t} = (1, x, x^2)^\mathrm{T}$，则可用线性函数 $f(\boldsymbol{t}) = \boldsymbol{w}^\mathrm{T}\boldsymbol{t}$ 实现原空间中非线性函数 $g(x) = a_0 + a_1 x + a_2 x^2$ 的二次判别。一般来说，对于任意高次的判别函数都可通过适当的变换转化为另一空间中的线性判别函数来处理。这种变换空间中的线性判别函数就称为原问题的广义线性判别函数。

根据广义线性判别函数的思路，要解决一个非线性问题，可以通过某个非线性变换转化为另一个高维空间中的线性问题，然后再在这个新的特征空间中求解最优分类面或广义最优分类面。由于最优分类面只涉及内积运算，因此，没有必要知道采用的非线性变换具体形式，只需知道其内积运算即可。只要新的变换空间中内积可以用原空间中的变量直接计算得到，则即使变换空间的维数增加很多，在其中求解最优分类面的问题并不会增加多少计算复杂度。统计学习理论指出，根据 Hilbert – Schmidt 原理，只要一种运算满足 Mercer 条件，这种运算就可以作为内积函数，称之为核函数。

在 $L^2(\Omega)$ 中，连续对称函数 $K(\boldsymbol{u},\boldsymbol{v})$ 描述了某个特征空间的内积，即函数 $K(\boldsymbol{u},\boldsymbol{v})$ 能以正的系数 $\beta_i \geq 0$ 展开为

$$K(\boldsymbol{u},\boldsymbol{v}) = \sum_{i=1}^{\infty} \beta_i \varphi_i(\boldsymbol{u}) \varphi_i(\boldsymbol{v}) \tag{9.28}$$

当且仅当下述条件：

$$\iint K(\boldsymbol{u},\boldsymbol{v}) g(\boldsymbol{u}) g(\boldsymbol{v}) \mathrm{d}\boldsymbol{u} \mathrm{d}\boldsymbol{v} \geq 0 \tag{9.29}$$

对所有 $g \in L^2(\Omega)$ 成立，其中 Ω 为 R^n 的一个紧子集。采用不同的核函数 $K(\boldsymbol{u},\boldsymbol{v})$ 将导致不同的支持向量机模型。目前，常用的几种经典核函数如下。

（1）多项式核函数：

$$K(\boldsymbol{u},\boldsymbol{v}) = (1 + \boldsymbol{u}^\mathrm{T}\boldsymbol{v})^p \tag{9.30}$$

此时，得到的支持向量机是一个 p 阶多项式分类器。

（2）Gaussian 核函数

$$K(\boldsymbol{u},\boldsymbol{v}) = \exp\left(-\frac{\|\boldsymbol{u}-\boldsymbol{v}\|^2}{2\sigma^2}\right) \tag{9.31}$$

此时，得到的支持向量机是一个径向基函数分类器，它与传统的径向基函数（RBF）方法的区别是，这里每一个基函数的中心对应于一个支持向量，而且其输出权值是由算法自动确定的。

（3）S 型函数：

$$K(\boldsymbol{u},\boldsymbol{v}) = \tanh(c + \gamma \boldsymbol{u}^{\mathrm{T}}\boldsymbol{v}) \tag{9.32}$$

此时，支持向量机实现的是一个多层感知器神经网络，致使这里网络的权值和隐层节点数目都是由算法自动确定的。

（4）支持向量机

如果用核函数 $K(u,v)$ 代替原空间中最优分类面中的内积，则相当于把原空间变换到一个高维的特征空间中。此时，对偶问题变为

$$\min \frac{1}{2}\sum_{i,j=1}^{l} a_i a_j y_i y_j K(x_j, x_i) - \sum_{i=1}^{l} a_i \tag{9.33}$$

$$\text{s.t.} \quad -\sum_{i=1}^{l} a_i y_i = 0, \quad 0 \leq a_i \leq C, \quad i = 1,2,\cdots,l$$

而相应的决策函数也变为

$$f(x) = \boldsymbol{w}^{\mathrm{T}}\boldsymbol{\varphi}(x) + b = \sum_{i=1}^{l} a_i y_i K(x, x_i) + b \tag{9.34}$$

式中：$\varphi(x)$ 为核函数导出的非线性映射。$K(\boldsymbol{u},\boldsymbol{v}) = \boldsymbol{\varphi}(\boldsymbol{u})^{\mathrm{T}}\boldsymbol{\varphi}(\boldsymbol{v})$，由于只包含与支持向量的内积与求和运算，因此，识别时的计算复杂度就取决于支持向量的个数。

通过对偶问题构造决策函数的学习机器称为支持向量机。支持向量机的基本思想可以概括为：首先通过非线性映射将原输入空间变换到一个高维的特征空间，然后在这个新空间中求解最优线性分类面，而且这种非线性映射是可以通过定义适当的核函数诱导出的。统计学习理论使用了与传统方法完全不同的思路，即不是像传统方法那样首先将原输入空间降维（即特征选择），而是通过非线性映射设法将输入空间升维，以求在新的高维特征空间中问题变得线性可分（或接近线性可分）。由于升维后算法只涉及空间的内积运算，并没有使算法的计算复杂度随着维数的增加而大幅度增加，而且在高维空间中，可以通过核函数的选取有效地控制决策函数的 VC 维而保证其具有良好的推广能力。因此，支持向量机方法是一种切实可行的、具有独特优越性的学习机器。

（5）最小二乘支持向量机（LSSVM）

LSSVM 算法是对经典 SVM 算法的改进，它用二次损失函数代替经典 SVM 中的不敏感损失函数，将不等式约束变成等式约束。

训练集样本可以设为 $D=\{(x_i,y_i), i=1,2,\cdots,l\}$，$x_i \in R^n$，$y_i \in R^d$，其中，$x_i$ 是输入变量，y_i 是目标值。在权空间中的函数估计问题可以描述为求解下面问题：

$$\min \frac{1}{2}\boldsymbol{w}^T\boldsymbol{w} + \frac{\gamma}{2}\sum_{l=1}^{l} e_i^2 \quad \text{s.t.} \quad y_i \boldsymbol{w}^T \boldsymbol{\varphi}(x_i) + b + e_i, \quad i=1,2,\cdots,l \quad (9.35)$$

式中：权向量 $\boldsymbol{w} \in R^{lh}$；误差变量 $e_i \in R$；b 为偏差量；γ 为正则化参数。$\boldsymbol{\varphi}(x)$：$R^l \rightarrow R^{lh}$ 为核空间映射函数。

引理 给定一个正定核 $K: R^d \times R^d \rightarrow R, K(\boldsymbol{x},\boldsymbol{x}) = \boldsymbol{\varphi}(\boldsymbol{x})^T \boldsymbol{\varphi}(\boldsymbol{x})$，正则化常数 $\gamma \in R^+$，则式（9.35）的对偶问题可以用下面方程组给出：

$$\begin{bmatrix} \Omega + \gamma^{-1}I_1 & 1 \\ 1 & 0 \end{bmatrix} \begin{bmatrix} a \\ b \end{bmatrix} = \begin{bmatrix} y \\ 0 \end{bmatrix} \quad (9.36)$$

式中：$y=\{y_1,y_2,\cdots,y_l\}$；$a=\{a_1,a_2,\cdots,a_l\}$；$\Omega_{ij}=K(x_i,x_j)$。对应的拉各朗日优化问题为

$$L(\boldsymbol{w},e_i,b,a_i) = \frac{1}{2}\boldsymbol{w}^T\boldsymbol{w} + \frac{\gamma}{2}\sum_{i=1}^{l}e_i^2 + \sum_{i=1}^{l}a_i(\boldsymbol{w}^T\boldsymbol{\varphi}(x_i)+b+e_i-y_i)$$

$$(9.37)$$

式中：a_i 为拉各朗日因子，最优化条件为

$$\begin{cases} \frac{\partial L}{\partial \boldsymbol{w}} = 0 & \rightarrow \quad \boldsymbol{w} = \sum_{i=1}^{l} a_i \boldsymbol{\varphi}(x_i) \\ \frac{\partial L}{\partial e_i} = 0 & \rightarrow \quad a_i = \gamma e_i, \quad i=1,2,\cdots,l \\ \frac{\partial L}{\partial b} = 0 & \rightarrow \quad \sum_{i=1}^{l} a_i y_i = 0 \\ \frac{\partial L}{\partial a_i} = 0 & \rightarrow \quad \boldsymbol{w}^T \boldsymbol{\varphi}(x_i) + b + e_i - y_i, \quad i=1,2,\cdots,l \end{cases} \quad (9.38)$$

消除变量 $\boldsymbol{w}$ 和 e_i，得

$$\begin{cases} \frac{a_i}{\gamma} + \sum_{j=1}^{l} a_j \boldsymbol{\varphi}(x_j)^T \boldsymbol{\varphi}(x_j) + b = y_i, i=1,2,\cdots,l \\ \sum_{j=1}^{l} a_j y_j = 0 \end{cases} \quad (9.39)$$

设核矩阵 $\Omega_{ij} = K(x_i, x_j) = \varphi(x_j)^T\varphi(x_i)$ 可得到引理的形式。对于一个新的输入，LSSVM 分类器判决函数为

$$f(x) = \text{sign}\left(\sum_{i=1}^{l} a_i K(x, x_i) + b\right) \tag{9.40}$$

(6) 多类支持向量机

传统的支持向量机分类算法只是针对二类目标识别，多类目标的识别问题则是依据一定的准则将多个二类支持向量机组合起来解决的，或者将多个分类面参数求解合并到一个最优化问题中，通过求解该最优化问题一次性的实现多类目标识别。较为经典的多类支持向量机有一对多（One-Versus-Rest）和一对一（One-Versus-One）方法，如图9.5、图9.6所示。

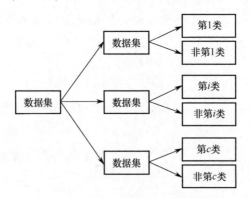

图9.5 一对多分类器

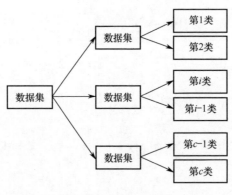

图9.6 一对一分类器

(1) 一对多（One-Versus-Rest）。

对于 c 类目标问题，该算法需构造 c 个二类分类器，在构造第 i 分类器时，把第 i 类样本点的标示符记为1，其他不属于第 i 类样本点的标示符记为 -1，

即第 i 个二类 SVM 所构造的最优分类超平面是把第 i 类和其他 $c-1$ 类分隔开。一对多算法在测试时，对测试样本分别计算 c 个分类器的决策函数值，选择最大的函数值所对应的类别为测试样本的类别。

(2) 一对一（One-Versus-One）。

对于 c 类目标识别问题，该算法需构造 $c(c-1)/2$ 个二类分类器，即任意两个不同的类别需要构造一个二类 SVM 分类器。在构造第 i 类和第 j 类的支持向量机分类器时，分别选取第 i 类和第 j 类的样本为训练样本集，且将第 i 类样本标示符记为 1，第 j 类样本标示符记为 -1。一对一算法在测试时，对测试样本分别对 $c(c-1)/2$ 个二类分类器进行测试，积各类别的得分，选择得分最高的类为测试样本的类别。

9.4.2 测量数据验证

1) 雷达 2 试验数据验证

选取 S1、S2、S3 和 S4 任务的目标 1 测量 RCS 序列，S1 任务的目标 2 测量 RCS 序列，S2 和 S4 任务的目标 3 目标测量 RCS 序列，生成测试样本。对支持向量机分类器分类效果进行测试（表 9.7）。

表 9.7 Support Vector Machine 分类结果（一）

序号	任务编号	目标类型	测试样本数	识别结果			正确率
				目标 1	目标 2	目标 3	
1	S1	目标 1	294	291	0	3	98.9%
2	S2	目标 1	591	441	82	68	74.6%
3	S3	目标 1	735	727	0	8	98.9%
4	S4	目标 1	715	692	7	16	96.7%
5	S1	目标 2	373	0	373	0	100.0%
6	S2	目标 3	408	0	14	394	96.5%
7	S4	目标 3	715	0	0	715	100.0%

2) 雷达 1 试验数据验证

选取 S2 和 S4 任务的目标 1 测量 RCS 序列，S1、S5、S2 和 S4 任务的目标 2 测量 RCS 序列，S5 任务的目标 3 目标测量 RCS 序列，生成测试样本。对 SVM 分类器分类效果进行测试（见表 9.8）。

表 9.8 Support Vector Machine 分类结果 (二)

序号	任务编号	目标类型	测试样本数	识别结果				正确率
				目标1	目标2	目标3	目标4	
1	S2	目标1	359	352	0	3	4	98.0%
2	S4	目标1	809	801	0	2	6	99.0%
3	S1	目标2	1052	98	946	8	0	89.9%
4	S5	目标2	807	20	787	0	0	97.5%
5	S2	目标2	915	22	893	0	0	97.5%
6	S4	目标2	993	0	993	0	0	100.0%
7	S5	目标3	826	60	0	639	127	77.3%

本节利用雷达1和雷达2测量的6次试验RCS数据，对识别方法进行了训练和验证。从试验数据的验证结果表明：支持向量机识别算法对目标1的平均准确率在94%以上，目标2在96.98%以上，目标3在91.27%以上。

本 章 小 结

本章讨论了雷达探测高超声速飞行器的分类识别技术，以目标RCS为特征，分别采用隐马尔可夫模型分类器、朴素贝叶斯分类器、判别式分类器、支持向量机分类器等方法对相关任务数据进行了分析和识别。

附　　录

1. 临近空间高超声速目标飞行轨迹模拟 Matlab 程序

主程序：

```
％功能：临近空间高超声速目标飞行轨迹模拟
％编写人：吴巍
％受力情况：升力、阻力、重力（该程序暂未考虑推力，可根据加推力的情况改进程序）
clc;
clear all;
close all;
[m, init_V, init_position, radar_pos, N_step, radar_scan_time, A, szb, Cd] = Rardar
_Parameter;％设置相关参数
t_total = N_step * radar_scan_time;％　仿真总步数 * 时间间隔 = 总时间
Trace_target_N_step = zeros (11, N_step);　％ 1 – 11 维，包括 xyz 位置、速度、加速
度、时标、飞行器质量
Trace_target_N_step = Target_measure (N_step, init_position, init_V, m);％航迹
X = Trace_target_N_step;
R = sqrt ( (X (1,:) – radar_pos (1)) .^2 + (X (3,:) – radar_pos (2)) .^2 + (X
(5,:) – radar_pos (3)) .^2);
figure (2);
subplot (2, 2, 1); plot (X (1,:)); title ('X');
subplot (2, 2, 2); plot (X (3,:)); title ('Y');
subplot (2, 2, 3); plot (X (5,:)); title ('Z');
subplot (2, 2, 4); plot (R); title ('径向距离 R');％斜距
figure (3);
V = sqrt ( X (2,:) .^2 + X (4,:) .^2 + X (6,:) .^2);
subplot (2, 2, 1); plot (X (2,:)); title ('Vx');
subplot (2, 2, 2); plot (X (4,:)); title ('Vy');
subplot (2, 2, 3); plot (X (6,:)); title ('Vz');
subplot (2, 2, 4); plot (V); title ('总速度 V');％速度
for ii = 1: size (X, 2)
    dX = X (1: 2: 5, ii) – radar_pos;
```

```
    Vr (ii) = sum (dX.*X (2:2:6, ii))/norm (dX, 2);
end
figure (4);
plot (Vr); title ('径向速度 Vr');%径向速度
figure (5);
a = sqrt (X (7,:).^2 + X (8,:).^2 + X (9,:).^2);
subplot (2, 2, 1); plot (X (7,:)); title ('ax');
subplot (2, 2, 2); plot (X (8,:)); title ('ay');
subplot (2, 2, 3); plot (X (9,:)); title ('az');
subplot (2, 2, 4); plot (a); title ('总加速度 a');%加速度
figure (6);
for ii = 1: size (X, 2)
    dX = X (1:2:5, ii) - radar_pos;
    ar (ii) = sum (dX.*X (7:9, ii))/norm (dX, 2);
end
plot (ar); title ('径向速度 ar');%径向加速度
save Trace_data X Vr ar;
```

函数 1:
```
function Trace_target_N_step = Target_measure (N_step, target_init, V, m)
%功能: 生成临近空间高超声速目标飞行轨迹
x = target_init (1);
x_v = V (1)*cos (V (3)/180*pi)*cos (V (2)/180*pi);
y = target_init (2);
y_v = V (1)*cos (V (3)/180*pi)*sin (V (2)/180*pi);
z = target_init (3);
z_v = V (1)*sin (V (3)/180*pi);
t_mark = 0;      %时标
a_x = 0;
a_y = 0;
a_z = 0;
target_state = [x, x_v, y, y_v, z, z_v, a_x, a_y, a_z, t_mark, m];    %初始状态
Trace_target_N_step = zeros (11, N_step);
for i = 1: N_step
    Trace_target_N_step (:, i) = target_state;% 将 i 时刻的状态赋予总的航迹矩阵
    target_state = Next_state (target_state);% 推算下一时刻状态
    flag_over_0 = Over_0_test (target_state);% 过零检验
```

```
            if flag_over_0 = = 1
                break;
            end
            figure (1)
            plot (Trace_target_N_step (3, 1: 20: i), Trace_target_N_step (5, 1: 20: i),' -^')
            axis ( [ -2000000 350000    0 150000])    %定义导弹和目标的运动范围
            title ('临近空间高超声速目标飞行轨迹);
end
```

函数 2：

```
function   target_state = Next_state (target_state)
%功能：给定上一时刻的状态，利用气动力学原理得到下一时刻的状态
[ m V0 target_init radar_pos N_step radar_scan_time A szb Cd]  = Rardar_Parameter; %设置相关参数；
Cl = Cd * szb; %升力系数
H = target_state (5);%高度
V = sqrt (target_state (2)^2 + target_state (4)^2 + target_state (6)^2); %速度大小
V_xy = sqrt (target_state (2)^2 + target_state (4)^2);     % xy 平面速度大小
V_azimuth = atan2 (target_state (4), target_state (2)) * 180/pi;    % 速度方位角
V_pitching = atan2 (target_state (6), V_xy) * 180/pi;    % 速度俯仰角
g0 = 9.8;          %海平面重力加速度, m/s^2
Rd = 6371000;      %地球半径, m
r = Rd/(Rd + H);
g = g0 * r^2;      %飞行器所在高度的重力加速度
rho0 = 1.225; %海平面的大气密度
H = H/1000;
r0 = Rd/1000;     %地球半径, km
Z = r0 * H/(r0 + H);
if H <= 11.0191
    w = 1 - Z/44.3308;
    rho = rho0 * w^4.2559;
elseif H <= 20.063
    w = exp ( (14.9647 - Z) /6.3416);
    rho = 0.1898 * rho0 * w;
elseif H <= 32.1619
    w = 1 + (Z - 24.9021) /225.551;
```

```
        rho = 3.2722 * 0.01 * rho0 * w^( - 35.1629);
elseif H <= 47.3501
        w = 1 + (Z - 37.7499)/89.4107;
        rho = 3.2618 * 0.001 * rho0 * w^( - 13.2011);
elseif H <= 51.4125
        w = exp ( (48.6252 - Z)/7.9223);
        rho = 9.4920 * 10^( - 4) * rho0 * w;
elseif H <= 71.8020
        w = 1 - ( (Z - 59.4390)/88.2218);
        rho = 2.5280 * 10^( - 4) * rho0 * w^(11.2011);
elseif H <= 86
        w = 1 - (Z - 78.0303)/100.2950;
        rho = 1.7632 * 10^( - 5) * rho0 * w^(16.0861);
elseif H <= 91
        w = exp ( (87.2848 - Z)/5.4700);
        rho = 3.6411 * 10^( - 6) * rho0 * w;
else
        rho = 0;
end
p = rho;% 大气密度
% 计算升力
L = 0.5 * p * Cl * A * V^2;    % 升力大小
if V_pitching > 0    % 俯仰角向上，表示升力反向，俯仰角向下，升力同向
        L_azimuth = V_azimuth + 180;    % 飞机俯仰向上，升力方向方位角等于速度方位角反向
        L_pitching = 90 - V_pitching;    % 升力方向俯仰角等于速度俯仰角垂直且向上
else
        L_azimuth = V_azimuth;    % 飞机俯仰向下，升力方向方位角等于速度方位角相同
        L_pitching = V_pitching + 90;    % 升力方向俯仰角等于速度俯仰角垂直且向上
end

L_x = L * cos (L_pitching/180 * pi) * cos (L_azimuth/180 * pi);% 升力在 x 方向的分力
L_y = L * cos (L_pitching/180 * pi) * sin (L_azimuth/180 * pi);% 升力在 y 方向的分力
L_z = L * sin (L_pitching/180 * pi);% 升力在 z 方向的分力
    % 计算阻力
```

```
D = 0.5 * p * Cd * A * V^2;    % 阻力
D_azimuth = V_azimuth + 180;    % 阻力方向方位角等于速度方位角反向
D_pitching = - V_pitching;    % 阻力方向俯仰角等于速度方位角反向
D_x = D * cos（D_pitching/180 * pi）* cos（D_azimuth/180 * pi）; % 阻力在 x 方向的分力
D_y = D * cos（D_pitching/180 * pi）* sin（D_azimuth/180 * pi）; % 阻力在 y 方向的分力
D_z = D * sin（D_pitching/180 * pi）; % 阻力在 z 方向的分力
%计算推力
m = target_state（11）;    %飞行器质量
gravitation = - m * g;    %重力始终垂直相向
a_x =（L_x + D_x）/m;    % x 方向加速度
a_y =（L_y + D_y）/m;    % y 方向加速度
a_z =（L_z + D_z + gravitation）/m;    % z 方向加速度（忽略地球曲率影响，不考虑离心力）
%上一步坐标
x11 = target_state（1）;    %原 x 坐标
x_v_11 = target_state（2）;    %原 x 速度坐标
y11 = target_state（3）;    %原 y 坐标
y_v_11 = target_state（4）;    %原 y 速度坐标
z11 = target_state（5）;    %原 y 坐标
z_v_11 = target_state（6）;    %原 y 速度坐标
t = radar_scan_time;% 间隔时间
%%%下一步坐标
x_12 = x11 + x_v_11 * t + 0.5 * a_x * t^2;    %下一步的 x 位置
x_v_12 = x_v_11 + a_x * t;    %下一步的 x 速度
y_12 = y11 + y_v_11 * t + 0.5 * a_y * t^2;    %下一步的 x 位置
y_v_12 = y_v_11 + a_y * t;    %下一步的 x 速度
z_12 = z11 + z_v_11 * t + 0.5 * a_z * t^2;    %下一步的 x 位置
z_v_12 = z_v_11 + a_z * t;    %下一步的 x 速度
m = target_state（11）;    % 质量
target_state（1） = x_12;
target_state（2） = x_v_12;
target_state（3） = y_12;
target_state（4） = y_v_12;
target_state（5） = z_12;
target_state（6） = z_v_12;
```

```
target_state (7)  = a_x;
target_state (8)  = a_y;
target_state (9)  = a_z;
target_state (10) = target_state (7) + radar_scan_time;
target_state (11) = m;
```

函数 3：

```
function [m init_V init_position radar_pos N_step radar_scan_time A szb Cd] = Rardar_Parameter
%功能：设置相关参数
m = 1000;% 初始质量 kg
init_V = [3400, 270, - pi/6];    % 初始速度大小（约 10Ma），航向角，俯仰角（顺时针为正）
init_position = [0, 300000, 100000];% km
radar_pos = [0;0;0];    %雷达位置
N_step = 5000;    % 仿真步数
radar_scan_time = 0.2;%  数据时间间隔
A = 1;%飞行器空气迎面接触的面积，单位平方米
szb = 3;%升阻比
Cd = 0.48;%阻力系数
```

函数 4：

```
function flag_over_0 = Over_0_test (target_state)
%功能：高度低于门限时，输出标志位 flag_over_0
th = 5;% 最低门限
if target_state (5) < th
    flag_over_0 = 1;
else
    flag_over_0 = 0;
end
```

2. 临近空间高超声速目标湍流尾迹 RCS 仿真 Matlab 函数

```
function RCS_turbulence_dB = RCS_Underdense_Turbulence (f, v_plasma, H)
%功能：亚密湍流 RCS 突增仿真
%编写人：吴巍
%时间：2016.6.13
% f = 17e9;
```

```
% v_plasma = 10e8;
% H = 50;
x = pi/4;% 入射波极化方向与接收机方向之间的夹角
re = 2.817938 * 10^ - 15;% 经典电子半径 m, 参考朱方硕士论文
v = v_plasma;% 电子碰撞频率
w = 2 * pi * f;% 电磁波角频率, 也叫圆频率
D = 0.203;% 飞行器尾部直径
V = 2 * pi * 1^2 * 100;% 湍流尾迹对电磁散射的体积, 近似为圆柱, 直径为 1m, 长度为 30m
Ne2 = 10^9;% 电子密度脉动量的均方值 (工程计算, 一般采用简化取值 0.81)
L0 = L0_H (D, H);% 不同高度下的特征尺寸
c = 3 * 10^8;% 光速
lamda = c/f;% 波长
q = 4 * pi/lamda;% 波矢
u = 5/3;
RCS = 8 * pi * 10^( - 16) * V * Ne2^2/(1 + (v/w)^2) * L0^3/(pi^2 * (1 + q^2 * L0^2))^2;
RCS_turbulence_dB = 10 * log10 (RCS);
```

3. 临近空间高超声速飞行器尾迹 RCS 分析 Matlab 程序

主程序:

%功能: 不同雷达频率情况下目标高度、速度与临近空间高超声速飞行器尾迹 RCS 关系

%说明: 假定层流、过密湍流的 RCS 忽略不计, 为了方便观看, 假设层流 RCS 为 - 40dBsm, 过密湍流 RCS 为 - 50dBsm

```
% 编写人: 吴巍
% 时间: 2016.3.22
clc;
clear all;
close all;
[f D L k1 k2 dr] = Rader_Parameter;% 对雷达参数进行设置
r_scale = 90;% 距离范围 (km)
v_scale = 20;% 速度范围 (Ma)
RCS = zeros (r_scale, v_scale);
for i = 1: r_scale
    for j = 1: v_scale
        h = i * 1000;% 高度
        Ma = j;% 马赫数
```

```
    [v_plasma, fp] = reentry_velocity_hight_fp_v_relation (h, Ma);%用高度速度得到等
离子体频率、电子碰撞频率
    Ne = v_plasma_to_Ne (h, v_plasma);
    Re = H_V_to_Re (h, Ma);%根据高度、速度求雷诺数
    T2 = 3500;    %判断尾流为湍流的门限
    if   Re < T2   %若雷诺数大于门限,尾流近似为层流,反之为湍流
        RCS (i, j) = -40;%层流的散射类似镜面散射,后向散射可忽略,为观看
方便,假设 RCS 为 -40dBsm
        Z (i, j) = 0;%认为层流有效尾迹为 0
        continue;
    end
    T2 = 1.3;%判断尾流为过密湍流的门限
    if v_plasma/f > T2 %电子碰撞频率大于雷达频率时的尾迹为过密湍流
  RCS (i, j) = -50;%假设过密湍流 RCS 为 -50dBsm,没有实际意义,只为画图观看
方便
        Z (i, j) = 0;%认为过密湍流有效尾迹为 0
        continue;
    end
    if Ne < 1e6 %电子频率太低不考虑
        RCS (i, j) = -60;%电子频率太低式,RCS 忽略,假设为 -60dBsm,没有实
际意义,只为画图观看方便
        Z (i, j) = 0;%认为过密湍流有效尾迹为 0
        continue;
    end
    [RCS (i, j) Z (i, j)] = RCS_Underdense_Turbulence (f, v_plasma, Ne, h);%
RCS 值(单位 dBsm),尾迹(m)
    end
end
save RCS_and_Tail RCS Z;
figure (1)
mesh (RCS);
ylabel ('高度(km)');
xlabel ('速度(马赫)');
zlabel ('RCS (dB)');
title ( ['雷达频率 f =', num2str (f/1e9), 'GHz 时不同高度不同速度高超声速尾流亚
密湍流 RCS' ]);
figure (2)
```

```
mesh（Z）;
ylabel（'高度（km）'）;
xlabel（'速度（马赫）'）;
zlabel（'尾迹长度（m）'）;
title（['雷达频率 f =', num2str（f/1e9）, 'GHz 时不同高度不同速度亚密湍流的尾迹长度']）;
```

函数 1:

```
function rho_ratio = H_to_rho（H）
%功能：根据高度求出大气密度比
%编写人：吴巍
Rd = 6371000;          %地球半径，m
r = Rd/（Rd + H）;
rho0 = 1.225; %海平面的大气密度
H = H/1000;
r0 = Rd/1000;         %地球半径，km
Z = r0 * H/（r0 + H）;
if H <= 11.0191
    w = 1 - Z/44.3308;
    rho = rho0 * w^4.2559;
elseif H <= 20.063
    w = exp（（14.9647 - Z）/6.3416）;
    rho = 0.1898 * rho0 * w;
elseif H <= 32.1619
    w = 1 +（Z - 24.9021）/225.551;
    rho = 3.2722 * 0.01 * rho0 * w^（-35.1629）;
elseif H <= 47.3501
    w = 1 +（Z - 37.7499）/89.4107;
    rho = 3.2618 * 0.001 * rho0 * w^（-13.2011）;
elseif H <= 51.4125
    w = exp（（48.6252 - Z）/7.9223）;
    rho = 9.4920 * 10^（-4）* rho0 * w;
elseif H <= 71.8020
    w = 1 -（（Z - 59.4390）/88.2218）;
    rho = 2.5280 * 10^（-4）* rho0 * w^（11.2011）;
elseif H <= 86
    w = 1 -（Z - 78.0303）/100.2950;
```

```
            rho = 1.7632 * 10^( -5) * rho0 * w^(16.0861);
    elseif H <= 91
            w = exp ( (87.2848 - Z) /5.4700);
            rho = 3.6411 * 10^( -6) * rho0 * w;
    else
            rho = 0;
    end
    p = rho;% 大气密度
    rho_ratio = rho/rho0;
    rho_ratio = log10 (rho_ratio);
```

函数 2：

```
    function [Ta rho] = H_to_u_rho (h)
    % 功能：根据高度求环境温度和气体密度
    H = h;
    Rd = 6371000;       % 地球半径, m
    r = Rd/(Rd + H);
    rho0 = 1.225;% 海平面的大气密度
    H = H/1000;
    r0 = Rd/1000;      % 地球半径, km
    Z = r0 * H/(r0 + H);
    if H <= 11.0191
            w = 1 - Z/44.3308;
            rho = rho0 * w^4.2559;
    elseif H <= 20.063
            w = exp ( (14.9647 - Z) /6.3416);
            rho = 0.1898 * rho0 * w;
    elseif H <= 32.1619
            w = 1 + (Z - 24.9021) /225.551;
            rho = 3.2722 * 0.01 * rho0 * w^( -35.1629);
    elseif H <= 47.3501
            w = 1 + (Z - 37.7499) /89.4107;
            rho = 3.2618 * 0.001 * rho0 * w^( -13.2011);
    elseif H <= 51.4125
            w = exp ( (48.6252 - Z) /7.9223);
            rho = 9.4920 * 10^( -4) * rho0 * w;
    elseif H <= 71.8020
```

```
        w = 1 - ((Z - 59.4390)/88.2218);
        rho = 2.5280 * 10^(-4) * rho0 * w^(11.2011);
    elseif H <= 86
        w = 1 - (Z - 78.0303)/100.2950;
        rho = 1.7632 * 10^(-5) * rho0 * w^(16.0861);
    elseif H <= 91
        w = exp((87.2848 - Z)/5.4700);
        rho = 3.6411 * 10^(-6) * rho0 * w;
    else
        rho = 0;
    end
    if h < 10 * 10^3 && h >= 0
        Ta = 273 - 80/(11 * 10^3) * h + 20;
    end
    if h >= 10 * 10^3 && h < 50 * 10^3
        Ta = 273 + 70/(37 * 10^3) * h - 80.8108;
    end
    if h >= 50 * 10^3 && h < 80 * 10^3
        Ta = 273 - 83/(32 * 10^3) * h + 134.5;
    end
    if h >= 80 * 10^3
        Ta = 273 + 93/(20 * 10^3) * h - 445;
    end
```

函数 3：
```
function Re = H_V_to_Re(h, Ma)
```
% 功能：根据高度、速度求对应的雷诺数（参考雷诺数随高度的变化对远程弹箭射程的影响）

% 编写人：吴巍
```
[f D L k1 k2 dr] = Rader_Parameter; % 对雷达参数进行设置
[t rho] = H_to_u_rho(h);
Vc = (t - 273) * 0.6 + 331;     % 声速计算公式;%声速
V = Ma * Vc;
u = 1.789 * 10^(-5) * (1 + 0.0024 * (t - 288.9) - 1.001 * 10^(-5) * (t - 288.9)^2);
Re = rho * V * L/u; % 雷诺数
```

函数4：

```
function [f D L k1 k2 dr] = Rader_Parameter
% 功能：进行参数设置
D = 0.203;% 飞行器尾部直径
k3 = 0.5;% 湍流特征长度与底部直径的关系
L = D * k3;% 湍流特征长度
k1 = 0.1;% 电子平均脉动系数
k2 = 0.1;% 尾流平均温度对应的电子密度与本体等离子体中电子密度的关系系数
f = 0.4e9;% 雷达载频（单位：Hz）
dr = 150;% 雷达距离分辨单元
```

函数5：

```
function [RCS_dB Z] = RCS_Underdense_Turbulence (f, v, Ne, H)
% 功能：亚密湍流 RCS 突增仿真
% 输入：雷达频率、电子碰撞频率、电子密度、高度
% 编写人：吴巍
% 时间：2016.6.13
[f D L k1 k2 dr] = Rader_Parameter;% 对雷达参数进行设置
x = pi/4;% 入射波极化方向与接收机方向之间的夹角
w = 2 * pi * f;% 电磁波角频率，也叫圆频率
Z = log (10^(log10 (Ne) -6)) * 40;% 尾迹长度，假设电子密度呈指数衰减
V = 2 * pi * L^2 * dr/2;% 湍流尾迹对电磁散射的体积，近似为圆柱，直径为1m，长度与雷达距离分辨力有关
Ne2 = k1 * k2 * Ne^2;% 电子密度脉动量的均方值
c = 3 * 10^8;% 光速
lamda = c/f;% 波长
q = 4 * pi/lamda;% 波矢
RCS = 8 * pi * 10^( -16) * V * Ne2 * L^3/(pi^2 * (1 + q^2 * L^2))^2;% 一阶波恩近似
RCS_dB = 10 * log10 (RCS);% 对数表示
```

函数6：

```
function [v_plasma, fp] = reentry_velocity_hight_fp_v_relation (h, Ma)
% 功能：利用高度速度得到等离子体频率和电子碰撞频率
% 编写人：吴巍
v_plasma = v_plasma_produce (h, Ma);    % 根据高度和马赫数产生等离子体频率
fp = fp_produce (h, Ma);    % 根据高度和马赫数产生电子碰撞频率
```

函数7：

```
function [g_v, g_N, gx, gy] = v_Ne_produce
% 功能：生成电子碰撞频率、电子密度和温度关系的拟合曲面
% 生成电子碰撞频率
[x_v1 y_v1 z_v1] = v_10_9;
[x_v2 y_v2 z_v2] = v_10_10;
[x_v3 y_v3 z_v3] = v_5_10_10;
[x_v4 y_v4 z_v4] = v_10_11;
[x_v5 y_v5 z_v5] = v_5_10_11;
[x_v6 y_v6 z_v6] = v_10_12;     % x_v6 表示大气密度比，x_v6 表示温度，z_v6 表示电子碰撞频率
[x_v7 y_v7 z_v7] = v_10_13;
x_v = [x_v1; x_v2; x_v3; x_v4; x_v5; x_v6; x_v7;];
y_v = [y_v1; y_v2; y_v3; y_v4; y_v5; y_v6; y_v7;];
z_v = [z_v1; z_v2; z_v3; z_v4; z_v5; z_v6; z_v7;];
gx = -500: 100: 10000;          % 温度
gy = -30: 0.1: 1;               % 大气压比的范围
y_v = log10 (y_v);
z_v = log10 (z_v);
g_v = gridfit (x_v, y_v, z_v, gx, gy); % gridfit 为曲面拟合函数
figure (11)
colormap (hot (256));
surf (gx, gy, g_v);
xlabel ('温度/°k')
ylabel ('压强比)
zlabel ('电子碰撞频率/dBHz')
camlight right;
lighting phong;
shading interp;
line (x_v, y_v, z_v, 'marker', '.', 'markersize', 4, 'linestyle', 'none');
title '气体密度比、温度与电子碰撞频率关系';
% 生成电子密度
[x_N1 y_N1 z_N1] = N_10_11;
[x_N2 y_N2 z_N2] = N_10_12;
[x_N3 y_N3 z_N3] = N_5_10_12;
[x_N4 y_N4 z_N4] = N_10_13;
[x_N5 y_N5 z_N5] = N_5_10_13;
```

```
[x_N6 y_N6 z_N6] = N_10_14;
[x_N7 y_N7 z_N7] = N_5_10_14;
[x_N8 y_N8 z_N8] = N_10_15;  %x_v8 表示马赫 Ma，y_v8 表示高度，z_v8 表示电子碰撞频率
x_N = [x_N1; x_N2; x_N3; x_N4; x_N5; x_N6; x_N7; x_N8;];
y_N = [y_N1; y_N2; y_N3; y_N4; y_N5; y_N6; y_N7; y_N8;];
z_N = [z_N1; z_N2; z_N3; z_N4; z_N5; z_N6; z_N7; z_N8;];
gx = -500: 100: 10000;           %温度
gy = -30: 0.1: 1;           %大气压比的范围
y_N = log10 (y_N);
z_N = log10 (z_N);
g_N = gridfit (x_N, y_N, z_N, gx, gy);  %gridfit 为曲面拟合函数
figure (12)
colormap (hot (256));
surf (gx, gy, g_N);
xlabel ('马赫数/Ma')
ylabel ('高度/km')
zlabel ('电子碰撞频率/dBHz')
camlight right;
lighting phong;
shading interp;
line (x_N, y_N, z_N, 'marker', '.', 'markersize', 4, 'linestyle', 'none');
title '气体密度比、温度与电子密度关系'
save v_plasma_Ne  g_v g_N gx gy;
```

函数8：

```
function [g_v, g_fd, gx, gy] = v_plasma_fd_produce
%功能：生成等离子体频率，电子碰撞频率的拟合曲面
%编写人：吴巍
%生成等离子体频率
[x_fd1 y_fd1 z_fd1] = fp_10_8;
[x_fd2 y_fd2 z_fd2] = fp_3_10_8;
[x_fd3 y_fd3 z_fd3] = fp_10_9;
[x_fd4 y_fd4 z_fd4] = fp_3_10_9;
[x_fd5 y_fd5 z_fd5] = fp_10_10;
[x_fd6 y_fd6 z_fd6] = fp_3_10_10;
[x_fd7 y_fd7 z_fd7] = fp_10_11;
```

```
[x_fd8 y_fd8 z_fd8]   = fp_3_10_11;
[x_fd9 y_fd9 z_fd9]   = fp_10_12;
[x_fd10 y_fd10 z_fd10] = fp_3_10_12;    % x_fd10 表示马赫 Ma, y_fd10 表示高度,
z_fd10 表示等离子体频率   % 高速 h 公里
a = 1;
x_fd = [x_fd1; x_fd2; x_fd3; x_fd4; x_fd5; x_fd6; x_fd7; x_fd8; x_fd9; x_fd10;];
y_fd = [y_fd1; y_fd2; y_fd3; y_fd4; y_fd5; y_fd6; y_fd7; y_fd8; y_fd9; y_fd10;];
z_fd = [z_fd1; z_fd2; z_fd3; z_fd4; z_fd5; z_fd6; z_fd7; z_fd8; z_fd9; z_fd10;];
gx = 0: 0.1: 35;        % 马赫
gy = 0: 0.2: 100;       % 马赫
z_fd = 10 * log10(z_fd);
g_fd = gridfit(x_fd, y_fd, z_fd, gx, gy);
figure(11)
colormap(hot(256));
surf(gx, gy, g_fd);
xlabel('马赫数/Ma')
ylabel('高度/km')
zlabel('等离子体频率/dBHz')
camlight right;
lighting phong;
shading interp;
line(x_fd, y_fd, z_fd, 'marker', '.', 'markersize', 4, 'linestyle', 'none');
title '目标速度、高速与等离子频率关系';
% 生成电子碰撞频率
[x_v1 y_v1 z_v1]  = v_3_10_7;
[x_v2 y_v2 z_v2]  = v_10_8;
[x_v3 y_v3 z_v3]  = v_3_10_8;
[x_v4 y_v4 z_v4]  = v_10_9;
[x_v5 y_v5 z_v5]  = v_3_10_9;
[x_v6 y_v6 z_v6]  = v_10_10;
[x_v7 y_v7 z_v7]  = v_3_10_10;
[x_v8 y_v8 z_v8]  = v_10_11; % x_v8 表示马赫 Ma, y_v8 表示高度, z_v8 表示电子碰
撞频率
x_v = [x_v1; x_v2; x_v3; x_v4; x_v5; x_v6; x_v7; x_v8;];
y_v = [y_v1; y_v2; y_v3; y_v4; y_v5; y_v6; y_v7; y_v8;];
z_v = [z_v1; z_v2; z_v3; z_v4; z_v5; z_v6; z_v7; z_v8;];
gx = 0: 0.1: 35;        % 马赫
```

```
gy = 0: 0.2: 100;           % 高度
z_v = 10 * log10 (z_v);
g_v = gridfit (x_v, y_v, z_v, gx, gy);
figure (12)
colormap (hot (256));
surf (gx, gy, g_v);
xlabel ('马赫数/Ma')
ylabel ('高度/km')
zlabel ('电子碰撞频率/dBHz')
camlight right;
lighting phong;
shading interp;
line (x_v, y_v, z_v, 'marker', '.', 'markersize', 4, 'linestyle', 'none');
title '目标速度、高速与电子碰撞频率关系
save v_plasma_fd   g_v g_fd gx gy;
```

函数9：
```
function v_plasma = v_plasma_produce (h, Ma)
% 功能：根据高度和马赫数产生等离子体频率，其中利用美国的等离子实测数据用matlab进行曲面拟合
% 编写人：吴巍
load v_plasma_fd
for i = 1: size (g_v, 2)
   if abs (Ma - gx (i)) < 0.05;
         ii = i;
      break;
    end
end
for j = 1: size (g_v, 1)
   if abs (h/1000 - gy (j)) < 0.1;
        jj = j;
        break;
      end
end
v_plasma = g_v (jj, ii);     % 求出拟合曲面上对应等离子体频率
v_plasma = 10^(v_plasma/10);
```

函数 10：
```
function Ne = v_plasma_to_Ne（h, v_plasma）
% 功能：根据高度、等离子体频率得到对应温度，根据温度对应得到电子密度
% 编写人：吴巍
load v_plasma_Ne
rho_ratio = H_to_rho（h）;% 根据高度求出对应的大气密度比，对数表示
v_plasma = log10（v_plasma）;
for j = 1：size（gy, 2）
    if abs（rho_ratio – gy（j））<=0.1;    % 根据气体密度比找出纵坐标
        jj = j;
        break;
    end
end
for i = 1：size（gx, 2）
    if abs（v_plasma – g_v（jj, i））<= 0.1 % 根据气体密度纵坐标找出对应的温度横坐标
        ii = i;
        break;
    end
end
Ne = g_N（jj, ii）;% 根据坐标找到电子密度
Ne = 10^Ne;% 电子实际密度
```

函数 11：
```
function   [x_N y_N z_N]  = N_5_10_12
% 功能：利用 getdata 软件提取曲线坐标点（对应的是电子碰撞频率 N_5_10^12 的曲线）
略
```

函数 12：
```
function   [x_N y_N z_N]  = N_5_10_13
% 功能：利用 getdata 软件提取曲线坐标点（对应的是电子碰撞频率 N_5_10^13 的曲线）
略
```

函数 13：
```
function   [x_N y_N z_N]  = N_5_10_14
% 功能：利用 getdata 软件提取曲线坐标点（对应的是电子碰撞频率 v_10^9 的曲线）
略
```

函数 14：

function   [x_N y_N z_N] = N_10_11
% 功能：利用 getdata 软件提取曲线坐标点（对应的是电子碰撞频率 N_10^11 的曲线）
略

函数 15：
function   [x_N y_N z_N] = N_10_12
% 功能：利用 getdata 软件提取曲线坐标点（对应的是电子碰撞频率 N_10^12 的曲线）
略

函数 16：
function   [x_N y_N z_N] = N_10_13
% 功能：利用 getdata 软件提取曲线坐标点（对应的是电子碰撞频率 N_10^13 的曲线）
略

函数 17：
function   [x_N y_N z_N] = N_10_14
% 功能：利用 getdata 软件提取曲线坐标点（对应的是电子碰撞频率 N_10^14 的曲线）
略

函数 18：
function   [x_N y_N z_N] = N_10_15
% 功能：利用 getdata 软件提取曲线坐标点（对应的是电子碰撞频率 v_10^9 的曲线）
略

函数 19：
function   [x_v y_v z_v] = v_5_10_10
% 功能：利用 getdata 软件提取曲线坐标点（对应的是电子碰撞频率 v_5_10^10 的曲线）
略

函数 20：
function   [x_v y_v z_v] = v_5_10_11
% 功能：利用 getdata 软件提取曲线坐标点（对应的是电子碰撞频率 v_5_10^11 的曲线）
略

函数 21：
function   [x_v y_v z_v] = v_10_9
% 功能：利用 getdata 软件提取曲线坐标点（对应的是电子碰撞频率 v_10^9 的曲线）
略

函数 22：
function   [x_v y_v z_v] = v_10_10

% 功能：利用 getdata 软件提取曲线坐标点（对应的是电子碰撞频率 v_10^10 的曲线）
略

函数 23：
function [x_v y_v z_v] = v_10_11
% 功能：利用 getdata 软件提取曲线坐标点（对应的是电子碰撞频率 v_10^11 的曲线）
略

函数 24：
function [x_v y_v z_v] = v_10_12
% 功能：利用 getdata 软件提取曲线坐标点（对应的是电子碰撞频率 v_10^12 的曲线）
略

函数 25：
function [x_v y_v z_v] = v_10_13
% 功能：利用 getdata 软件提取曲线坐标点（对应的是电子碰撞频率 v_10^13 的曲线）
略

函数 26：
function fd = fp_produce (h, Ma)
% 功能：根据高度和马赫数产生电子碰撞频率
% 编写人：吴巍
load v_plasma_fd
for i = 1: size (g_fd, 2)
if abs (Ma − gx (i)) <= 0.05；
 ii = i；
 break；
 end
end
for j = 1: size (g_fd, 1)
 if abs (h/1000 − gy (j)) <= 0.1；
 jj = j；
 break；
 end
end
fd = g_fd (jj, ii)； % 求出拟合曲面上对应等离子体频率
fd = 10^(fd/10)；

4. 多项式 Radon-多项式 Fourier 变换 Matlab 程序

clear all；
load Pulse_compress_Signal；% 将脉冲压缩处理后的数据读入

```
Radar_parameter; %将相关参数设置用该函数读入
Signal_Coherent_integration = zeros (Nr, 3, size (Pulse_compress_Signal, 3));
for i = 1: size (Pulse_compress_Signal, 3)
    bin_r = c/(2 * Fs); %距离采样间隔（距离分辨单元为 c/2B）
    dfa = PRF/M;       %多普勒采样间隔
    dVr = bin_r/( (1/PRF) * M);     %速度搜索步进
    Nv = round (V_MAX/dVr) * 2 + 1;    %搜索个数
    dar = 0.5 * 1/(M/PRF)^2 * lamda/2; %加速度搜索间隔
    Na = round (a_MAX/(10 * dar)) * 2 + 1; %搜索加速度数目
    s_PRPF = zeros (M, Nr);
    sig = Pulse_compress_Signal (:,:, i);
    for ii = 1: Nr
        for jj = 1: Nv
            for jjjj = 1: Na
                for jjj = 1: M
                    v_jj = - round (V_MAX/dVr) * dVr + (jj - 1) * dVr;
                    t_jjj = (jjj - 1) * 1/PRF;
                    a_jjjj = - round (a_MAX/(10 * dar)) * 10 * dar + (jjjj - 1) * 10 * dar;
                    iii = ii + round ( (v_jj * t_jjj + 0.5 * a_jjjj * t_jjj^2) /(bin_r));
                    if iii <= 0 || iii > Nr
                        sss (jjj, 1) = 0;
                    else
                        sss (jjj, 1) = sig (jjj, iii) * exp (j * 2 * pi * a_jjjj * t_jjj^2/lamda);
                    end
                end
                ssss (:, 1) = fft (sss (:, 1), [], 1);
                Fn (jj, jjjj) = max (abs (ssss (:, 1)));
            end
        end
        [p0, mm] = max (Fn);
        [p11, nn] = max (p0);
        vr_e = - round (V_MAX/dVr) * dVr + (mm (nn) - 1) * dVr;
        ka_e = - round (a_MAX/(10 * dar)) * 10 * dar + (nn - 1) * 10 * dar;
        % 高精度搜索
        for jjjj = 1: 21
            for jjj = 1: M
                t_jjj = (jjj - 1) * 1/PRF;
```

```
                    a_jjjj = ka_e + (jjjj - 10) * dar;
                    iii = ii + round ((vr_e * t_jjj + 0.5 * a_jjjj * t_jjj^2) / (bin_r));  % bin_r 为距离
采样间隔 = 分辨单元
                    if iii <= 0 || iii > Nr
                        sss (jjj, 1) = 0;
                    else
                    sss (jjj, 1) = sig (jjj, iii) * exp (j * 2 * pi * a_jjjj * t_jjj^2/lamda);
                    end
                end
                sss (:, 1) = fft (sss (:, 1), [], 1);
                Fnn (jjjj) = max (abs (sss (:, 1)));
            end
                [p2, L] = max (Fnn);
                sig_out (ii) = p2;
                for jjj = 1: M
                t_jjj = (jjj - 1) * 1/PRF;
                a_jjjj = ka_e + (L - 10) * dar;
                iii = ii + round ((vr_e * t_jjj + 0.5 * a_jjjj * t_jjj^2) / (bin_r));  % bin_r 为距离
采样间隔 = 分辨单元
                    if iii <= 0 || iii > Nr
                        sss (jjj, 1) = 0;
                    else
                    sss (jjj, 1) = sig (jjj, iii) * exp (j * 2 * pi * a_jjjj * t_jjj^2/lamda);
                    end
                end
                sss (:, 1) = fft (sss (:, 1), [], 1);
                Fnn (jjjj) = max (abs (sss (:, 1)));
                s_PRPF (:, ii) = sss (:, 1);
                [p0, mm] = max (abs (Fnn));
                ka_e = ka_e + (jjjj - mm) * dar;       % 加速度估计
                Signal_Coherent_integration (ii, 1, i) = max (s_PRPF (:, ii));     % 径向
距离测量
                Signal_Coherent_integration (ii, 2, i) = vr_e;     % 径向速度测量
                Signal_Coherent_integration (ii, 3, i) = ka_e;     % 径向加速度测量
            end
        end
        figure (1)
```

plot (abs (Signal_Coherent_integration (:, 1, 1)));

5. 空时多项式 Radon 变换 TBD 方法 Matlab 主函数

%功能：空时多项式拉东变换的高超声速目标 TBD 积累检测方法
%编写人：吴巍
%说明：在极坐标系下实现 TBD 积累检测（主要解决扫描帧内的 TBD，还可以推广到扫描帧间的 TBD）

```
close all;
clear all;
clc;
N_TBD = 7;
T_roll = 1;%单位 s
Beam_width = 2;%波束宽度，单位度
Num_bowei = 360/Beam_width;%波位数
T_step = 3/Num_bowei;%单位 s，波束虚拟步进大小
t_max = T_roll * (N_TBD - 1);
t = 0: T_roll: t_max;
v0y = 2000;
v0x = 1500;
a0y = 10;
a0x = 10;
y = 500 * 10^3 + v0y. * t + 0.5 * a0y. * t.^2;
x = v0x * t + 0.5 * a0x * t.^2;
Range_resolution = 150;
r = round (sqrt (x.^2 + y.^2) /Range_resolution);
Sita = atan2 (y, x);
Beam_n = ceil (Sita/pi * 180/Beam_width);% 一个雷达帧，
radar_frame = zeros (Num_bowei, 4000, N_TBD);% 一个雷达帧，
SNR = 18;%单位 dB
A = sqrt (2 * 10^(SNR/10));
T_bowei = zeros (N_TBD, 10);
for i = 1: N_TBD
    for j = 1: Num_bowei
        T_bowei (i, j) = T_roll * (i - 1) + T_step * j;
    end
end
```

```
for i = 1: N_TBD
    radar_frame (:,:, i) = radar_frame (:,:, i) + randn (Num_bowei, 4000);
    radar_frame (Beam_n (i), r (i), i) = radar_frame (Beam_n (i), r (i), i) + A;
    x = radar_frame (:,:, i);
    x (find (abs (radar_frame (:,:, i)) <0.9 * A)) = 0;
end
v_max = 2000;    % 最大速度
v_r_step = Range_resolution/(T_roll * N_TBD);
v_r_N = round (v_max/(v_r_step)) * 2 + 1; % 搜索速度数目
a_r_max = 30;
a_r_step = 2 * Range_resolution/(T_roll * N_TBD)^2; % 搜索加速度步进
a_r_N = round (a_r_max/(a_r_step)) * 2 + 1; % 搜索加速度数目
a_r_max0 = - round (a_r_max/a_r_step) * a_r_step; % 搜索加速度最小值
V_r_max0 = - round (v_max/v_r_step) * v_r_step;
v_II_step = (Beam_width) /(T_roll * N_TBD);    % 角度速度步进
v_B_max = atan2 (v_max, r (1) * 150) * 180/pi; % TBD 周期内
v_II_N = round (v_B_max/(v_II_step)) * 2 + 1; % 搜索加速度数目
V_II_max0 = - round (v_B_max/v_II_step) * v_II_step;
a_max = 30;
a_II_step = 2 * (Beam_width) /(T_roll * N_TBD)^2;    % 角度速度步进
a_II_max = atan2 (a_max, r (1) * 150) * 180/pi; % TBD 周期内
a_II_N = round (a_II_max/(a_II_step)) * 2 + 1; % 搜索加速度数目
a_II_max0 = - round (a_II_max/a_II_step) * a_II_step;
P = zeros (v_r_N, v_II_N);
PP = zeros (180, 4000);
accumulate = zeros (1, N_TBD)
for r_N = 3300: 3350
    for sita_N = 40: 60
    accumulate (i)  = radar_frame (46, 3334, 1);
    for jj = 1: v_r_N
        for uu = 1: v_II_N
            for tt = 1: a_r_N
                for mm = 1: a_II_N
                    for i = 1: N_TBD
                        V_r_jj = V_r_max0 + (jj – 1) * v_r_step;
                        V_II_uu = V_II_max0 + (uu – 1) * v_II_step;
                        a_r_tt = a_r_max0 + (tt – 1) * a_r_step;
```

```
            a_II_mm = a_II_max0 + (mm - 1) * a_II_step;
         rr = r_N * Range_resolution + V_r_jj. * (i - 1) * T_roll + 0.5 * a_r_tt * [ (i - 1)
* T_roll] ^2;    Sita0 = (sita_N - 0.5) * Beam_width + V_II_uu * (i - 1) * T_roll + 0.5 *
a_II_mm * [ (i - 1) * T_roll] ^2;    Beam_n0 = ceil (Sita0/Beam_width);% 一个雷达帧,
             r_NN = round (rr/Range_resolution);
             F (i) = radar_frame (Beam_n0, r_NN, i);
                end
             FF (tt, mm) = sum (abs (F));
                   end
                end
             P (jj, uu) = max (max (FF));
                a = 1;
             end
         end
         mesh (P)
          [p0, mm] = max (P);
          [p11, nn] = max (p0);
         V_r_jj = V_r_max0 + (mm (nn) - 1) * v_r_step;
         V_II_uu = (V_II_max0 + (nn - 1) * v_II_step) * r (1);
         PP (sita_N, r_N) = p11;
         end
      end
   end
   figure
   mesh (PP)
```

6. 基于速度补偿的高超声速机动目标跟踪函数

Function [target_trace_information_X] = PulseCompreserrors_compensation (RadarNED_target_state_N, target_trace_information_X, B, Tp, fc);

% 功能: 实现速度补偿的高超声速机动目标跟踪

% 编写人: 吴巍

```
      last_i = size (target_trace_information_X {1, 1}, 2);
      if last_i = = 0
         target_trace_information_X {1, 1} = [];
         return;
      end
      x0 = target_trace_information_X {1, 1} (1, last_i);
      y0 = target_trace_information_X {1, 1} (3, last_i);
```

```
z0 = target_trace_information_X {1, 1} (5, last_i);
vx0 = target_trace_information_X {1, 1} (2, last_i);
vy0 = target_trace_information_X {1, 1} (4, last_i);
vz0 = target_trace_information_X {1, 1} (6, last_i);
dX = [x0, y0, z0];
vr = sum (dX .* [vx0, vy0, vz0]) /norm (dX, 2);
R_error = vr * fc * Tp/B;
r = sqrt (x0^2 + y0^2 + z0^2);
theta = atan2 (-z0, x0);
pitching = atan2 (y0, sqrt (x0^2 + z0^2));
r = r - R_error;
x = r * cos (theta) * cos (pitching);
z = -r * sin (theta) * cos (pitching);
y = r * sin (pitching);
target_trace_information_X {1, 1} (1, last_i) = x;
target_trace_information_X {1, 1} (3, last_i) = y;
target_trace_information_X {1, 1} (5, last_i) = z;
```

参考文献

[1] Zhang S, Zhang W, Wang Y. Multiple targets'detection in terms of Keystone transform at the low SNR level [C]. In Proceedings of IEEE International Conference on Information and Automation, 2008.

[2] Zhang L, He X H. Approach for airborne radar ISAR imaging of ship target based on generalized keystone transform [C]. In Proceedings of IEEE 10th International Conference on Signal Processing, 2010.

[3] Wang J, Li M, Wang Z, et al. An efficient method to correct target range migration [C]. In Proceedings of 2013 IET international Radar conference, 2013.

[4] Xu J, Yu J, Peng Y N, et al. Radon-Fourier transform for radar target detection, I: generalized Doppler filter bank [J]. IEEE Transactions on Aerospace and Electronic Systems, 2011, 47 (2): 1186-1202.

[5] Xu J, Yu J, Peng Y N, et al. Radon-Fourier transform for radar target detection (II): blind speed sidelobe suppression [J]. IEEE Transactions on Aerospace and Electronic Systems, 2011, 47 (4): 2473-2489.

[6] Yu J, Xu J, Peng Y N, et al. Radon-Fourier transform for radar target detection (III): optimality and fast implementations [J]. IEEE Transactions on Aerospace and Electronic Systems, 2012, 48 (2): 991-1004.

[7] Fan L, Zhang X, Wei L. TBD algorithm based on improved randomized Hough transform for dim target detection [J]. Progress in Electromagnetic Research, 2012, 31: 271-285.

[8] Yu H B, Wang G H. A novel RHT-TBD approach for weak targets in HPRF radar [J]. Science China Information Series, 2016, 59 (5): 12303.

[9] Carlson B D, Evans E D, Wilson S L. Errata: Search radar detection and track with the hough transform [J]. IEEE Transactions on Aerospace & Electronic Systems, 2003, 39 (1): 382-383.

[10] Pollock B, Goodman N. Structured de-chirp for compressive sampling of LFM waveforms [C]. In Proceedings of IEEE 7th Sensor Array and Multichannel Signal Processing Workshop, 2012.

[11] Rao X, Tao H, Xie J, et al. Long-time coherent integration detection of weak manoeuvring target via integration algorithm, improved axis rotation discrete chirp-Fourier transform [J]. IET Radar Sonar Navigation, 2015, 9 (7): 917-926.

[12] Yan J W, Gang F, Yu M Z. LFM Signal Detection Method Based on Fractional Fourier Transform [J]. Advanced Materials Research, 2014, 989-994: 4001-4004.

[13] 齐林, 陶然, 周思永, 等. 基于分数阶Fourier变换的多分量信号的检测和参数估计 [J]. 中国科学 (E辑), 2003, 33 (8): 749-759.

[14] 张南, 陶然, 王越. 基于变标处理和分数傅里叶变换的运动目标检测算法 [J]. 电子学报, 2010, 38 (3): 683-688.

[15] Djurovic I, Thayaparan T, Stankovic L J. SAR imaging of moving targets using polynomial Fourier transform [C]. IET Signal Processing, 2008, 2 (3): 237-246.

[16] Stanković L, Thayaparan T, Popović V, et al. Adaptive S-Method for SAR/ISAR Imaging [J]. EURASIP Journal on Advances in Signal Processing, 2007, 2008 (1): 1-10.

[17] Dakovic M, Thayaparan T, Stankovic L. Time-frequency-based detection of fast manoeuvring targets [J]. IET Signal Processing, 2010, 4 (3): 287-297.

[18] Kennedy H L. Efficient Velocity Filter Implementations for Dim Target Detection [J]. IEEE Transactions on Aerospace and Electronic Systems, 2011, 47 (4): 2991-2999.

[19] Blostein S D, Richardson H S. A sequential detection approach to target tracking [J]. IEEE Transactions on Aerospace and Electronic Systems, 1994, 30 (1): 197-212.

[20] Kabakchiev C, Garvanov I, Doukovska L, et al. Data association algorithm in TBD multiradar syetem [C]. Proceedings of the International Radar Symposium, 2007.

[21] Orlando D, Ricci G. Track-before-detect algorithms for targets with kinematic constraints [J]. IEEE Transactions on Aerospace and Electronic Systems, 2011, 47 (3): 1837-1849.

[22] 陈铭. 基于动态规划的弱小目标检测前跟踪 (DP-TBD) 算法研究 [D]. 成都: 电子科技大学, 2014.

[23] 吴卫华, 王首勇, 杜鹏飞. 一种基于目标状态关联的动态规划TBD算法 [J]. 空军预警学院学报, 2011, 25 (6): 415-418.

[24] 李渝, 黄普明, 林晨晨, 等. 基于动态规划的多目标GMTI-TBD技术研究 [J]. 仪器仪表学报, 2016, 37 (2): 356-364.

[25] Katsilieris F, Boers Y, Driessen H. Sensor management for PRF selection in the track-before-detect context [C]. 2012 IEEE Radar Conference, 2012.

[26] HongBo Y, Guohong W, Qian C. A Fusion Based Particle Filter TBD Algorithm For Dim Targets [J]. Chinese Journal of Electronics. 2015, 24 (3): 590-596.

[27] Davey S J. Comments on "Joint Detection and Estimation of Multiple Objects From Image Observations" [J]. IEEE Transactions on Signal Processing, 2012, 60 (3): 1539-1540.

[28] 廖良雄. 基于随机有限集的弱小目标TBD方法研究 [D]. 西安: 西安电子科技大学, 2014.

[29] 廖小云. 基于随机有限集的多目标跟踪算法研究 [D]. 西安: 西安工业大学, 2016.

[30] Hongbo Y, Guohong W, Wei W, et al. A novel RHT-TBD approach for weak targets in

HPRF radar [J]. Science China Information Series, 2016, 59 (12): 122304.

[31] Reed I S, Gagliardi R M, Stotts L B. A recursive moving-target-indication algorithm for optical image sequences [J]. IEEE Transactions on Aerospace and Electronic Systems, 1990, 26 (3): 434-440.

[32] 王国宏, 苏峰, 何友. 三维空间中基于 Hough 变换和逻辑的航迹起始 [J]. 系统仿真学报, 2004, 16 (10): 2198-2200.

[33] Carlson B D, Evans E D, Wilson S L. Search radar detection and track with the Hough transform, Part I: system concept [J]. IEEE Transaction on Aerospace and Electronic Systems, 1994, 30 (1): 102-108.

[34] Carlson B D, Evans E D, Wilson S L. Search radar detection and track with theHough transform, Part II: detection statistics [J]. IEEE Transaction on Aerospace and Electronic Systems, 1994, 30 (1): 109-115.

[35] Carlson B D, Evans E D, Wilson S L. Search radar detection and track with the hough transform, Part III: detection performance with binary integration [J]. IEEE Transaction on Aerospace and Electronic Systems, 1994, 30 (1): 116-125.

[36] Doukovska L, Kabakchiev C. Performance of Hough detectors in presence of randomly arriving impulse interference [C]. Proceedings of International Radar Symposium, 2006.

[37] Garvanov I, Kabakchiev C. Radar detection and track determination with a transform analogous to the Hough transform [C]. Proceedings of International Radar Symposium, 2006.

[38] Zeng J K, Yuan S Z. Improved Hough transform algorithm for radar detection [C]. In Proceedings of 2nd International Conference on Power Electronics and Intelligent Transportation Systems, 2009.

[39] Satzoda R K, Suchitra S, Srikanthan T. Parallelizing the Hough transform computation [J]. IEEE Signal Processing Letters, 2008, 15: 297-300.

[40] Moqiseh A, Nayebi M M. 3-D Hough transform for surveillance radar target detection [C]. Proceedings of IEEE Radar Conference, 2008.

[41] 李岳峰, 王国宏, 张翔宇, 等. 一种距离模糊下三维空间高超声速弱目标 HT-TBD 算法 [J]. 宇航学报, 2017, 38 (9): 979-988.

[42] 李林, 王国宏, 于洪波, 等. 一种临近空间高超声速目标检测前跟踪算法 [J]. 宇航学报, 2017, 38 (4): 420-427.

[43] 王国宏, 李林, 张翔宇, 等. 临近空间高超声速目标 RHT-TBD 算法 [J]. 电光与控制, 2016 (9): 1-6.

[44] 李岳峰, 王国宏, 李林, 等. 临近空间高超声速目标修正随机 Hough 变换 TBD 算法 [J]. 宇航学报, 2017, 38 (10): 1114-1123.

[45] Bar S Y, Fortmann T E. Tracking and Data Association [M]. USA: Academic Press.

[46] Moose R L, Vanlandingham H F, McCabe D H. Modeling and estimation for tracking ma-

neuvering targets [J]. IEEE Transactions on Aerospace and Electronic Systems, 1979, 1 (3): 448-456.

[47] 周宏仁, 敬忠良, 王培德. 机动目标跟踪 [M]. 北京: 国防工业出版社, 1991.

[48] 刁联旺, 杨静宇. 一种改进的机动目标当前统计模型的描述 [J]. 兵工学报, 2005, 26 (6): 625-628.

[49] 王向华, 覃征, 杨慧杰, 等. 基于当前统计模型的模糊自适应跟踪算法 [J]. 兵工学报, 2009, 30 (8): 1089-1093.

[50] Kishore M, Mahapatra P R. A Jerk Model for Tracking Highly Maneuvering Targets [J]. IEEE Transaction on Aerospace and Electronics, 1997: 1094-1105.

[51] 潘泉, 梁彦, 杨峰, 等. 现代目标跟踪与信息融合 [M]. 北京: 国防工业出版社, 2009.

[52] 马加庆, 韩崇昭. 一类基于信息融合的粒子滤波跟踪算法 [J]. 光电工程, 2007, 34 (4): 22-25.

[53] 黄大羽, 薛安克, 郭云飞. 一种基于 MMPF-TBD 的机动弱目标检测方法 [J]. 光电工程, 2009, 36 (11): 29-34.

[54] 李辉, 沈莹, 张安, 等. 交互式多模型目标跟踪的研究现状及发展趋势 [J]. 火力与指挥控制, 2006, 31 (11): 1-4.

[55] 闫小喜, 韩崇昭. 基于杂波强度在线估计的多目标跟踪算法 [J]. 控制与决策, 2012, 27 (4): 507-512.

[56] 杨金龙, 姬红兵, 樊振华. 一种模糊推理强机动目标跟踪新算法 [J]. 西安电子科技大学学报 (自然科学版), 2011, 38 (2): 72-76.

[57] 秦国栋, 陈伯孝, 杨明磊, 等. 双基地多载频 FMCW 雷达目标加速度和速度估计方法 [J]. 电子与信息学报, 2009, 31 (4): 795-796.

[58] 刘建成, 王雪松, 肖顺平, 等. 基于 Wigner-Hough 变换的径向加速度估计 [J]. 电子学报, 2005, (12): 34-39.

[59] 乔向东, 王宝树, 李涛, 等. 一种高度机动目标的"当前"统计 Jerk 模型 [J]. 西安电子科技大学学报, 2002, 29 (4): 534-539.

[60] Li X R. Survey of Maneuvering Target Tracking. Part 1: Dynamic Models [J]. IEEE Transactions on Aerospace and Electronic Systems, 2003, 39 (4): 1337-1364.

[61] 梁彦, 贾宇岗, 潘泉, 等. 具有参数自适应的交互式多模型算法 [J]. 控制理论与应用. 2001, 18 (5): 653-656.

[62] 罗笑冰, 王宏强, 黎湘. 模型转移概率自适应的交互式多模型跟踪算法 [J]. 电子与信息学报, 2005, 27 (10): 1539-1541.

[63] 关欣, 赵静, 张政超, 等. 一种可行的高超声速飞行器跟踪算法 [J]. 电讯技术, 2011, 51 (8): 80-84.

[64] Brink C. X-51A flight test status update [C]. IEEE Proc. of the 43rd Annual International

Symposium of the Society of Flight Test Engineers. 2012.

[65] Zhang J M, Sun C Y, Zhang R M, et al. Adaptive sliding mode control for re-entry attitude of near space hypersonic vehicle based on backstepping design [J]. IEEE Trans. on Automatica Sinica, 2015, 2 (1): 94-101.

[66] Li X L. Survey of maneuvering target tracking. Part Ⅱ: motion models of ballistic and space targets [J]. IEEE Trans. on Aerospace and Electronic Systems, 46 (1): 96-115.

[67] Lin C L, Wang T L. Fuzzy side force control for missile against hypersonic target [J]. IET Trans. on Control Theory & Applications, 2007, 1 (1): 33-43.

[68] 肖松, 谭贤四, 李志淮, 等. 临近空间高超声速目标 MCT 跟踪模型 [J]. 现代雷达, 2013, 33 (1): 185-189.

[69] 肖松, 谭贤四, 王红, 等. 基于改进 Hough 变换的临近空间高超声速目标航迹起始算法 [J]. 航天控制, 2013, 31 (4): 60-65.

[70] 王国宏, 李俊杰, 张翔宇. 临近空间高超声速滑跃式机动目标的跟踪模型 [J]. 航空学报, 2015, 36 (7): 2400-2410.

[71] 张翔宇, 王国宏, 李俊杰, 等. 临近空间高超声速滑跃式轨迹目标跟踪技术 [J]. 航空学报, 2015, 36 (6): 1983-1994.

[72] 张翔宇, 王国宏, 张静. 临近空间高超声速助推滑翔式轨迹目标跟踪 [J]. 宇航学报. 2015, 36 (10): 1125-1132.

[73] 刘源, 张翔宇, 王国宏, 等. 一种新的临近空间高超声速目标跟踪算法 [J]. 电光与控制, 2016, 23 (7): 34-38.

[74] Li X R, Jilkov V P. Survey of maneuvering target tracking. Part Ⅴ: multiple-model methods [J]. IEEE trans. on Aerospace and Electronic Systems, 2005, 41 (4): 1256-1320.

[75] 曹亚杰, 李君龙, 秦雷. 临近空间目标交互式多模型跟踪定位算法研究 [J]. 现代防御技术, 2016, 44 (1): 134-137.

[76] Jian L, Li X R, Mu C D. Best Model Augmentation for variable-structure multiple-model estimation [J]. IEEE Trans. on Aerospace and Electronic Systems, 2011, 47 (3): 2008-2025.

[77] Lan J, Li X R. Equivalent-model augmentation for variable-structure multiple-model estimation [J]. IEEE Trans. on Aerospace and Electronic Systems, 2013, 49 (4): 2615-2630.

[78] 肖松, 李志淮, 谭贤四. 临近空间高超声速飞行器的 DG-VSMM 跟踪算法 [J]. 弹道学报, 2013, 25 (2): 23-26.

[79] Chang W H, Shin J K, Nam S K. Reverberation and noise robust feature compensation based on IMM [J]. IEEE Transactions on Audio, Speech, and Language Processing, 2013, 21 (8): 1598-1611.

[80] Dah C C, Fang M W. Bearing-only maneuvering mobile tracking with nonlinear filtering algorithms in wireless sensor networks [J]. IEEE Transactions on Systems Journal, 2014, 8

(1): 160-170.

[81] 陈伯孝. 现代雷达系统分析与设计 [M]. 西安: 西安电子科技大学出版社, 2012.

[82] 张翔宇, 王国宏, 宋振宇, 等. LFM 雷达对临近空间高超声速目标的跟踪研 [J]. 电子学报, 2016, 04 (44): 846-853.

[83] 常雨, 陈伟芳, 孙明波, 等. 等离子体涡电磁散射特性及隐身性能 [J]. 航空学报, 2008, 29 (2): 304-308.

[84] 朱方, 吕琼之. 返回舱再入段雷达散射特性研究 [J]. 现代雷达, 2008, 30 (5): 14-16.

[85] 李明, 李国主, 宁百齐, 等. 基于三亚 VHF 雷达的场向不规则体观测研究: 3. 距离扩展流星尾迹回波 [J]. 地球物理学报, 2013, 56 (12): 11.

[86] 刘俊凯. 飞机尾流的雷达检测与跟踪技术研究 [D]. 长沙: 国防科学技术大学, 2014.

[87] 李军. 扩展目标的雷达检测技术及其应用研究 [D]. 长沙: 国防科学技术大学, 2012.

[88] AKEY N D, CROSS A E. Radio blackout alleviation and plasma diagnostic results from A25000 foot per second blunt-bodyreentry [R]. NASA technical Note, 1970.

[89] 钟育民, 谌明, 卢满宏, 等. 无线电波在再入等离子体中传输的衰减模型及仿真验证 [J]. 遥测遥控, 2010, 31 (2): 1-6.

[90] HUBER P W, SINS T. Research approaches to the problem of reentry communications blackout [R]. NASA-TM-X-56839, 1967.

[91] MALIN N, MORROW G. Models of interprofessional working within a sure start "Trailblazer" programme [J]. Journal of interprofessional care, 2007, 21 (4): 445-457.

[92] MARINI J W. On the decrease of the radar cross section of the Apollo command module due to reentry plasma effects [R], USA: NASA, 1968.

[93] HUBER P W. Hypersonic shock-heated flow parameters for velocities to 46000 feet per second and altitudes to 323000 feet [R], USA: NASA, 1963.

[94] 朱方, 吕琼之. 返回舱再入段雷达散射特性研究 [J]. 现代雷达, 2008 (5): 14-16.

[95] 于哲峰, 刘佳琪, 刘连元, 等. 临近空间高超声速飞行器 RCS 特性研究 [J]. 宇航学报, 2014, 35 (6): 713-719.

[96] 于哲峰, 梁世昌, 部绍清, 等. 超高速目标及其绕流场雷达散射模拟与分析 [J]. 电波科学学报, 2013, 28 (6): 1077-1082.

[97] 聂亮, 陈伟芳, 夏陈超, 等. 高超声速飞行器绕流流场电磁散射特性分析 [J]. 电波科学学报, 2014, 29 (5): 874-879.

[98] 杨阁. 等离子体涂覆目标的电磁散射特性研究 [D]. 西安: 西安电子科技大学, 2007.

[99] 周超, 张小宽, 张晨新, 等. 再入段等离子体对弹头 RCS 的影响研究 [J]. 现代雷

达，2014，36（3）：83-86.

[100] 刘华，谭贤四，王红，等．临近空间激波等离子体包覆目标电磁特性分析［J］．空军预警学院学报，2011，25（2）：83-86.

[101] 杨玉明，王红，谭贤四，等．再入等离子体隐身及反隐身分析［J］．空军预警学院学报，2012，26（4）：248-251.

[102] 习靖，史东湖．等离子体鞘套对高超声速飞行器影响研究［J］．飞行器测控学报，2013，32（3）：206-210.

[103] 吴巍，刘方，钟建林，等．临近空间高超声速目标RCS模拟技术研究［J］，电波科学学报，2019，34（5）：610-621.

[104] 邱风，吴道庆，刘伟，等．时变等离子体与电磁波相互作用研究［J］．现代雷达，2019，41（4）：18-21.

[105] 胡仕兵，汪学刚，姒强．调频波形产生器相位误差影响分析［J］．2008，22（2）：101-106.

[106] 邓兵，陶然，平殿发，等．基于分数阶傅里叶变换补偿多普勒徙动的动目标检测算法［J］．兵工学报，2009，30（10）：1034-1039.

[107] Qian Z, Chang L, et al. Hybrid Integration for Highly Maneuvering Radar Target Detection Based on Generalized Radon-Fourier Transform［J］. IEEE Transactions on Aerospace and Electronic Systems, 2016, 52（5）：2554-2561.

[108] 王娟，赵永波．Keystone变换实现方法研究［J］．火控雷达技术，2011，40（1）：45-51.

[109] 吴巍，王国宏，谭顺成，等．多项式Hough傅里叶变换的高速隐身目标检测方法，201510137242.X［P］．2015-03-26.

[110] Wei W, Guohong W, Jinping S. Polynomial Radon-Polynomial Fourier Transform for Near Space Hypersonic Maneuvering Target Detection［J］. IEEE Transactions on Aerospace & Electronic Systems, 2018, 54（3）：1306-1323.

[111] 吴巍，王国宏，于洪波，等．多项式拉东-多项式傅里叶变换的高超声速目标检测方法，201610147273.8［P］．2016-03-15.

[112] 王国宏，吴巍，于洪波，等．一种隐身滑跃式机动目标的多模型椭圆Hough变换累积检测方法，201410163729.0［P］．2014-04-16.

[113] 王国宏，吴巍，于洪波，等．一种多波束交错投影与多假设抛物线Hough变换的高速滑跃式目标累积检测方法，201410260636.X［P］．2014-06-12.

[114] 吴巍，王国宏，谭顺成，等．多项式Hough变换的高超声速目标TBD检测方法，201610524075.9［P］．2016-07-04.

[115] Wei W, Guohong W, Jinping S. A Variable-Diameter-Arc-Helix Radon Transform for Detecting a Near Space Hypersonic Maneuvering Target［J］IEEE Access, 2019, 7：184875-184884

[116] 吴巍，王国宏，谭顺成，等．空时多项式拉东变换的高超声速目标 TBD 积累检测方法，201610150582.0［P］．2016-03-16．

[117] 吴巍，王国宏，于洪波，等．一种高速目标多通道补偿聚焦与 TBD 混合积累检测方法，201510456715.2［P］．2015-07-29．

[118] 吴巍，涂国勇，禄晓飞，等．多维数字化波门帧间递进关联的逻辑 TBD 检测方法，202011090560.2［P］．2020-10-13．

[119] 吴巍，薛冰，刘丹丹．一种脉冲压缩雷达距离多普勒耦合误差补偿方法，202211066574.X［P］．2022-09-01．

[120] 吴巍，薛冰，刘丹丹．基于气动匹配模型的滑翔跳跃式机动目标跟踪方法，202211071499.6［P］．2022-09-02．

[121] 吴巍，涂国勇，王培人．多假设模糊匹配 Radon 变换的高重频雷达高速机动目标检测方法，202011089770.X［P］．2020-10-13．

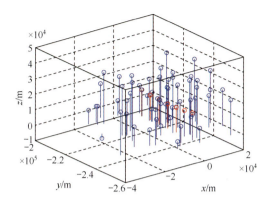

图 6.5 观测区域的三维雷达量测经过第一门限检测后剩下的量测

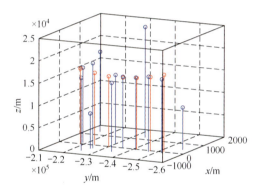

图 6.7 垂直投影后的伪量测进行直线 Hough 变换检测后得到的量测

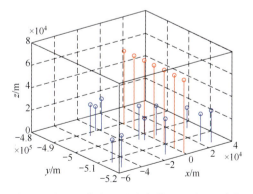

图 6.16 用本方法进行仿真实验时波束簇 2~4 探测到的三维量测图
（蓝色圆表示量测值，红色圆表示临近空间目标的真实量测位置）

彩 2

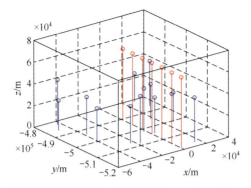

图 6.17　用本方法进行仿真实验时波束簇 3~5 探测到的三维量测图
（蓝色圆表示量测值，红色圆表示临近空间目标的真实量测位置）

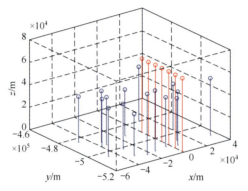

图 6.18　用本方法进行仿真实验时波束簇 4~6 探测到的三维量测图
（蓝色圆表示量测值，红色圆表示临近空间目标的真实量测位置）

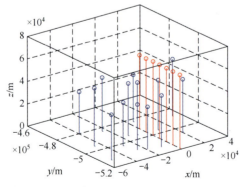

图 6.19　用本方法进行仿真实验时波束簇 5~7 探测到的三维量测图
（蓝色圆表示量测值，红色圆表示临近空间目标的真实量测位置）

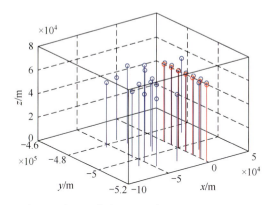

图 6.20 用本方法进行仿真实验时波束簇 6~8 探测到的三维量测图
（蓝色圆表示量测值，红色圆表示临近空间目标的真实量测位置）

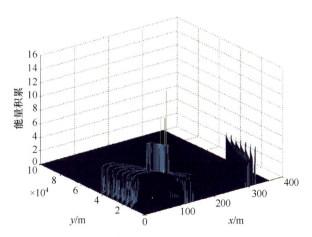

图 6.21 用本方法进行仿真实验时波束簇 7~8 探测到的三维量测图
（蓝色圆表示量测值，红色圆表示临近空间目标的真实量测位置）

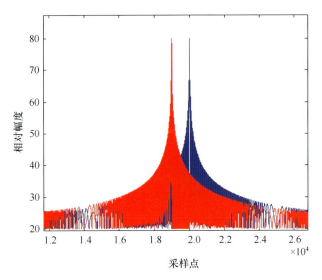

图 7.6 多普勒频率误差示意图